A TRAVERS
NOS CAMPAGNES

DU MÊME AUTEUR :

4910-82. — Corbeil. Typ. et stér. Crété.

A TRAVERS
NOS CAMPAGNES

HISTOIRE
DES ANIMAUX ET DES PLANTES DE NOTRE PAYS

PAR

CH. DELON

DEUXIÈME ÉDITION

PARIS
LIBRAIRIE HACHETTE ET Cie
79, BOULEVARD SAINT-GERMAIN, 79

1882

A

M. LE BARON LARREY

PRÉSIDENT DE LA SOCIÉTÉ PROTECTRICE DES ANIMAUX

INTRODUCTION

« Oh moi, me disait un jour mon élève, un charmant enfant, grand lecteur de livres de voyages, je voudrais faire comme ce voyageur dont je lisais hier l'histoire ! Voir des choses nouvelles, dans des pays lointains qui ne ressemblent pas au nôtre ; observer des animaux étrangers, des plantes inconnues... quel plaisir ! Je voudrais faire un voyage de découvertes ! » — « Dès demain, dis-je, je pars pour un voyage de découvertes ; et, si tu veux, je t'emmène ! » — « Est-ce possible ! Et ma mère le permettrait ? » — « J'en suis sûr d'avance. » — « Ah ! Et où allons-nous ? » — « Pas bien loin, mon enfant ; dans notre vallée. Nous partirons de bon matin, et nous serons de retour pour le déjeuner. » A ces mots mon petit ami se sentit tout déconcerté ; ce n'était pas là ce qu'il avait rêvé dans son imagination toute ardente. Il me regarda d'un air un peu fâché, pensant que j'avais voulu railler ses grands projets... « Mon cher petit, lui dis-je, je ne raille point ; écoute bien. Tu es curieux, n'est-ce pas ? tu veux apprendre, tu veux savoir. Et tu ne te contentes pas d'apprendre *dans les livres*, de savoir par le récit d'autrui ; tu veux voir par tes yeux, *observer* toi-même, chercher et trouver, enfin. Est-ce bien cela ? » Il fit un signe de tête pour dire oui. « Eh bien, sans aller en des contrées lointaines, sans quitter nos champs, notre jolie vallée, tu peux te donner ce plaisir : il y a mille choses intéressantes à observer, et notre pays en vaut bien un autre. » — « Mais je le connais ! disait-il. Tout ce qu'il y a par ici, je l'ai vu cent fois ! » — « Voilà ton erreur, mon ami. Crois bien, au contraire, que tu n'as rien vu du tout : car voir en passant, de loin, d'un œil distrait, cela ne doit pas s'appeler voir. Imagine-toi bien ceci : notre vallée, que tu as parcourue cent fois, comme tu dis, est pour toi un pays inconnu, une terre nouvelle... » — « Ah ! fit-il... » — « Eh sans doute ! Tu parles d'étudier les animaux d'une contrée lointaine : connais-tu ceux qui vivent autour de toi ? Tu en as aperçu quelques-uns, dont les noms te sont familiers ; et c'est tout. Ceux-là même, peux-tu dire que tu les connaisses ? As-tu une idée nette de leur *organisation*, de leur manière de vivre, des services qu'ils rendent, des dommages qu'ils peuvent causer ? Et combien d'autres dont tu ne soupçonnes même pas l'existence ! Il y a certainement dans notre vallée, plus de mille espèces intéressantes d'insectes, pour ne parler que des insectes ; peux-tu m'en nommer vingt, dix ? Tu voudrais avoir le plaisir, en des pays sauvages, d'observer des plantes inconnues : nos bois et nos prés en sont pleins, de *plantes sauvages*, aussi inconnues pour toi que celles de l'Afrique. Celles-là même que l'on cultive dans nos champs, as-tu une notion de leur structure, de leur manière de croître, de fleurir, de fructifier ? As-tu suffisante connaissance des travaux que leur culture nécessite, et de la façon dont on les utilise ? Va, mon enfant ; tout ce que tu verras, en le regardant avec attention, tu pourras bien le dire *inconnu* et *nouveau ;* chaque fois que tu observeras quelque chose par toi-même, cela te fera l'effet d'une découverte, et te donnera un plaisir tout semblable. La première chose à connaître, vois-tu, c'est ce qui nous entoure. » Mon voyageur se laissa persuader ; et dès l'aube du lendemain nous partions pour *découvrir* notre propre pays... Nous n'avions pas encore franchi la porte du jardin, qu'il était déjà en plein inconnu ; déjà nous avions fait des observations très-curieuses et vu de merveilleuses choses : car *tout est merveille dans la nature.*

* * *

« Les premières choses à étudier, sont celles qui nous entourent. » Pourquoi ? Tout d'abord, parce que ce sont justement celles-là qu'il nous importe le plus de connaître. S'il est dans quelque lointaine contrée tel animal curieux, telle bête féroce terrible, ou bien telle plante remarquable, aliment délicieux ou poison mortel, je ne dirai pas : « peu nous importe, à nous autres ! » Oh non ! tout cela est intéressant, attrayant, utile à connaître ; mais du moins ce n'est pas pour nous le plus pressé. Autre raison, qui vous plaira peut-être davantage : les choses lointaines on ne peut les étudier que dans les livres ; on ne peut les voir, tout au plus, qu'en image. Celles qui sont près de nous, on peut les observer, les voir de ses yeux, les toucher de ses mains ; et c'est bien mieux, n'est-ce pas ? Si je vous parle, par exemple, d'une plante étrangère, j'en suis réduit à vous dire : « Elle est ainsi ; les voyageurs l'ont décrite de cette manière. » Mais s'agit-il d'une plante de nos pays ? c'est tout autre chose ; je vous dirai : « Allez dans la vallée, dans le pré, au bord du ruisseau ; ou bien sur la colline, ou parmi la mousse des bois, en telle saison : là vous chercherez, vous trouverez ma fleurette. Vous la reconnaîtrez à ceci, à cela. La tenez-vous ? est-ce bien elle ? Regardez, comparez avec la description que je vous ai faite. — C'est elle ; eh bien, vérifiez ce que j'ai dit. Voyez telle chose ; soulevez, écartez telle pièce de la fleur, vous apercevrez ceci. Puis tâchez de trouver quelque chose de plus, quelque chose que je n'ai pas dit : ce sera une *découverte !* » Sans doute, ce que vous aurez ainsi *découvert*, n'était pas inconnu de tout le monde ; d'autres, les savants, les *naturalistes*, les hommes studieux, avaient vu tout cela avant vous ; tout cela, et bien autre chose encore, mes pauvres enfants. Mais peu importe : cela n'ôte rien à votre plaisir. C'est *nouveau* pour vous, puisque vous ne le saviez pas auparavant ; et votre plaisir, c'est justement de l'avoir trouvé tout seul. Or pour trouver il faut chercher. On fait bien attention, on ouvre de grands yeux, on tâche de tout voir, de ne rien oublier. S'aperçoit-on qu'on avait négligé quelque chose? on y revient. Reconnaît-on qu'on s'était trompé, qu'on avait mal vu? on corrige sa faute. — C'est ainsi qu'on devient *observateur*.

Et c'est pourquoi, devant vous entretenir d'*Histoire Naturelle*, j'ai choisi cette fois pour sujet de nos causeries des choses prises parmi celles qui nous entourent et qu'il nous est facile d'observer. Par ce mot d'*Histoire Naturelle* on entend, comme vous le savez, l'*étude de la nature*, et tout spécialement la description des *animaux*, des *végétaux* et des *minéraux*. La science des animaux est la *zoologie;* la science des végétaux constitue la *botanique;* la science des minéraux forme la *minéralogie* et la *géologie :* quatre grandes et belles sciences, mais si vastes, si difficiles, si longues à apprendre, que la vie d'un homme toute entière employée à étudier suffit à peine à approfondir une seule d'entre elles... Toute science, mes jeunes lecteurs, sachez-le bien, est laborieuse : il n'y a pas de science facile! Si vous croyez qu'on puisse devenir savant en quoi que ce soit, sans peine, sans labeur, sans veilles, détrompez-vous. — « Nous ne sommes pas tous faits pour devenir des savants, » direz-vous. Sans doute ; mais tous vous devez, vous voulez devenir des hommes *instruits*, n'est-ce pas? Et qu'est-ce que l'instruction? C'est le premier degré de la science. Être instruit, c'est avoir de chaque science principale des *notions*, des *éléments;* c'est connaître de chacune ce qu'il y a de plus important et de plus utile, en même temps de plus simple et de plus facile à apprendre. En *histoire naturelle*, il est un grand nombre de notions utiles, indispensables, que vous devrez posséder. Or ces connaissances nécessaires, ce sont justement les choses les plus attrayantes, les plus curieuses à observer. — Et voilà pourquoi je vous disais tout à l'heure : « Devenez observateurs! » C'est que par ce moyen l'étude la plus utile sera en même temps pour vous la plus charmante récréation.

M'en croirez-vous? Eh bien, commençons dès maintenant. Seulement soyons modestes ; ne nous donnons pas, pour notre premier apprentissage du gentil métier d'observateurs, une tâche trop vaste. Et d'abord, laissons de côté, pour cette fois, l'étude de toute chose non vivante, des minéraux, des roches, du *sol* lui-même : je le regrette, mais on ne peut pas tout faire à la fois. Nous nous occuperons donc exclusivement ici *de ce qui a vie*, des animaux et des plantes : — de ceux-là seuls que vous pouvez observer autour de vous, c'est convenu. Mais quoi! Ils sont si nombreux encore, que s'il fallait dire quelques mots seulement, je ne dis pas de chaque espèce, mais seulement des espèces intéressantes et méritant notre attention, nous n'en finirions pas! Il faut donc encore choisir. Et quelles espèces choisirons-nous? évidemment celles qu'il nous importe le plus de connaître. Eh bien, parmi les animaux quels sont, à votre avis, « ceux qu'il nous importe le plus de connaître? » N'est-ce pas en premier lieu ceux qui nous sont UTILES, ceux qui nous rendent des services? Ceux-là, il faut les connaître pour les protéger, pour leur donner, au besoin, des soins intelligents. Et ceux qui sont NUISIBLES, dangereux pour nous, il faut les connaître aussi, pour nous tenir en garde contre eux, nous défendre de leurs attaques. De même, parmi les plantes, il y a ces espèces précieuses qui nous fournissent notre nourriture, nos vêtements, nos matériaux de travail, ce sont les espèces UTILES : il faut avoir une notion de leur *organisation*, de leur manière de vivre, des travaux de leur culture, des procédés à l'aide desquels on tire parti de leurs *produits*, si nécessaires pour nous, dont nous vivons! Mais il y a aussi des espèces DANGEREUSES, des plantes vénéneuses, qui peuvent donner la mort... et celles-là il importe, n'est-ce pas, de ne pas les confondre avec d'autres plantes, alimentaires ou inoffensives. Faute de les connaître, combien ont péri, des hommes, des enfants surtout! Vous comprenez maintenant pourquoi nous devons choisir pour notre première étude des *animaux indigènes* (1) *utiles ou nuisibles*, des *plantes indigènes utiles ou dangereuses*. Encore s'il nous fallait examiner avec quelque détail la *structure* de l'animal ou de la plante, la *structure intérieure*, surtout son *organisation* cachée, ce serait trop pour le début; il faudra donc nous contenter de décrire la *forme extérieure*, les organes apparents, la manière de vivre de l'être examiné. Ma grande recommandation, pour votre plaisir, je vous la répète : ne vous contentez pas de lire ces brèves descriptions ; observez par vous-mêmes, comme nous le disions; cherchez la plante, regardez l'animal, vérifiez ce qui vous a été dit, tâchez de découvrir quelque chose de plus... Et quand vous aurez lu avec attention ces pages, vous n'en saurez pas encore bien long, mes jeunes amis, sur l'*histoire naturelle*... Vous en saurez assez, du moins, pour comprendre quelque chose à la vie des êtres qui nous entourent ; — vous en saurez assez, surtout, pour désirer en apprendre davantage ; et c'est là justement le but que je me propose.

* * *

Nous commencerons par les animaux. — Mais avant tout il est certaines choses et certains mots sur lesquels il faut que nous nous entendions. Un animal, dirons-nous, est un être *vivant* et *agissant*. Il vous a suffi de jeter un coup d'œil sur quelques-uns des animaux qui vous sont familiers, votre chat, par exemple, votre chien, ou le mouton qui paît dans la prairie, ou l'oiseau qui voltige par le jardin, pour savoir que cet être non seulement fait des *mouvements*, se

(1) De notre pays.

meut de diverses manières selon ses besoins et à sa volonté, mais qu'il voit les objets, entend les bruits, flaire les odeurs, touche, goûte comme nous ; que, comme nous, il se nourrit, il respire. Voilà déjà un certain nombre d'*actions* diverses que ces animaux accomplissent sous vos yeux ; ce sont là, comme on dit, des *fonctions* de leur vie. « Or, comme pour faire un certain travail il nous faut des *outils*, de même, pour faire les différentes actions de la vie, il faut à nous et à tous les êtres vivants des outils aussi, des instruments. Vos dents, par exemple, sont les outils dont vous vous servez pour trancher et broyer votre nourriture avant de l'avaler. Les griffes de votre chat, ce sont des instruments pour saisir, de petits crochets faits pour accrocher ce qu'il veut retenir. Les oiseaux ont un bec : c'est une petite pince pour prendre, tenir, pour écraser les graines, piquer les fruits, happer au vol des moucherons, porter des brins de mousse à leur nid... Ces *outils naturels* qui ne sont point fabriqués, mais font partie de l'être lui-même, sont appelés des *organes*. Ainsi nous dirons que nos dents, les griffes du chat, le bec de l'oiseau, comme aussi les jambes et les pieds qui servent à marcher, les ailes qui servent à voler, les mains qui sont disposées pour prendre, les yeux qui servent à voir, les oreilles avec lesquelles on entend, etc., etc., sont des organes. C'est pourquoi les êtres qui ont la vie, et qui tous ont les *outils* naturels nécessaires à leur existence, sont appelés des êtres *organisés*, c'est-à-dire, pourvus d'organes. Dans un animal, petit ou grand, le corps tout entier n'est qu'un ensemble d'organes, un *organisme*, — un outillage, si vous voulez continuer la comparaison. Chaque partie du corps est un organe qui a sa *fonction* utile. Et non seulement il y a les organes extérieurs, que vous voyez agir, en sorte que vous vous rendez facilement compte de leur usage : les jambes, par exemple, que vous voyez remplir la fonction de marcher, les ailes, que vous voyez faire le mouvement de voler; mais en outre, au dedans, il y a un très-grand nombre d'autres organes, des organes *intérieurs*, cachés pour nous, que vous ne voyez pas fonctionner, et qui pourtant travaillent et beaucoup. » (*Cent récits d'histoire naturelle.*)

Observons d'abord qu'à tout être qui vit, pour qu'il puisse seulement continuer de vivre, pour qu'il ne meure pas, certaines choses sont nécessaires. Si, par exemple, vous restiez longtemps sans manger ni boire, vous savez ce ce qu'il vous arriverait : vous souffririez de la faim et de la soif, puis vous mourriez. Si vous cessiez un instant de respirer l'air, vous mourriez étouffé.

Vous mouvoir, respirer, voilà donc deux *fonctions* nécessaires à votre existence. Il y en a d'autres, indispensables aussi ; mais je vous cite les deux principales, celles que vous pourrez observer facilement. Eh bien, pour tous les animaux, sans exception, il en est de même : tout animal se *nourrit* ; tout animal *respire*. Ces deux fonctions de *nutrition* et de *respiration*, avec plusieurs autres qui ont aussi pour but de maintenir l'être à l'état de vie, nous les nommerons donc, prises ensemble, les *fonctions d'entretien de la vie*. Et comme pour chaque *fonction*, il y a des *organes*, tout animal a donc des *organes de nutrition*, des *organes de respiration*, d'autres encore, que nous nommerons de même, pris ensemble, les *organes d'entretien de la vie.*

Observons maintenant qu'un animal a, comme nous-mêmes, besoin de connaître ce qui l'entoure, ne serait-ce que pour chercher et trouver sa nourriture, pour échapper au danger. Ces *moyens de connaissance* par lesquels nous avons une idée de l'existence, de la forme, des mouvements, des différentes qualités des objets et des êtres qui sont autour de nous, nous les appelons les *sens*. Nous en avons cinq, comme vous le savez : la *vue*, l'*ouïe*, l'*odorat*, le *goût*, le *toucher*. Et pour chacune de ces *fonctions*, *voir*, *ouïr*, *sentir*, *goûter toucher*, nous avons des instruments, des outils, des *organes*, enfin, qui sont les organes des sens : les yeux, les oreilles, le nez ; la langue pour le goût, pour le toucher toute la *surface* du corps, la peau, et plus particulièrement la peau de la main, qui est pour nous le principal organe du *tact*. Les animaux aussi ont les *sens* et les *organes des sens*. Le chien, par exemple, le chat, ont les mêmes sens que nous, et des organes disposés d'une façon à peu près semblable. Mais vous verrez bientôt que beaucoup d'autres animaux n'ont pas autant de sens que nous-mêmes, et que leurs *organes des sens* sont d'une forme tout à fait différente. — De toutes les fonctions de la vie de l'animal, celles qui nous frappent le plus au premier coup d'œil, et qui nous servent communément, par exemple, à reconnaître un animal d'une plante, ce sont les fonctions du *mouvement*, et tout particulièrement les mouvements par lesquels l'animal change de place, les mouvements de *locomotion*. Pour ces fonctions aussi les animaux possèdent un grand nombre d'organes divers, qui sont appelés les *organes du mouvement*, et qui sont de forme différente suivant le *milieu* où chaque animal habite et se meut : les *pieds* des animaux qui marchent sur le sol, les *ailes* de ceux qui volent dans l'air, les *nageoires* de ceux qui vivent au sein des eaux. Pour résumer en deux mots ce que nous venons d'observer, nous disons donc que tout animal possède deux sortes de fonctions, et par conséquent, deux sortes d'organes : premièrement les fonctions et les organes qui servent à entretenir son existence ; secondement les fonctions et les organes par le moyen desquels il connaît ce qui l'entoure et agit, se meut suivant ses besoins. Il y a encore d'autres fonctions, d'autres sortes d'organes, mais je vous fais observer ceux qui doivent nous intéresser en ce moment.

Pourquoi l'histoire naturelle des animaux, la *zoologie* est-elle une étude si attrayante ? Ah, c'est sans doute parce qu'elle est merveilleusement variée. Toujours des choses nouvelles à observer : il y a tant de milliers d'*espèces*, différentes de taille, de forme, d'aspect, d'*organisation* ! Chaque animal a sa façon de se nourrir, de se loger ; chacun a ses habitudes, ses *mœurs* comme on dit ; chacun a *son métier* qui le fait vivre. Et, bien entendu, chacun a les outils de son métier, je veux dire les organes nécessaires à ses travaux, à ses fonctions, à sa manière de vivre, en un mot. Et parmi ces outils naturels il en est de si étonnants, de si bizarrement construits! Les plus petits parmi les animaux sont souvent les plus curieux à étudier sous ce rapport « Cet insecte brillant, cette mouche qui voltige, elle a une petite pompe pour sucer le suc miellé des fleurs au fond des *calyces*, et de petites brosses pour recueillir la poussière dorée des *étamines*. Celui-ci, qui brille comme le rubis dans un rayon de soleil est un menuisier, qui a des scies et des vrilles pour scier et percer le bois; cet autre découpe les feuilles en dentelle avec ses petits ciseaux. (*Histoire d'un livre*). Il y a des insectes qui sont *mineurs*, et ceux-là ont pioches et pelles pour creuser la terre; d'autres sont maçons, et sont munis de truelles pour gâcher et appliquer le mortier. Certaines chenilles sont *fileuses*, et filent un joli peloton de fine soie : elles sont pourvues d'une *filière* semblable à la filière de l'ouvrier qui fabrique de minces fils d'or pour broder les étoffes. L'industrieuse araignée a les outils nécessaires à son métier de tisserand. Des insectes carnassiers, qui font la chasse aux autres, s'en vont en guerre couverts d'une cuirasse brillante et solide, armés de lances et de poignards. L'innocent ver-luisant, qui fait sa promenade dans l'herbe par les belles nuits d'été, porte sa petite lanterne; l'affreux scorpion, qui est un empoisonneur, a sur lui sa petite fiole de poison... Ah! combien on découvre de choses curieuses et surprenantes quand on examine avec quelque attention le premier animal venu, grand ou petit, et qu'on remarque comment chacun de ses organes est construit, disposé pour l'usage auquel il est destiné, *approprié à sa fonction!* Mais il y a autre chose encore à observer dans un animal que la forme de ses organes et la façon dont il s'en sert. C'est qu'un être vivant n'est pas une simple *machine*, c'est-à-dire un ensemble de *pièces* agencées d'une certaine façon et qui se meuvent... il y a de plus, en lui, *ce qui fait mouvoir* les organes.

« Quand une chose se meut, la cause qui produit son mouvement est ce que nous appelons une *force*. Force, cela signifie *cause* de mouvement. Pour déranger un objet de sa place, il faut employer une certaine force. Pour faire mouvoir une machine, il faut aussi employer une force, petite ou grande, suivant la forme et la dimension de cette machine : sinon, elle s'arrête. Elle ne se mettra pas en mouvement d'elle-même. Mais l'organisme d'un animal est une merveilleuse machine qui « va toute seule » comme vous diriez, parce qu'elle a « en dedans » la force qui la fait mouvoir, qui fait *fonctionner* les organes, la force qui fait vivre et agir. Vous aussi vous avez en vous-même cette force ; vous la sentez au dedans de vous, vous en avez conscience quand vous l'employez à faire mouvoir vos organes. Vous voulez saisir un objet : votre bras se meut de ce côté, vos doigts se replient pour prendre; si surtout vous voulez le soulever ou le changer de place, vous sentez que vous faites un certain effort : un effort, c'est-à-dire un emploi de force. Vous sentez très-bien cet effort que vous faites, vous sentez très-bien que vous employez de votre force, peu si l'objet est léger, beaucoup, s'il est lourd. Vous avez donc par expérience une idée de ce que c'est que la force. De plus, vous savez qu'à s'employer elle se *dépense*. Avez-vous employé beaucoup de votre force à faire beaucoup de mouvement, au jeu ou au travail, peu importe : vous sentez qu'il ne vous en reste plus autant; ce qu'on a dépensé, on ne l'a plus. Vous êtes fatigués, vous avez peine à vous mouvoir. Comment reprendrez-vous de la force ? Comment regagnerez-vous votre *dépense?* Avec le repos, et surtout par la *nourriture*. Se nourrir, c'est bien, comme on le dit vulgairement, reprendre des forces. Eh bien, l'animal aussi a en lui, faisant partie de lui-même, une certaine *force* vitale : il en a plus ou moins, à proportion de sa taille. Il emploie cette force à faire mouvoir et travailler tous ses organes. En l'employant, il la *dépense*, et pour regagner sa dépense il a plusieurs moyens : l'un de ces moyens, c'est la nourriture. La nourriture, voyez-vous, c'est comme le charbon qu'on *charge*, de temps en temps, à mesure qu'il brûle, dans le foyer d'une machine à vapeur, d'une locomotive de chemin de fer, par exemple, pour entretenir sa chaleur et sa force à mesure qu'elles se dépensent à faire marcher le train.

« Autre différence, bien plus importante encore, entre un animal et une machine. La machine est *insensible*. Si elle fonctionne bien... elle n'en a pas de plaisir; si elle se brise, si on la démonte pièce à pièce, elle n'en éprouve pas de souffrance. Mais l'animal est *sensible*, comme nous; il peut

Insectes chasseurs armés en guerre

éprouver du plaisir et de la douleur, jouir et souffrir. L'animal qui a faim a du plaisir à manger; s'il a soif, il a du plaisir à s'abreuver. A se mouvoir aussi, à s'ébattre, comme vous, enfants, il prend du plaisir. Voyez le petit oiseau qui voltige comme en se jouant; certainement il est joyeux de sentir ses ailes, de glisser dans l'air. Il chante, il gazouille vivement: il a du plaisir à chanter certainement. S'il ne manque de rien, si le temps est doux, si le soleil brille et le réchauffe, il est content, il est heureux autant qu'un animal peut l'être. Mais voilà que le froid de l'hiver l'engourdit : la nuit est glacée, la neige est sur la terre... où trouver des fruits, des graines? Pauvre petit être, il a faim, il a froid, il souffre. Tout ce qui blesse ses *organes* lui fait éprouver de la douleur. Il souffre si la bête de proie le saisit sous ses griffes aiguës; il souffre, souvenez-vous de ceci, si un enfant étourdi et cruel s'en empare de force, le blesse, l'étreint pour le retenir, froisse ses petits membres frêles. Non seulement l'animal *sent*, il est sensible; mais il a, vous le savez, un certain degré d'*intelligence*, et ce que nous appelons l'*instinct*. Oh! certainement l'intelligence d'un animal, en comparaison de la nôtre, ce n'est rien, ou du moins c'est bien peu de chose : je n'ai pas besoin, je crois, de vous le dire! Mais enfin l'animal a cette lueur d'intelligence qui lui suffit pour qu'il sache, par exemple, se procurer les choses nécessaires à sa vie, fuir le danger. Voyez encore notre petit oiseau du jardin. Par le moyen de ses sens il a, nous l'avons dit, *connaissance* de ce qu'il y a autour de lui. Il voit de ses yeux ce beau cerisier qui est au milieu du jardin; il *sait* bien, allez, que cet arbre est là! Mais dans mon cerisier il y a de belles cerises rouges; il se *souvient*, le malin, d'y avoir déjà goûté. Il *veut* les becqueter. Et alors le voilà qui ouvre ses ailes pour voler vers mon cerisier tout chargé de fruits. Mais quoi? avant d'y donner un coup de bec, il regarde de côté d'un air défiant. J'approche : il *pense* sans doute que j'accours défendre mes fruits, que je vais le saisir, le punir peut-être... il a *peur*, il s'enfuit à tire d'ailes. Il *sait* donc quelque chose, ce petit, il *veut*, il se *souvient*, il *pense*... à sa manière. Il pense : oh! pas beaucoup! Il ne réfléchit guère; il ne fait pas des raisonnements bien longs ni bien compliqués! Il a ses petites idées, des idées bien simplettes : des idées d'oiseau... Il pense : à quoi? à se mettre au soleil s'il a froid, à l'ombre s'il a chaud, à chercher sa nourriture s'il a faim, à s'enfuir s'il est effrayé; et c'est à peu près tout. Ah! autre chose encore: au temps des nids il pense à bâtir sa maisonnette; à choisir l'arbre qui portera son nid; il pense à chercher des brins de mousse et des duvets. Il a assez d'intelligence pour construire solidement et moëlleusement garnir son lit, le berceau de ses enfants... Il a sa chansonnette, qui est son petit langage. Et comme il ne pense pas beaucoup, il n'en dit pas bien long non plus. Sa chanson dit qu'il est joyeux, son cri appelle ses petits ou ses compagnons. — On appelle *instinct* une sorte d'intelligence inférieure qui apprend à l'animal à faire une seule chose, toujours la même et de la même façon. Ainsi le paisible *lapin* que vous connaissez sait se creuser un *terrier* dans les bois pour se mettre à l'abri; mais cet instinct qu'il a de creuser la terre ne lui ferait pas venir, par exemple, l'idée de se construire une cabane de branches et de feuillage, si le sol, dans le lieu où il habite, était de pierre dure, qu'il ne pourrait pas creuser... tandis que l'intelligence véritable, si peu qu'on en ait, *sert à tout;* elle apprend à tirer parti de toute chose. Enfin un mot encore : l'animal est capable d'affection, d'attachement : il *aime*. Comme le chien aime son maître, vous le savez! comme il cherche ses caresses, comme il le suit partout, le sert au commandement, le défend au besoin! comme il s'attriste de son absence et témoigne sa joie du plus loin qu'il l'aperçoit! Beaucoup d'autres animaux moins affectueux que le chien se laissent apprivoiser par les bons traitements et les soins, se montrent reconnaissants et attachés aux personnes près desquelles ils vivent. Mais tout naturellement, et sans éducation aucune, les animaux s'aiment entre eux. Beaucoup d'espèces ont l'instinct de la *sociabilité*, c'est-à-dire le goût de la société de leurs semblables. Ceux-là se réunissent par troupes, s'aident et au besoin se défendent les uns les autres. D'autres vivent *par couples*, c'est-à-dire deux à deux: le mâle et la femelle, le père et la mère, s'occupant ensemble de nourrir et de défendre leurs petits, se suivant partout, très-affectueux l'un pour l'autre.

La Chatte et ses petits.

« Et ce ne sont pas seulement des êtres doux et gracieux qui sont capables d'attachement. Les animaux sauvages, même les plus féroces, aiment leurs petits : surtout les mères. Avez-vous vu une chatte jouer avec ses petits chats, les caresser de sa patte, les lécher tendrement? Eh bien, au fond de son repaire, la lionne ou la tigresse cruelle joue ainsi avec ses lionceaux ou ses petits tigres, tendre pour eux seulement. Elle les aime, cette bête, à sa manière sauvage; et si on venait pour les lui prendre, elle les défendrait avec fureur, et se laisserait tuer plutôt que de les abandonner. Quand on veut exprimer une colère terrible, on dit : « terrible comme une tigresse à qui on veut enlever ses petits ! » La louve, dans sa forêt, veille nuit et jour sur ses louveteaux. L'ourse n'est occupée qu'à lécher amoureusement ses *oursons;* je suis sûr même qu'elle les trouve très-gentils, tout à fait élégants et mignons... Vous n'êtes pas obligés d'être de son avis. Vous ririez, sans doute, si vous voyiez, parmi la troupe grimaçante des singes, une mère portant son petit laideron de singe sur son bras, le dorlottant, le caressant, le secouant pour le faire taire, ou le débarbouillant au ruisseau malgré ses cris... Puis, à la réflexion, vous penseriez que ces choses, qui prouvent de l'affection, montrent bien encore, et c'est là tout ce que je voulais conclure, que les bêtes ne sont pas de simples machines qui se mouvraient toutes seules. Susceptibles de plaisir et de souffrance, capables, jusqu'à un certain point, de connaissance, de souvenir et de volonté, capables d'aimer, il y a en elles quelque chose qui ressemble aux *facultés* que nous avons nous-mêmes excellemment. » (*Cent Récits d'Histoire naturelle.*)

Enfin il est presque inutile de rappeler que tous les animaux ne sont pas également pourvus de cette sorte d'intelligence ; vous savez que le chien, par exemple, est beaucoup plus intelligent, en même temps plus susceptible d'éducation, plus capable d'attachement que le mouton, le lapin, le porc brutal et grossier. Et de même, parmi des animaux tout autrement organisés, nous voyons certains insectes, les abeilles, les guêpes, les fourmis, beaucoup d'autres encore, qui montrent dans leur manière de vivre, dans leurs travaux, un instinct merveilleux, incroyable : tandis qu'un limaçon, un ver de terre, sont des êtres *inférieurs*, excessivement bornés en toute chose, à peu près totalement dépourvus d'intelligence, ayant à peine l'instinct de chercher et de choisir leur nourriture, et d'accomplir quelques autres fonctions nécessaires à leur existence.

* * *

Une chose qui vous étonnera sans doute, c'est d'apprendre que les savants, les *naturalistes*, ont compté des centaines et des centaines de mille espèces différentes d'animaux ; et encore toutes celles qui existent ne sont pas connues. S'il fallait étudier l'une après l'autre chaque espèce prise à part, décrire en détail ses organes, ce serait à s'y perdre, à n'en jamais finir ! Pour mettre de l'ordre dans leur étude, pour la rendre plus facile et plus simple, qu'ont fait les naturalistes? Ils ont *classé* les animaux, c'est-à-dire qu'ils ont divisé l'ensemble des espèces en plusieurs groupes ; et dans chaque groupe distinct ils ont réuni les animaux qui se ressemblent, qui ont quelque chose de commun. Ils ont ainsi fait une sorte de liste où toutes les espèces sont rangées par ordre. Cette disposition par groupes est ce qu'on appelle une *classification*. La classification des animaux est une chose très-importante, mais extrêmement compliquée et difficile. Mais pour l'étude tout à fait élémentaire que nous nous proposons de faire, avons-nous besoin de la connaître en détail ? Non certes ; du moins il faut que nous en ayons une idée ; il faut que je vous cite quelques groupes, les principaux, ceux-là surtout qui contiennent les animaux dont nous ferons bientôt la description. Tout d'abord, dans cet immense ensemble qu'on appelle le *règne animal*, faisons une grande division ; et dans cette division nous mettrons *tous les animaux qui ont des os.* — C'est bien simple, n'est-ce pas ? Les os sont des parties dures du corps, situées à l'intérieur pour soutenir les parties molles, que nous nommons les chairs. Et comme parmi les os les principaux, les plus importants sont ceux qu'on nomme les *vertèbres*, les savants ont appelé VERTÉBRÉS tous les animaux pourvus d'os, et appartenant, par conséquent, à la première division. Cette division est partagée en plusieurs *classes*.

La première classe des vertébrés renferme les animaux que l'on appelle MAMMIFÈRES, pour exprimer que les femelles de ces animaux allaitent leurs petits par des mamelles. Presque tous ces animaux ont quatre pieds, et leur corps est couvert de *poil;* la plupart vivent sur la terre, quelques uns dans l'eau, et ces derniers ont presque l'aspect de poissons. Or, parmi les animaux mammifères on a fait plusieurs groupes ou *ordres* distincts, dont je vous citerai quelques-uns seulement.

Le premier ordre est celui des *singes;* mais je ne ferai que vous nommer en passant ces animaux agiles et grimaçants, si laids et si malins, parce qu'aucune espèce de singes ne vit dans nos climats.

Le second ordre contient les *chauves-souris*, ces étranges petites bêtes, qui ont du poil, une tête toute pareille à celle des autres mammifères, et qui pourtant volent comme des oiseaux : je vous décrirai bientôt la singulière conformation de leurs ailes. Les naturalistes ont donné à ce groupe le nom d'ordre des *chéiroptères*, d'un mot grec assez difficile à prononcer, et qui signifie justement *bras ailés*.

L'ordre des *insectivores* est formé de petits animaux tels que la *taupe*, le *hérisson*, qui se nourrissent surtout d'insectes. L'ordre des *rongeurs* est formé d'animaux tels que les rats, les souris, les lapins et les lièvres, qui se nourrissent en *rongeant* les fruits, les graines, les racines.

Les *mangeurs de chair*, tels que les loups, les chiens, les renards, les chats, forment celui des *carnivores*.

On a donné le nom d'ordre des *jumentés*, c'est-à-dire des *bêtes de somme*, des *porteurs*, à celui qui contient le cheval et l'âne, ces précieux serviteurs ; quelques animaux ressemblant au *porc* sont réunis dans celui des *porcins*. Mais parmi les *herbivores*, les paisibles mangeurs d'herbe, les plus précieux pour nous, le bœuf et la vache, la chèvre, le mouton, appartiennent à l'ordre des *ruminants ;* et ce nom qui exprime leur façon toute particulière de se nourrir vous sera expliqué bientôt. Il y a encore plusieurs autres *ordres* d'animaux mammifères, moins importants pour nous, et que nous passerons sous silence.

Venons aux OISEAUX, les plus intéressants peut-être de tous les animaux. Ceux-là, vous les reconnaissez tout d'abord, à leurs ailes, à leurs plumes, à leur bec... Tous les oiseaux, certes, se ressemblent en bien des choses ; pourtant il y a encore entre les diverses espèces de grandes différences, intéressantes à observer. Dans la *classe* des oiseaux on a donc fait plusieurs *ordres* encore. Nous pouvons commencer par celui des *rapaces* ou oiseaux de proie, aux ongles crochus, au bec recourbé, tels que l'aigle, l'épervier, qui se nourrissent de proie comme les mammifères *carnivores;* puis nous citerons les *palmipèdes* ou oiseaux nageurs tels que le canard, l'oie, qui ont les pieds *palmés*... Encore un mot dont je remets l'explication à plus tard.

L'ordre des *gallinacés* contient d'assez gros oiseaux, presque tous volant peu et lourdement, faciles à reconnaître en ce qu'ils ressemblent beaucoup au coq et à la poule (en latin *gallus* et *gallina*) : de là leur nom. Le nom de l'ordre des *grimpeurs* exprime l'habitude qu'ont les oiseaux qui le forment de grimper aux troncs des arbres pour faire la chasse aux insectes cachés dans les fentes de l'écorce. Enfin les plus petits, mais aussi les plus gentils, les plus intéressants de tous les oiseaux sont réunis dans l'ordre des *passereaux :* il me suffit de vous citer comme exemple les rossignols et les fauvettes, les moineaux, les mésanges, etc.

La troisième classe des animaux vertébrés contient les Reptiles ou bêtes rampantes, telles que *serpents, lézards, crocodiles* et *tortues*. Mais on met à part dans une quatrième classe, la classe des Batraciens, des animaux rampants aussi, la grenouille, le crapaud et quelques autres encore, qui ont quelque chose de bien singulier : à un certain moment de leur existence ils changent complètement de forme et de manière de vivre... Cette curieuse transformation ou *métamorphose* vous sera expliquée plus loin.

Enfin les Poissons, faciles à reconnaître à la forme de leur corps, aux écailles qui le couvrent, à leurs nageoires, forment la cinquième classe des animaux vertébrés : en effet les *arêtes* des poissons ne sont autre chose que des sortes d'os, minces et flexibles.

Parmi les animaux *invertébrés,* c'est-à-dire dépourvus d'os, les plus intéressants sont certainement les Insectes. Les insectes sont faciles à reconnaître parmi d'autres animaux de petite taille, à trois signes qu'il faut retenir : 1° leur corps est divisé en trois parties distinctes : la tête, le corselet ou *thorax*, et le ventre ou *abdomen;* 2° ils ont tous six pattes, pourvues de jointures; 3° ils changent plusieurs fois de forme dans le cours de leur existence; ce qu'on exprime en disant qu'ils subissent des *métamorphoses*. Ils portent en outre de petites cornes légères nommées *antennes;* et la plupart ont des ailes. Dans la grande classe des insectes on compte plusieurs ordres, dont je vous ferai connaître les principaux. — Il vous suffirait de remarquer que le corps de l'araignée, du scorpion est divisé en deux parties seulement, non pas en trois; qu'ils ont huit pattes et non pas six, pour décider que ces animaux ne sont pas des insectes; ils appartiennent à une autre classe, la classe des Arachnides, dont le nom rappelle l'araignée.

Je vous nommerai seulement la classe des Crustacés ou animaux *encroûtés*, pourvus d'une enveloppe dure : il me suffira de vous citer l'*écrevisse*, le homard, le crabe de mer, pour vous faire comprendre à quelles sortes d'animaux nous avons affaire ici. Pour une autre classe encore, celle des Vers, animaux de forme allongée, rampants, au corps mou et gluant, le ver de terre nous servira d'exemple. D'autres animaux extrêmement nombreux, à corps froid et mou aussi, mais autrement organisés que les vers, sont appelés Mollusques (d'un nom qui rappelle justement leur mollesse). Mais dans la classe des mollusques, il y en a qui y abritent leur corps mou dans une coquille formée d'une seule pièce, tels sont les escargots; d'autres se renferment dans une coquille formée de deux pièces figurant une sorte de boîte avec son couvercle à charnière : l'huître, la moule nous donneront une idée de cette conformation. Beaucoup enfin sont *nus*, c'est-à-dire dépourvus de coquilles : exemple, la limace. Enfin il est encore deux classes d'animaux, les Rayonnés dont le corps rappelle la disposition des rayons d'une roue; les Protozoaires, c'est-à-dire les plus simples des animaux, les moins compliqués de forme et d'organisation. Quelques-uns sont tellement petits qu'on ne peut les distinguer à la vue simple; il faut, pour les apercevoir, se servir d'un instrument que l'on nomme *microscope;* et ces êtres imperceptibles sont souvent appelés pour cette raison, *animaux microscopiques*.

Et maintenant, parmi ces diverses classes d'animaux apprenons à reconnaître *nos amis et nos ennemis.*

Un ennemi.

* * *

Au premier rang parmi les animaux nuisibles il faut mettre les *bêtes féroces*, les grands *carnivores* qui peuvent menacer notre vie : les lions, les tigres, les léopards. Dans les pays qu'ils infestent, l'Inde, l'Afrique, les contrées chaudes de l'Amérique, ces animaux redoutables dévorent chaque année des milliers d'hommes... Heureusement pour nous, il n'en existe plus en Europe. Dans notre beau pays de France la seule bête féroce que nous puissions avoir à craindre, c'est le loup.

Le loup.

Mais le loup lui-même et beaucoup d'autres carnivores de plus petite taille, tels que renards, blaireaux, martes et belettes, et d'autres brigands, *brigands emplumés*, oiseaux rapaces, tels que milans, faucons, éperviers, toutes bêtes de proie qui ne pourraient rien contre nous, nous font tort d'une autre manière. Ils attaquent, et s'ils peuvent, ils dévorent nos animaux domestiques, moutons, chèvres, lapins, ou nos volailles, ou bien encore nos gentils oiseaux chanteurs, — tous nos amis enfin, que nous devons protéger et défendre. C'est bien là le cas de dire : « Les ennemis de nos amis sont nos ennemis ! » et nous classerons toutes ces bêtes pillardes parmis les animaux nuisibles. Autres ennemis : les bêtes venimeuses. Vous savez que dans beaucoup de contrées chaudes fourmillent les serpents venimeux, dont la morsure fait périr en un instant les hommes ou les bestiaux. Dans notre pays nous n'avons guère à craindre qu'une seule espèce de serpents venimeux : la *vipère*, malheureusement très-commune dans certaines régions de la France. Les *scorpions*, certaines araignées même dont la piqûre peut causer de vives douleurs, comptent aussi parmi les bêtes venimeuses.

* * *

Au second rang des animaux nuisibles, nous mettons ceux qui s'attaquent à nos récoltes, aux produits de notre travail. Ce sont tout d'abord les mammifères *rongeurs*, tels que rats, souris, mulots, campagnols, loirs et lérots, et autres petites bêtes qui vont grignottant, et vivent dans nos champs et nos jardins, nos granges, nos maisons, toujours et partout à nos dépens.

Mais de tous nos ennemis les plus dangereux, ceux que nous devons redouter davantage, ce ne sont pas les plus gros, les bêtes féroces de grande taille... non, ce sont tout au contraire les plus petits. Ceux-là, en nombre immense, insaisissables, presque invisibles, nous font la guerre sans relâche, travaillent contre nous de jour et de nuit, de nuit surtout... J'entends parler des myriades d'insectes rongeurs, destructeurs, voraces, qui attaquent nos récoltes, nos vignes et nos bois, les rongent, les gâtent, parfois même les dévastent. Ces petits ennemis sont admirablement armés pour nuire : je veux dire qu'ils sont pourvus de toutes sortes d'outils naturels pour ronger, gruger, percer, découper les feuilles comme de la dentelle, percer le bois, trancher les racines, piquer les fruits et vider les grains. — Tout cela, ils ne le font pas, bien entendu, dans le but de nous nuire ; c'est leur manière, à eux, de se nourrir, leur moyen d'existence naturel. Les plantes que nous cultivons pour notre nourriture sont aussi leurs aliments. Nos champs couverts de moissons c'est pour eux comme une table bien servie ; ils ne se demandent pas si c'est à leur intention, s'ils sont invités au festin... ils en profitent. Ils vivent grassement, à nos dépens ; ils pondent des millions d'œufs qui éclosent pour notre dommage. Chacune de ces petites bêtes prise à part ne mange pas beaucoup certes ; mais *ils sont tant* que le ravage est grand. En certaines années ils dévastent nos cultures ; il ne reste plus au laboureur de quoi se nourrir, ni nourrir ses animaux domestiques. Il en résulte des *chertés*, des disettes. Que rien ne les arrête, ils multiplieront tellement que tout y passera, et nous n'aurons plus travaillé que pour eux. Ce qui les empêche de devenir par trop nombreux, de tout dévaster, de nous faire mourir de faim... je vous le dirai tout à l'heure.

Tous ces êtres nuisibles, bêtes féroces ou venimeuses, rongeurs voraces, insectes dévastateurs, nous pouvons, nous devons même les détruire. On ne peut pas, enfin, se laisser dévorer, laisser dévorer ses bestiaux, ravager ses champs... Mais si nous avons le droit de les tuer, nous n'avons pas celui de les faire inutilement souffrir ; il serait odieux de les tourmenter. Qu'on les détruise puisqu'il le faut, mais avec la moindre de souffrance possible. Au loup ravisseur, au renard, qui viennent rôder autour de nos troupeaux ou de nos fermes, un coup de fusil, comme à la guerre, puisque c'est la guerre ! Est-ce un insecte nuisible, écrasez-le d'un coup rapide, qui anéantisse en même temps, en un clin d'œil, la vie et la douleur : qu'il n'ait pas le temps de le sentir. Tel est le devoir d'un être raisonnable, qui sait ce que c'est que souffrir, et ne veut infliger de douleurs inutiles à aucun être vivant ; qui peut donner la mort, quand cela est nécessaire, mais qui aurait horreur d'être *un bourreau*.

* * *

Voyons maintenant quels animaux nous sont utiles, et en quoi ils le sont. Et tout d'abord observez comment nous tirons parti des débris de l'animal mort, animal sauvage ou domestique, *gibier* ou *bétail*, habitant de la terre ou des eaux. En premier lieu, la chair d'un grand nombre d'entre eux sert à notre nourriture. Leur graisse est utilisée pour l'éclairage. Les os, les cornes, les dents des uns, les arêtes, les écailles des autres, sont pour nous des *matériaux*, dont nous fabriquons des objets utiles de toutes sortes. La peau de plusieurs espèces, convenablement préparée, devient le *cuir*, la *basane* plus légère, le *maroquin* dont on couvre les livres; conservée avec son poil, elle forme de chaudes fourrures. Et ce ne sont pas seulement les débris de l'animal mort que nous utilisons; ce sont aussi les produits des animaux vivants : le lait de la vache, de la chèvre, de la brebis, la laine du mouton, le duvet, les œufs de certains oiseaux, le miel de l'abeille. D'autres, tels que le cheval, l'âne, nous sont utiles par leur force, ou bien, comme le chien, par leur intelligence, par leur instinct fidèle et vigilant. D'autres enfin sont nos défenseurs contre nos ennemis.

Les animaux utiles par excellence, ce sont nos *animaux domestiques*, c'est-à-dire ceux qui naissent et vivent près de nous, sous notre protection et avec nos soins. Que de services ils nous rendent! Et que deviendrions-nous, si nous ne les avions pas! Combien ils sont nécessaires à notre existence, combien nous avons besoin d'eux, vous croyez le savoir, peut-être? vous ne le savez pas assez. Et pour bien vous le faire comprendre, il faut que je vous raconte comment ces êtres sont devenus nos serviteurs et nos compagnons : je veux vous dire la belle, la curieuse *histoire de la domestication des animaux*.

* * *

Écoutez bien : c'est une vieille histoire! Je parle de longtemps : des milliers et des milliers d'années! En ce temps-là, sur la terre — ici même, sur cette belle terre de France qui nous porte vous et moi — les hommes vivaient à l'état sauvage. Là où vous voyez, sous le beau soleil, les champs couverts de blondes moissons, de gais villages, de belles et grandes villes, c'était d'immenses forêts sombres, ou des *landes* pierreuses, arides. De vastes espaces étaient, pendant une grande partie de l'année, couverts de neige et de glace : car à l'époque dont je veux parler le climat de notre pays était beaucoup plus rude qu'il n'est maintenant. Sur cette terre inculte vivaient des hommes tout semblables à ces pauvres sauvages qui habitent encore aujourd'hui certaines contrées lointaines, et dont vous avez entendu parler certainement bien des fois. Laids, sales, farouches, ignorants de toute chose, excessivement bornés, ils n'avaient pas même l'industrie de se construire une hutte de terre et de branchages. La nuit, ils se réfugiaient dans des cavernes, des trous de rocher, sombres, humides, tout noircis de fumée. Le jour, ils erraient par les forêts; demi-nus, mal couverts de peaux de bêtes, affamés, ils allaient cherchant leur nourriture. Quelle nourriture? quelques fruits sauvages cueillis aux branches des arbres dans la saison; quelques racines arrachées de terre; surtout la chair des animaux, qu'ils mangeaient à demi-crue, un peu grillée à la flamme de leur feu de branches mortes. Leur principale ressource, c'était donc le gibier; ils étaient *chasseurs*. Pauvres chasseurs! Pour toute arme ils eurent d'abord des bâtons, des pierres; plus tard des arcs et des flèches dont la pointe était faite d'un os aigu, d'un éclat de pierre tranchant : de véritables armes de sauvages, comme vous voyez. Ils chassaient à la course, ou plutôt encore par surprise; à l'affût derrière un tronc d'arbre ou un buisson, ils guettaient l'animal qui passe. Mais comment découvrir le gibier? comment atteindre la bête farouche et agile, qui s'effraie au moindre bruit et s'enfuit de toute la vitesse de ses quatre pattes? Comment retrouver l'animal poursuivi qui se cache au plus épais du fourré? Oh! ce n'était pas un amusement, alors, la chasse, ou un simple exercice, comme aujourd'hui parmi nous; c'était une rude tâche, une pénible corvée qu'il fallait subir, malgré la fatigue, les dangers, sous peine de faim! Souvent la proie échappait, et le pauvre chasseur sauvage s'en revenait, le soir, à sa caverne, couvert de sueur ou trempé de pluie, affamé, les mains vides. Longtemps les hommes vécurent ainsi, misérables, toujours en souci de leur nourriture, jamais sûrs d'avoir à manger le lendemain. Remarquez bien ceci : les hommes, à cette époque, sont *en guerre contre tous les êtres vivants*. Tout animal qui passe est, ou bien une bête féroce contre laquelle il faut se défendre, ou bien une *proie*, un gibier qu'il faut tuer, si on peut, pour le manger.

Or il y avait dans la forêt un animal farouche, un *carnivore* de la famille du loup, chasseur aussi de son métier, et qui chassait pour son propre compte. Il avait quatre pattes agiles, lui, pour poursuivre sa proie; un odorat très-fin, un *flair* merveilleux pour la suivre à la trace. C'était le *chien sauvage*. Les hommes de ce temps, remarquant son instinct, imaginèrent d'apprivoiser ce carnivore, qui était intelligent par nature, très-susceptible d'éducation, capable d'attachement. Alors l'homme et le chien chassaient ensemble; la bête de proie flairait le gibier, le *lançait*, c'est-à-dire le faisait partir, le poursuivait, le forçait à sortir du fourré; le chasseur tapi derrière un buisson, l'attendait au passage, le perçait de ses flèches. Et puis, naturellement, on partageait; le chasseur donnait à son compagnon une part de la bête tuée, tout au moins les os à ronger... Ainsi fut inventé le *chien de chasse*. Avec lui, le chasseur était à peu près sûr de ne plus manquer de gibier, de ne pas mourir de faim : c'était beaucoup! — De tous les animaux le premier apprivoisé, soumis à l'homme, ce fut donc le *chien*. Et quelle chose précieuse! L'homme était bien encore en guerre avec les autres animaux ; mais du moins il n'était plus *seul contre tous.*

Il y en avait un, maintenant, qui était de son parti contre les autres. Il avait un allié, un associé, un serviteur, un ami. Cette expérience faite fit venir, longtemps après, une autre idée. Au lieu de tuer un animal à la chasse, pour se nourrir de sa chair, ne pourrait-on le prendre vivant, le garder, le nourrir, pour profiter de ses *produits?* Voilà ce que se dirent les hommes, déjà plus industrieux. Et quels animaux faut-il prendre de préférence? Ceux qui peuvent être le plus utiles, évidemment ; et en même temps ceux que l'on peut apprivoiser sans trop de peine : de pacifiques *herbivores*, cette fois, des *mangeurs d'herbe*, parce qu'ils sont plus faciles à nourrir : des bœufs, des vaches et des chèvres pour leur lait, des moutons, pour leur laine, des porcs. On a donc pris vivantes, dans la forêt, quelques-unes de ces bêtes. On les attache, d'abord, pour les empêcher de s'enfuir; on leur apporte à manger. Peu à peu ces animaux s'habituent à vivre de cette manière; les jeunes, surtout, s'apprivoisent facilement. Puis des petits naissent : on les soigne, on les élève; et bientôt ces animaux soumis forment un groupe nombreux, un *troupeau* qu'on surveille, qu'on mène paître l'herbe dans la plaine. L'animal sauvage est devenu *domestique;* le *gibier* est devenu *bétail;* et le *chasseur* s'est fait *berger*. Quel changement! Par cela seul qu'il a des animaux domestiques, la vie de l'homme est toute autre. Au lieu de courir sans cesse les bois, haletant à la poursuite du gibier, il conduit tranquillement, il soigne *ses bêtes*. Il n'a plus à craindre de mourir de faim; au besoin, il peut toujours tuer un de ses bœufs, un de ses porcs pour le manger; mais de plus il boit le lait de ses vaches et de ses chèvres, il en fait des *fromages* que l'on peut conserver. Il tond l'épaisse laine de ses moutons : les femmes la fileront, pour en faire des vêtements chauds et doux. Presque tout ce dont il a besoin, son bétail le lui fournit; le *troupeau* fait vivre le *pasteur;* l'homme vit par l'animal. Mais pensez-vous peut-être tandis que je vous explique ceci, comment le berger peut-il retenir autour de lui tous ces animaux, les empêcher de s'échapper, s'il leur en prend envie, lorsqu'il les mène au pâturage? Ah! sans doute, ce n'est pas chose facile en effet, surtout si le troupeau est un peu nombreux. Il me semble voir le pauvre berger, armé d'une longue branche, courir tantôt après l'une tantôt après l'autre de ces bêtes vagabondes... Mais, ne vous souvient-il pas? l'homme a un ami, un serviteur dévoué, son chien, qui le suivait à la chasse, et qui le suit encore au pâturage. L'homme enseigne à son fidèle compagnon à conduire les bêtes, à ramener celles qui s'écartent. L'intelligent animal comprend sa tâche à merveille; il a bientôt fait l'apprentissage de son nouveau métier, et le voilà passé *chien de berger*, le conducteur fidèle et sévère du troupeau.

Et ce n'est pas tout encore! La nuit, quand les bestiaux sont abrités dans la hutte qui leur sert d'étable, ou bien *parqués*, c'est-à-dire réunis dans un étroit espace fermé de barrières, près de la demeure du berger, l'homme peut dormir tranquille. Voyez-vous quelque bête féroce, ours ou loup affamé, venir rôder sous l'ombre, à pas étouffés, autour du troupeau, pour l'attaquer par surprise, enlever un veau ou un mouton... Mais le chien est encore là : le chien naturellement vigilant, qui a l'ouïe fine, et qui ne dort jamais, comme on dit, que d'un œil. Au moindre bruit, il dresse l'oreille; il donne l'alarme par ses aboiements, réveille le berger : lui-même combat et met en fuite la bête dévorante. L'excellent animal s'est fait *chien de garde*. Précieux compagnon, n'est-ce pas, qui devient, suivant l'occasion, et pour le profit de son maître, chasseur, pasteur, veilleur de nuit! Avec le chien, l'homme a tout : gibier et troupeaux, repos et sécurité.

Le premier allié de l'homme.

Mais tout se tient, une bonne idée en fait venir une autre; un progrès accompli amène un autre progrès. En même temps qu'ils imaginaient d'élever des animaux, les hommes avaient inventé de *cultiver* des plantes.

Comparez bien, et voyez la différence. Guetter le gibier au passage, c'est ce que savent faire aussi le loup et le renard; cueillir les fruits qui pendent aux branches, l'écureuil en fait autant, l'oiseau de même. Mais élever et soigner des animaux pour en tirer profit, choisir, parmi les plantes, certaines plantes utiles, les semer, les cultiver, pour en récolter les fruits plus tard, c'est œuvre d'intelligence : pour trouver cela il faut penser, il faut observer et réfléchir, inventer les moyens de réaliser ce qu'on a imaginé.

Tandis que les hommes étaient absolument sauvages, ils prenaient ce qu'ils trouvaient. Maintenant, ils disposent, ils arrangent les choses; ils les *travaillent*, pour les adapter à leurs besoins. Ils ont quelques outils encore grossiers; ils savent construire des cabanes groupées en villages, *tisser* la laine pour faire des vêtements, façonner des vases

L'homme et le chien chassant ensemble.

d'argile et les faire cuire. Ils savent faire du pain! — je ne vous dis pas du pain blanc. Mais quoi? cultiver des plantes, ce n'est pas un petit travail! Avant de recueillir, il faut semer; et avant de semer, il faut préparer le sol, arracher les broussailles et les mauvaises herbes, creuser et remuer, retourner la terre; il faut, en un mot, *labourer*. Quel rude *labeur*, en effet, pour l'homme qui doit remuer la terre avec une pelle, une pioche, ou quelqu'autre outil semblable! Il peut à grand'peine cultiver un petit champ, un coin de terre; c'est déjà trop pour lui. « Que je suis las! se disait le soir le pauvre laboureur. Vraiment, je ne suis pas assez vigoureux pour une pareille tâche. Si seulement j'avais la force de ce bœuf, que je vois là, paissant dans la prairie, et qui n'en fait rien, lui! » Mais, savez-vous, c'est la nécessité qui fait venir les bonnes idées. « Eh bien, se dit mon laboureur, un jour qu'il était plus las que d'ordinaire, si je lui empruntais sa force, à ce bœuf? si je le faisais travailler pour moi? » Certainement ce fut un grand inventeur, pour son temps, celui qui le premier, imagina d'atteler des bœufs à une longue pièce de bois, terminée par un crochet recourbé, pour déchirer et retourner la terre. Le bœuf, soumis, patient, prête son cou robuste. Il laisse lier à ses cornes une pièce de bois, un *joug* qui le réunit à un autre bœuf, son camarade: à ce joug est rattaché le *timon* qui porte le *soc* aigu. — « En avant! » Les dociles bêtes tirent d'un vigoureux effort; ils marchent d'un pas égal, lent et lourd : l'homme conduit la machine. Le crochet s'enfonce dans la terre, la déchire, à mesure qu'on avance, la soulève, creuse une profonde rainure : c'est le sillon où l'on sèmera le blé! Oh alors, avec l'aide du bœuf, l'homme peut, sans trop de fatigue, labourer un vaste champ, suffisant pour le nourrir, lui et sa famille. Et maintenant qu'il cultive une grande étendue de terre, l'homme a de grands fardeaux à transporter; de lourdes gerbes, du foin pour le bétail, du bois pour entretenir le foyer, de gros troncs d'arbres et des pierres pour bâtir la maison. L'animal portera ces fardeaux sur ses épaules. Ou bien, mieux encore : il les traînera; et alors on imagine les traîneaux, les chariots. La bête, robuste, fait l'effort pour le travail, fournit la force; l'homme, intelligent, dirige; c'est bien, c'est beau, c'est suivant l'ordre et la raison.

Alors on songea à dompter d'autres animaux tout exprès pour tirer parti de leur force; des animaux robustes à la fois et agiles, tels que le cheval, l'âne. On eut des *aides* utiles pour toutes sortes de travaux, des porteurs et traîneurs de fardeaux, ce que nous appelons des *bêtes de somme*. Et puis voyez-vous là-bas, dans la plaine, ces cavaliers entourés d'un nuage de poussière? Ils approchent, ils arrivent, ils passent, rapides comme le vent... On dirait que l'homme et la bête ne font qu'un, tant le cavalier se tient ferme, comme s'il était collé, soudé au dos de sa monture! C'est que l'homme, un jour, s'était dit: « La marche « me fatigue, et si je veux courir, je suis bientôt es- « soufflé. Vraiment toutes ces bêtes à quatre pattes sont « mieux faites que moi pour la course; ce cheval, par « exemple, qui fuit si rapide. Eh bien, je m'en vais lui « prendre, moi, ses quatre jambes vigoureuses, et je m'en « servirai comme si elles étaient à moi. Je soumettrai « ce bel animal, je monterai sur son dos, il m'emportera « au loin dans sa course fougueuse; docile, il me con- « duira là où je voudrai aller. » Ainsi dit, ainsi fait. Et le cheval, bonne et intelligente bête, fier, brave, capable d'attachement et de dévouement, est devenu pour l'homme non seulement *un moyen de transport*, mais en même temps un compagnon fidèle, comme un bon serviteur qui devine l'intention de son maître et obéit par affection.

Ainsi les hommes ont eu parmi les animaux des alliés et des compagnons de travail. Tout naturellement, il les ont choisis entre les animaux qui vivaient autour d'eux. Suivant les différents pays ils ont apprivoisé et domestiqué des espèces différentes: le *chameau*, par exemple, dans les contrées arides de l'Asie et de l'Afrique, le monstrueux *éléphant* dans l'Inde, le *renne* dans les régions glacées de la Laponie et de la Sibérie; dans nos contrées, ceux que vous connaissez; dans tous les pays, le chien.

Depuis les temps lointains dont je vous ai parlé, les hommes, vous ne l'ignorez pas, graduellement et en certains pays du moins, se sont *civilisés* : vous savez ce que cela signifie. Nos *ancêtres*, les hommes d'autrefois, vivaient *par l'animal;* je veux dire par le moyen des services qu'ils en tiraient. Nous, nous avons pour entretenir notre existence et satisfaire nos besoins bien des moyens que les anciens hommes n'avaient pas; nous avons, pour faire nos travaux, des machines ingénieuses; nous faisons travailler pour nous non pas seulement la force des animaux, mais la force de l'eau, celle du feu..., chose qu'on vous expliquera quelque jour.

Eh bien, malgré cela, nous autres hommes civilisés nous avons encore besoin des animaux, nous ne pouvons pas nous passer d'eux. Il nous faut toujours, pour notre nourriture, la chair des bestiaux; il nous faut des vaches et des chèvres pour nous fournir le lait, le beurre; il nous faut la laine des moutons pour nos vêtements. Il y a encore aujourd'hui comme autrefois des champs à labourer, des fardeaux à porter, des chariots à traîner, du gibier à chasser, des troupeaux à garder : nos animaux domestiques nous rendent encore les mêmes services qu'autrefois, nous sont aussi nécessaires, méritent les mêmes soins et la même justice.

Ce que nous devons à nos animaux domestiques, en échange des services qu'ils nous rendent, c'est une nourriture appropriée à leur espèce, suffisante, convenablement préparée; un abri qui les tienne en sûreté, et où ils trouvent un espace suffisant, de l'air, de la chaleur aux mauvais jours, de la lumière; l'exercice au grand air nécessaire pour leur santé, la propreté, la sécurité, les bons traitements; l'*éducation*, enfin, cette sorte d'apprentissage qui les rend aptes aux services que nous leur demandons.

* * *

A côté de nos serviteurs, il faut placer nos *défenseurs*, ceux qui combattent à notre profit les bêtes nuisibles : « Les ennemis de nos ennemis sont nos « amis ! » Mettons donc sur la liste de nos amis les

Le carabe vert doré.

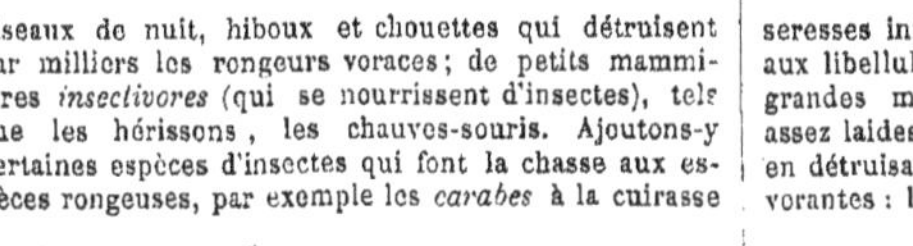

oiseaux de nuit, hiboux et chouettes qui détruisent par milliers les rongeurs voraces ; de petits mammifères *insectivores* (qui se nourrissent d'insectes), tels que les hérissons, les chauves-souris. Ajoutons-y certaines espèces d'insectes qui font la chasse aux espèces rongeuses, par exemple les *carabes* à la cuirasse

Carabe pourpré.

Cicindèles.

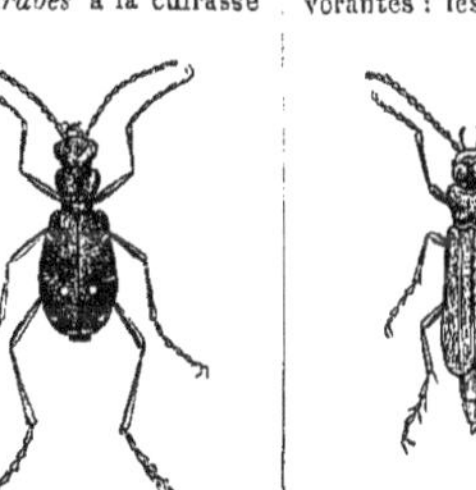

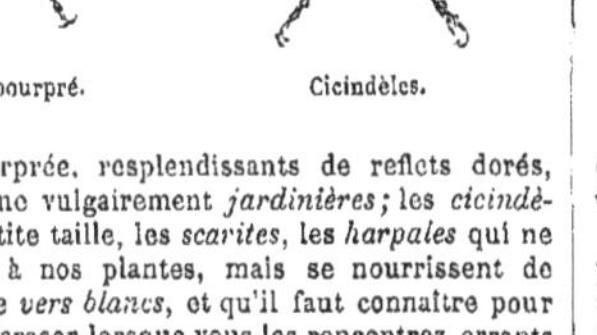

verte ou pourprée, resplendissants de reflets dorés, et qu'on nomme vulgairement *jardinières ;* les *cicindèles*, de plus petite taille, les *scarites*, les *harpales* qui ne touchent pas à nos plantes, mais se nourrissent de chenilles et de *vers blancs*, et qu'il faut connaître pour éviter de les écraser lorsque vous les rencontrez errants par les allées du jardin ; les jolies petites *coccinelles*, que l'on compare pour la forme à un grain de café, ornées des plus vives couleurs, et que les enfants nomment *bêtes-à-bon-dieu :* elles débarassent nos arbres des pucerons. Mettez-y encore les frêles et légères *libellules* ou demoiselles, aux grandes ailes transparentes, au corps long et mince, resplendissant des plus riches couleurs, vert, bleu, jaune doré, rouge feu, chas-

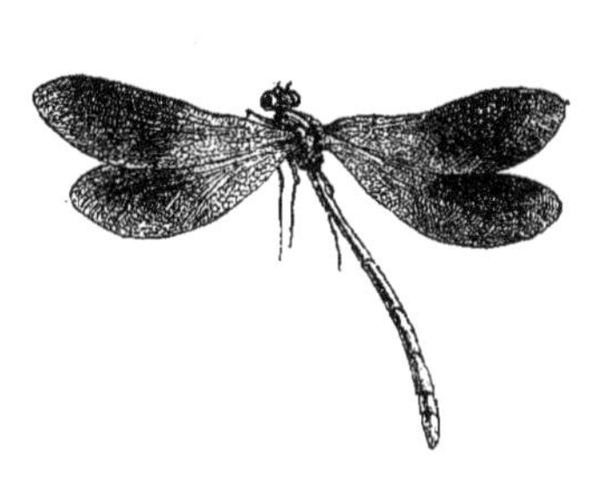

Libellule *aiguille ailée.*

seresses infatigables ; les fourmilions, qui ressemblent aux libellules, et sont plus minces encore. Enfin de grandes mouches grêles, noirâtres, à longues pattes, assez laides, mais qui nous rendent de grands services en détruisant par milliers et milliers les chenilles dévorantes : les *ichneumons.* — Mais réservez une place

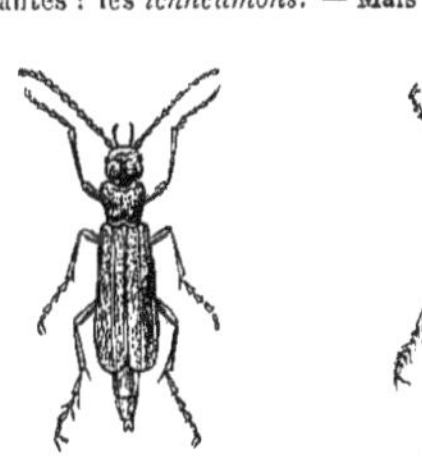

Scarite.

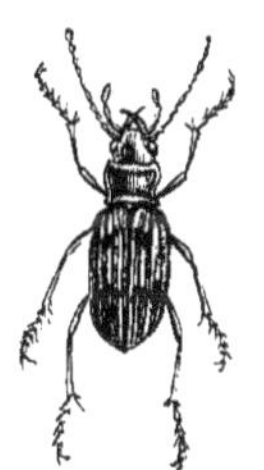

Harpale.

d'honneur sur votre liste pour les plus aimables de tous nos défenseurs.

Vous souvient-il de ces petits ennemis dont nous parlions « d'autant plus dangereux qu'ils sont plus menus, presque imperceptibles, en nombre immense ; qui dévasteraient tout et nous feraient mourir de faim s'ils n'étaient combattus ? » Vous souvient-il de « ces convives affamés qui dévorent le festin auquel ils ne sont pas invités, à la table préparée pour autrui? » — On peut bien se défendre contre une bête féroce, un loup par exemple ; détruire les renards dans une forêt. Mais que faire contre ces petits ennemis qui sont partout, dans l'air, dans l'eau, sous la terre, sous l'herbe, dans le feuillage, cachés dans les fentes de l'écorce des arbres, jusque dans le cœur du bois ? Comment les saisir ? Est-ce vous, dites, qui irez leur faire la chasse dans les champs, sur les arbres, à travers l'air : car la plupart ont des ailes pour s'échapper. Tout ce que nous pourrions en détruire, en vérité, ce ne serait rien, comparé au nombre effroyable de leurs troupes dévorantes. Mais je vois venir nos alliés, nombreux aussi, vaillants, jamais las, qui vont faire pour nous bonne guerre : ce sont nos gentils oiseaux des champs et des bois, nos *passereaux*, presque tous insectivores, presque tous chanteurs aussi, nos joyeux amis. — Sans eux, ces petits, la campagne serait toujours silencieuse et triste ; on croirait qu'il n'y a pas un être vivant par les champs et les bois. Les autres animaux se cachent ou se taisent, passent comme en fuyant : mais eux, on les voit, on les entend partout, durant toute la belle saison ; ils viennent gazouiller dans nos jardins, jusque sous nos fenêtres. — A les voir voltiger, sautiller de place en place, vous croiriez peut-être qu'ils n'ont souci que de s'amuser comme des enfants, de jouer entre eux et de faire entendre leur chansonnette. Mais ils font bien autre chose, vraiment ! Et que font-ils? la guerre à nos ennemis. Ils ne sont pas seulement nos petits musiciens qui nous égayent de leurs refrains ; ils sont nos petits soldats qui défendent nos récoltes contre l'armée envahissante et vorace des insectes rongeurs. Ceux-ci auront beau se cacher, les oiseaux sauront bien les découvrir, sous l'herbe, sous les feuilles, dans les fentes de l'écorce. Ont-ils des ailes pour s'échapper ? nos défenseurs en ont aussi pour les poursuivre. — Ce n'est pas absolument pour nous faire plaisir, il est vrai, que ceux-ci se donnent toute cette peine : c'est pour se nourrir, tout simplement. Mais peu importe ! et nous en profitons toujours. Ce que ces oiseaux détruisent d'insectes est vraiment incroyable. Une seule hirondelle, pour se nourrir, doit chasser par jour plus de *mille* moucherons ; un seul moineau, pour sa journée, consomme trois cents chenilles ou larves, une mésange deux cents. — Mais dans la saison des nids c'est bien autre chose ! Pensez donc à cette famille qu'il faut nourrir, à ces petits becs toujours ouverts qu'il faut rassasier ! Alors les parents n'ont plus qu'une chose à faire, qu'un travail, qu'un souci : aller et venir, happer des insectes, les apporter au nid ; ils n'ont seulement plus le temps de chanter ! — Savez-vous calculer ? Eh bien comptez environ chaque année, deux cents jours de belle saison ; supposez un canton d'une lieue de tour, et dans ce canton imaginez seulement mille hirondelles, dix mille moineaux, fauvettes ou rossignols, autant de mésanges et de roitelets : c'est peu, il y en a plus que cela. Et maintenant, faites la multiplication : vous allez voir quelle enfilade de zéros pour représenter le nombre d'insectes nuisibles détruits dans une année. Quelle guerre faite à nos petits ennemis ! quelle extermination ! Il y a des oiseaux, l'hirondelle par exemple, le rossignol, qui ne vivent absolument que d'insectes. Il en est d'autres qui se nourrissent aussi de graines et de fruits. Ceux-là font bien, parfois, quelque tort dans les champs et surtout dans les jardins. Ils mangent des fruits sauvages, des graines dans les buissons : mais ils picotent les épis aussi, ils béquètent les cerises dans les cerisiers, les raisins le long des treilles. Et alors on crie bien fort, on exagère le dommage. « Voyez ces pillards, ces voleurs ! « ils ravagent nos jardins qu'ils « devaient protéger. Ils ont dévoré « tous nos fruits, ils ont béqueté « nos figues, nos abricots, nos pê« ches ! Ce sont des animaux nui« sibles ! il faut les détruire ! » — Ah ! j'entends, je vois ce qu'il y a. Vous voudriez bien avoir des défenseurs pour protéger vos moissons ; mais vous voudriez qu'ils ne vous coûtassent jamais rien. Vous voudriez avoir de petits soldats

pour combattre vos ennemis, les insectes nuisibles; mais vous ne voudriez pas les payer. — Sans doute, certains passereaux font quelque dommage ; mais ce n'est rien, rien en vérité, en comparaison des services qu'ils rendent. *On voit bien* les quelques épis qu'ils ont béquetés, les quelques fruits qu'ils ont gâtés ; mais *on ne voit pas* les millions, les milliards d'insectes qu'ils ont détruits, et qui auraient fait bien d'autres dégâts!

Il était jadis un roi de Prusse qui s'appelait Frédéric, et que ses flatteurs surnommèrent le *Grand*, parce qu'il avait fait tuer beaucoup d'hommes dans ses guerres ambitieuses et injustes. Ce roi aimait fort les fruits, et tout particulièrement les cerises; il en avait d'excellentes dans ses beaux jardins; mais les oiseaux, les moineaux surtout, qui les aimaient aussi, ne lui en laissaient guère. Dans ce pays froid et humide où peu de fruits mûrissent, pour ces petits gourmands qui ne trouvaient pas aux champs assez de dessert, ces belles cerises rouges, *les cerises du roi*, pensez! quelle friandise! Ils ne s'en faisaient pas faute. Si bien qu'un jour Frédéric furieux résolut d'exterminer tous les moineaux de la province : récompense promise à qui détruira plus d'oiseaux et apportera plus de nids. Ce fut un affreux carnage; il ne resta plus un seul moineau vivant dans le pays. Belle vengeance! Mais aussi, dès l'été suivant, chenilles et insectes dévorants multipliaient sans obstacle, et faisaient de grands dégâts. L'année d'après, ce fut bien pis encore; ils étaient devenus si terriblement nombreux, que sur une vaste étendue de pays toutes les récoltes furent dévastées; champs et jardins étaient au pillage, et les cerises elles-mêmes ne furent pas plus épargnées que le reste. Le roi enrageait; mais que faire? Il fallut rappeler les *proscrits*. Donc on envoya au loin de tous côtés, dans les contrées voisines, chercher des moineaux vivants pour les apporter et les lâcher dans le royaume. Naturellement, pour en avoir il fallut les acheter; et le roi qui avait payé pour les faire disparaître, paya bien plus encore pour les faire revenir.

L'expérience, paraît-il, ne profita pas à tout le monde; dans l'Amérique du Nord, à l'île de Bourbon, en Hongrie, on commit la même faute de chasser et de détruire les oiseaux; partout on s'en est trouvé mal, et on a reconnu, à ses dépens, combien ils étaient utiles : il a fallu les rappeler. « Naguères, près de Rouen, dit un écrivain célèbre, Michelet, dans son beau livre intitulé l'*Oiseau*, les corneilles avaient été proscrites quelque temps. Les hannetons dès lors tellement profitèrent, leurs larves (1) multipliées à l'infini, poussèrent si bien leurs travaux souterrains, qu'une prairie entière qu'on me montra avait séché à la surface; toute racine d'herbe était rongée, et la prairie entière, aisément détachée, roulée sur elle-même, pouvait s'enlever comme un tapis! » — Bien plus avisés sont les paysans de certaines parties du Piémont, qui, lorsqu'on bâtit des murailles, font laisser dans la maçonnerie des rangées de petits trous, afin que les moineaux, trouvant où nicher, restent dans leurs campagnes, protégent leurs blés et leurs maïs, dussent-ils picorer quelques grains. Non-seulement ces gens-là veulent bien payer leurs petits soldats, mais ils se chargent de les loger... Exemple intelligent et bon à suivre.

***

Soyez donc les protecteurs de nos vaillants alliés; défendez-les, si on les accuse. Surtout, enfants, épargnez les nids. La Loi, sage et humaine, défend de les ravir, ces nids : elle punit l'écolier cruel qui va détruire ces utiles oiseaux, sans lesquels nos récoltes seraient dévastées par les insectes voraces. — « Le nid, c'est la maison de l'oiseau, son petit lit chaud et doux, le berceau de ses enfants, tout le bonheur, toute la vie de ces petits êtres. — Vous n'imaginez pas, quelle peine, quel désespoir pour le père et la mère, quand on arrache leur nid, quand on prend leurs petits... Ne dites pas que vous voulez les élever en cage; pour les faire vivre, il faudrait plus de soins que vous n'en êtes capables; presque tous ces pauvres captifs périssent misérablement. Ne serait-ce pas plus gentil, dites, d'avoir dans vos champs, près de vos maisons, jusque dans le jardin de l'école, de jolis nids, une foule d'oiseaux libres, confiants et familiers (2) ? »

(1) Vers blancs qui se transforment en hannetons ailés.
(2) *Cent récits d'histoire naturelle.*

Au lieu du plaisir sauvage de dévaster, je vous promets mille plaisirs. — Et d'abord tout ce qu'il y a de nids épars dans la campagne, par les bois, par les sillons, — ils sont à vous ; on vous les donne. A qui donc seraient les nids, si ce n'était aux enfants? Ils sont à vous, non pas, bien entendu, pour les détruire, — chose détruite n'est plus à personne; mais tout au contraire pour les protéger, les défendre comme on défend son bien, si des animaux rapaces ou des écoliers méchants voulaient vous les prendre. Quand vous aurez découvert un nid, vous ferez au pied de l'arbre, ou au coin du talus, une petite marque, peu apparente, un signe secret, connu de vous seuls. Tout nid appartiendra de droit à celui qui l'aura découvert et marqué : celui-là en aura tout spécialement la garde, et les oiseaux qui y écloront seront *ses oiseaux*. — Vous vous tiendrez à distance, de peur d'effaroucher ces êtres timides; et vous écarteriez les indiscrets qui s'approcheraient de trop près. Mais bientôt, rassurés par votre bienveillance, ils viendront eux-mêmes mettre leurs couvées près de vos demeures, sous votre protection. Et alors surtout vous aurez du plaisir, un plaisir intelligent, un plaisir d'hommes : celui *d'observer*, comme font les *naturalistes*, qui veulent connaître les *mœurs* des animaux, leur manière de vivre. Vous verrez ces oiseaux construire leur couchette chacun selon son industrie, selon son métier. L'hirondelle est maçon : elle bâtit son nid de terre détrempée, qu'elle va chercher, apporte, colle avec son bec le long d'une muraille ou d'une cheminée, ou bien encore au coin d'une fenêtre : c'est comme un petit *four*, rond, creux, avec une ouverture qui sert de porte. Les loriots, les fauvettes des roseaux sont des *tisserands*; ils font leurs nids en forme de coupe avec de longues feuilles d'herbes sèches, minces, flexibles, qu'ils entrelacent comme les fils d'un tissu, en les attachant aux branches des arbres ou aux tiges flexibles des roseaux. Les roitelets, les linots sont *feutreurs;* ils foulent, tassent fortement des brins de mousse. Le nid du moineau commun est fait de fines brindilles entrelacées, et a la forme d'une boule avec une ouverture sur le côté, celui du *troglodyte*, celui de la mésange à longue queue ont la même forme, mais les matériaux sont plus fins et plus serrés, et l'ouvrage est fait avec plus d'art. Ceux des roitelets, des merles, des linots, de la plupart de nos petits oiseaux ont la forme d'une coupe ou d'un entonnoir : le nid du chardonneret est un petit chef-d'œuvre, tant il est fin, doux, régulier. — Vous verrez les gentils ouvriers apporter leurs *matériaux :* brins de mousse, longues feuilles sèches, buchettes de bois même : ceci est pour le dehors, c'est comme la charpente de la maisonnette, qui n'a besoin que d'être solide. Mais l'intérieur sera mollement et chaudement garni. Vous les verrez, allant et venant sans cesse, apporter, pour ouater le berceau, le coton léger que produisent certaines plantes, les brins de laine que les brebis laissent accrochés aux buissons, les duvets tombés du plumage de nos volailles.

Chacun en cela encore a son goût et ses habitudes. Les linots aiment la laine, le coton; les fauvettes babillardes préfèrent le crin; la mésange à longue queue ne veut que des plumes. Et le *pouillot*, petit chanteur très-commun dans nos bois, a des idées toutes particulières; il entend ne fourrer son nid rien que de plumes de perdrix ! Y a-t-il devant la porte ou sur l'appui de la fenêtre, un bout de fil? le loriot, en voltigeant, l'a aperçu. Il le lui faut. On le voit qui approche, avec précaution, en se cachant, regardant à droite, à gauche, si personne ne l'épie, comme s'il allait faire un grand larcin, un vol pendable ! Il se précipite tout à coup puis s'envole d'un trait, le bout de fil flottant au bec. Le mâle, surtout, vif, infatigable, apporte les matériaux; la femelle, plus industrieuse pour les soins de son petit ménage, les arrange. Elle les tasse, les entrelace, du bec, des pattes; puis elle tourne, tourne et se roule, foulant pour faire sa place et arrondir la cavité du nid.

Le berceau est construit, les œufs sont pondus. Vous verrez alors la mère couver patiemment, à longues journées, blottie sur ses œufs les ailes gonflées; elle les quitte à peine un moment: s'ils se refroidissaient, ils ne pourraient plus éclore. Mais qui donc la nourrira, pauvre petite? Le mâle; c'est son devoir : il n'y manquera pas. Il est là, qui voltige et gazouille à l'entour, fait chasse active, cherche des graines, des vermisseaux, et les apporte à la couveuse. Et quand les petits seront éclos, vous verrez le père et la mère tour à tour, leur donner la becquée. L'un vole vers le nid, à tire d'ailes. Que porte-t-il? C'est un moucheron happé au vol, une larve enlevée sur une feuille, un grain de blé ou de mil; mais avant de donner à ses petits cette nourriture, il la broie dans son bec pour la ramollir. Puis vivement, adroitement, il la met dans l'un des becs ouverts... Il ne se trompe pas ; il n'oublie aucun de ses enfants, et ne donne pas deux fois de suite au même. « Chacun a son tour, semble-t-il dire à ces

petits affamés qui réclament à grands cris; cette fois c'est pour votre frère ; ce sera pour vous la prochaine fois. » — Enfin ils ont grandi; ils ont des plumes aux ailes, et le nid est devenu trop étroit; c'est le moment d'apprendre son métier. Si vous les voyiez secouer leurs ailes, allonger le cou... mais il n'osent pas encore se lancer dans l'air. Le père et la mère sont là, tantôt posés sur la branche, tantôt voltigeant alentour comme pour leur dire : « voyez, c'est ainsi qu'il faut faire pou voler. » Ils les appellent à petits cris pour les encourager. Déjà l'un, le plus hardi, se hasarde : un autre suit... « Du nid jusqu'à la branche voisine, pour aujourd'hui, chers enfants, c'est assez ; demain vous irez plus loin. » Bientôt en effet ils suivront leurs parents d'ar-

bre en arbre, de buisson en buisson, ils apprendront à faire la chasse aux insectes; dans quelques semaines ils commenceront à gazouiller. Voir tout cela, observer, épier au travers du feuillage, comme à la dérobée — car disions-nous, il ne faut pas effaroucher nos gentils amis, — n'est-ce pas un *jeu* charmant, et en même temps une étude intéressante? Maintenant vienne l'automne, tous les jeunes de l'année sauront voler depuis longtemps, et les nids seront abandonnés. « Alors, seulement alors, vous grimperez à l'arbre; vous vous emparerez de ces fragiles édifices, avec précaution, sans les briser. Vous les apporterez à l'école, où vous les rangerez dans une vitrine ; vous les *étiquetterez* avec soin, marquant l'espèce à laquelle chacun appartient, le lieu où il a été recueilli; et vous formerez ainsi peu à peu une jolie et utile *collection de nids des oiseaux du pays.* »

Je sais une maison champêtre, à mi-pente du vallon. Le sentier des prés conduit à la porte sans grille ; la façade blanche aux volets verts se cache derrière les grands arbres. Point de parterre brillant, ni jet d'eau, ni fleurs rares ; mais jardin et verger, au printemps, sont pleins de nids et de chansons d'oiseaux.

Dès l'aube et tout le jour c'est un concert bruyant de petites voix ailées : chaque arbre, chaque buisson retentit. Le soleil baisse ; tous se taisent, pour laisser au soir son silence. Seulement, par les belles nuits claires, le merle du tilleul fait entendre sa voix forte et pénétrante comme un son de flûte ; sa femelle, couchée sur ses œufs, écoute, charmée, à moitié endormie.

* * *

Merle dans le tilleul, rouge-gorge dans la haie, fauvettes par les saulées, moineaux sous le lierre du vieux mur, — gazouillez gaîment, dormez tranquilles. Les enfants de la maison blanche ne raviront pas vos nichées. Ils connaissent leurs petits amis; tous les jours ils sèment pour eux devant la porte des grains de blé noir et les miettes du repas. — Chaque avril on attend le rossignol. Que la gentille hirondelle vienne maçonner sa chambrette au bord du toit, sous l'avancée de l'ardoise, elle sera la bienvenue.

Maison bénie ! enfants heureux, nids aux joyeuses chansons ! — N'approchez pas, vous, l'homme au fusil ; toi non plus, écolier ignorant et cruel, avec tes lacets de crin, tes gluaux, ta laide cage — une prison ! Que nul ne vienne apporter la mort, la tristesse et la peur, ici où tout est vie, et joie, et confiance.

*
* *

Que la campagne est belle, au printemps, à l'été, quand les fleurs s'épanouissent de toutes parts ; quand la prairie en est toute semée, comme le ciel est semé d'étoiles par une nuit claire ; que les haies, les buissons, les arbres en sont couverts comme d'une neige, que les jardins en sont remplis comme des corbeilles ; et que partout, par les champs et les prés, et les bois et les jardins, on respire leurs douces senteurs ! Comme le grand chêne des bois, avec son feuillage touffu, est fort et majestueux ! Comme les hauts peupliers, au bord de la rivière, sont élégants et frais ! Mais la simple fleurette des prés est plus belle encore. Un bleuet, un rouge coquelicot parmi les épis, un myosotis bleu du ruisseau, une marguerite blanche qui s'épanouit sur l'herbe courte : des merveilles ! Oui, des merveilles : une structure si fine, des formes si gracieuses, des couleurs si riches et si doucement nuancées ! Plus on les examine de près, plus on y découvre de beautés. Tout ce que nous autres hommes pouvons faire de plus délicatement travaillé et de plus beau n'en approche point ! Un frêle liseron blanc dans la haie, une fleur odorante de chèvrefeuille, c'est tout un poème. Et de plus, c'est un être. Elle est vivante, cette plante. Elle est née d'une graine tombée sur la terre en automne, réchauffée, couvée par le soleil d'avril ; s'élancer vers le grand air et la lumière, ouvrir ses bourgeons, dérouler ses feuilles, former lentement ses fleurs dans le bouton, les épanouir, exhaler ses parfums comme un souffle, voilà son existence. Et puis elle mourra, pauvre petite : car tout ce qui vit, meurt. Sent-elle ? Peut-être, à sa manière. Elle cherche le soleil, elle souffre du froid ; la nuit, elle se repose, ferme à demi sa corolle, ou laisse pendre ses feuilles, comme si elle était endormie. — Elle vit : — si vous avez compris cela, enfants, on ne vous verra plus arracher, détruire les plantes sans besoin, par caprice ; cueillir par les jardins et les champs des milliers de pauvres fleurs qui tout de suite sont fanées, et que vous jetez bientôt sur le chemin, — tandis qu'elles seraient encore belles et fraîches si vous les aviez laissées sur leurs tiges. Vous ne briserez pas ces petits êtres gracieux et sans défense ; au contraire, vous relèveriez la plante que le vent a renversée, la fleur qui pend à demi détachée. « Un être délicat et bien organisé n'aime pas le désor- « dre et la destruction. Il ne se plaît pas à ravager, à bri- « ser ; si quelque désordre arrive par accident, il est « naturellement porté à le réparer autant que possible, « parce qu'il a le goût de l'ordre et du beau. Il n'arra- « chera pas, sans nécessité et pour le mauvais plaisir « de détruire, les plantes, les fleurs qu'il rencontre en « sa route. Il respecte la vie et la beauté de chaque « chose. » (*Lectures expliquées.*)

Mais un enfant intelligent, après avoir admiré la beauté des plantes, veut autre chose : il veut connaître leur structure et leur vie. Il ne se contente pas de voir, il veut savoir. Il se plaît, comme nous disions, à observer. Or les plantes, justement parce qu'elles n'ont pas le *mouvement* comme l'animal, sont plus faciles à observer. L'animal s'enfuit : la plante reste. On peut tourner et retourner la fleur, la regarder à loisir et de tous les côtés. Lors donc que vous vous promènerez par les champs et les jardins, n'oubliez pas d'examiner les plantes, celles-là surtout dont je vais bientôt vous donner la description rapide et le dessin. Vous les reconnaîtrez facilement ; d'avance vous saurez leur nom, les principaux traits de leur structure : les observer vous deviendra facile, une bonne partie de la tâche étant déjà faite. Mais avant toute chose, avant même de lire ces descriptions faites pour vous préparer à observer, pour que nous puissions nous comprendre quand je vous décrirai la forme, *l'organisation* de chacune des plantes choisies pour exemple, prise à part, que je vous expliquerai ce que chacune de ces plantes a de particulier, ce qui peut la faire reconnaître, avant cela, dis-je, il faut que vous ayez une idée de la structure et de la vie des végétaux en général. Puis chacune des parties, chacun des *organes* du végétal a son nom qu'il est indispensable de connaître : sans quoi, pas de moyen de s'entendre..... Pour toutes ces raisons, faisons donc ici ensemble une courte étude préparatoire sur les plantes en général : ce sera notre première leçon de *botanique.*

*
* *

Un végétal *complet* (1), c'est-à-dire pourvu de tous les organes que la plante peut avoir, offre à notre observation ces parties principales : la *racine*, la *tige* avec ses *branches* et ses *rameaux*, la *feuille*, la *fleur*, le *fruit* avec ses *graines*.

Commençons par le bas, par la *racine*, qui s'enfonce dans la terre ordinairement, quelquefois dans l'eau. Les racines sont, bien entendu, en proportion de la plante. Un grand arbre est pourvu de grosses et fortes racines tortueuses, qui *rampent* au loin sous le sol : ces grosses racines, sont, pour ainsi dire *branchues*, rameuses ; elles portent des racines plus petites, comme des branches, et celles-ci de plus petites encore, semblables à des rameaux. Enfin à toutes ces *ramifications* tiennent en nombre immense de très-fines et longues racines, semblables à des fils, et dont l'ensemble forme ce qu'on appelle le *chevelu* : en effet, si l'on arrachait un arbre

(1) D'organisation supérieure.

sans rompre toutes ces frêles racines, vous les verriez, pendantes et touffues, semblables à une chevelure emmêlée.... Les plantes de plus petite taille ont leurs racines *principales* moins grosses et moins dures, leur *chevelu* moins abondant. — Quand la racine de la plante est toute entière rameuse, comme celle du *blé*, elle est dite *racine fasciculée*, c'est-à-dire en forme de faisceau de branches; si la racine principale a la forme d'un gros et fort *pivot*, comme une pointe de plantoir ou de pieu, s'enfonçant dans la terre, c'est une *racine pivotante :* exemple, la *rave*, le *navet*. La racine a deux *fonctions* différentes : elle sert, d'abord,

Racine fasciculée du Blé.

Racine pivotante du Navet.

à tenir la plante fixée au sol. Ainsi quand le vent souffle en tempête, que les branches des grands arbres plient et que les troncs gémissent sous l'effort, leurs grosses racines tortueuses, profondément enfoncées dans la terre ou cramponnées au rocher, les empêchent d'être renversés; ainsi les petites plantes de nos jardins résistent, si l'on veut les arracher. De plus, c'est par les racines que les plantes absorbent, *sucent* pour ainsi dire, comme par des milliers de petits tuyaux, l'humidité et les sucs de la terre, qui sont pour elles une nourriture. — Cet *aliment* que les végétaux prennent dans le sol par leurs racines, c'est surtout l'*eau*.

Voyez, par exemple, une de ces plantes que nous faisons croître dans un pot, avec un peu de terre. Si cette terre vient à se dessécher trop complètement, la pauvre petite languit, se fane; ses feuilles pendent, jaunissent : enfin elle périt. Elle se *meurt de soif*, comme on dit; elle se meurt faute d'eau. Si on l'arrose, alors qu'il en est temps encore, la petite plante se redresse, reverdit, reprend à la vie. — Il en est de même de tous les végétaux de nos champs et de nos bois; une trop grande sécheresse peut les faire souffrir et même mourir; et vous savez que le jardinier est souvent obligé d'arroser les légumes de son jardin pour rendre au sol l'humidité suffisante, l'eau, que les plantes *boiront* par leurs racines. — Au-dessus de la racine est la *tige*, souvent pourvue de *branches* et de *rameaux*, qui porte les feuilles, les fleurs et les fruits. Ordinairement la tige est *dressée* au-dessus du sol, parfois comme rampante sur la terre ou même sous la terre. Examinez la *tige* d'un arbre : longue, épaisse, forte, *ligneuse*, c'est-à-dire formée d'un *bois* compacte, elle est ce qu'on appelle un *tronc*. Le bois, qui forme la masse du tronc, et aussi des branches et des rameaux, est recouvert d'une *cou-*

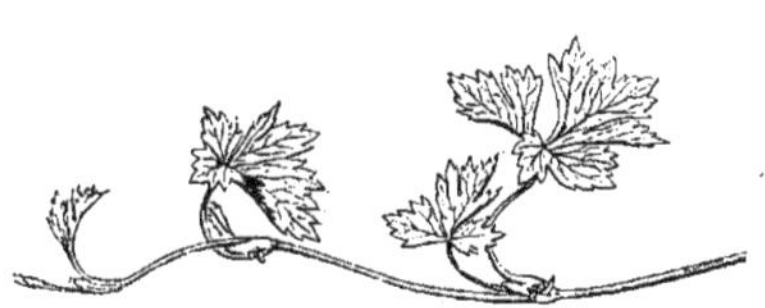

Tige rampante de la Renoncule des prés.

che, d'une enveloppe plus ou moins épaisse d'*écorce*, tantôt lisse, tantôt rude, suivant l'espèce de l'arbre qu'on observe, et que l'on peut détacher du bois. Les plantes de plus petite taille ont ordinairement leur tige molle, flexible, protégée d'une couche mince d'écorce molle aussi et verdâtre : ces plantes sont souvent appelées des *herbes ;* et ces sortes de tiges molles sont dites tiges *herbacées*, par opposition aux tiges fortes, ligneuses, des arbres et arbrisseaux. Les tiges creuses, flexibles, et pourvues de *nœuds* de distance en distance de certaines herbes à feuilles longues, à *épis*, telles que le blé, l'orge, l'avoine, sont nommés *chaumes*.

C'est par la tige que montent, circulent et se répandent dans toute la plante, vont aux feuilles, aux fleurs, aux fruits, les *liquides nourriciers*. Ces liquides forment ce qu'on appelle la *sève*, qui est comme le sang du végétal... — Toutes les parties de la plante, la tige aussi, même le tronc de bois si dur du gros arbre, sont formées de *tissus poreux*, c'est-à-dire criblés de petits trous imperceptibles, de petits tuyaux pouvant s'imprégner, s'imbiber d'eau, à peu près à la façon d'une matière *spongieuse*, telle que le papier, l'étoffe. En effet, si, à certain moment de l'année surtout, au printemps par exemple, vous coupez la tige d'une herbe, le rameau d'un arbre, vous voyez suinter couler lentement la sève, semblable à de l'eau. — Les tiges, les branches et les rameaux portent les *feuilles*, qui sont pour la plante non pas seulement une parure, mais des organes nécessaires à sa vie.

Par ses feuilles, la plante *respire*, pour ainsi dire; elle *absorbe*, elle boit *dans l'air* certaines matières *gazeuses*, légères, invisibles comme l'air, et qui sont pour elle une nourriture, comme elle boit par ses racines, dans le sol humide, des matières liquides. Cette *nourriture invisible* est pourtant nécessaire au végétal; et c'est pourquoi si la plante est dépouillée de son feuillage, si les insectes rongeurs lui ont dévoré ses feuilles, ou si la main distraite d'un enfant les lui a arrachées, elle souffre, la pauvre plante, elle languit et peut périr. Les feuilles sont presque toujours de couleur verte ou verdâtre ; mais très-différentes de forme et de grandeur suivant les espèces. Dans une feuille, nous considérerons trois choses : la partie plus ou

Feuille de Mauve, montrant le limbe, le pétiole et les nervures.

moins étalée et mince qu'on nomme le *limbe* de la feuille; puis son petit pied ou *pétiole*, par lequel elle tient à la tige; les feuilles de beaucoup de plantes en sont dépourvues, et tiennent à la tige par la partie large et étalée, comme les feuilles du blé.

Maintenant prenez une feuille de chou, de laitue ou de betterave ; regardez-la : à l'envers surtout vous verrez des parties saillantes semblables à de gros cordons; ces cordons figurent sur la feuille comme des branches et des rameaux étalés à sa surface : c'est ce qu'on appelle les *nervures* de la feuille. Sur les feuilles plus petites des arbres, des arbrisseaux, de beaucoup d'herbes, vous observerez, avec un peu plus d'attention, des *nervures* toutes semblables, mais plus fines, minces comme des fils, qui parfois figurent un *tulle*, une *dentelle* dans la feuille.

Dans les feuilles d'autres herbes, feuilles de forme ordinairement allongée et étroite, telles que les feuilles du blé, de l'avoine, celles des gazons des prairies, vous verrez de très-fines nervures, non pas branchues et tissées comme un *réseau*, un filet de pêche, une dentelle, mais au contraire se suivant parallèlement, comme les fils d'un écheveau : cette distinction dans la disposition des nervures est très-importante à observer, quand on veut reconnaître et *classer* les différentes espèces de plantes. — Le *limbe* des feuilles offre les formes les plus diverses : les feuilles des capu-

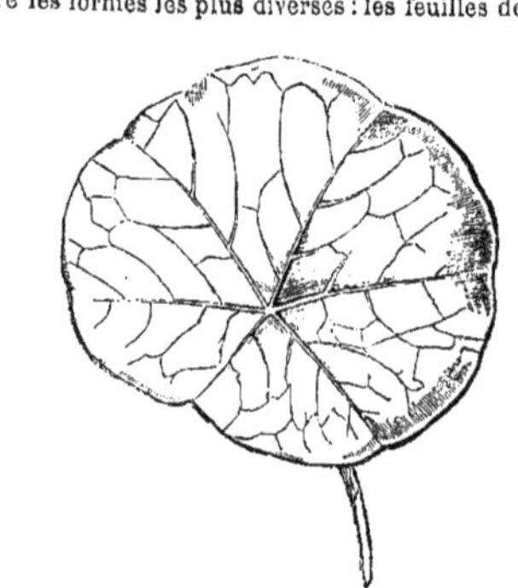

Feuille ronde de Capucine.

cines sont *rondes*, celles du buis *ovales*, celles du saule, celles du lin allongées et pointues; celles des *liserons* sont en forme de cœur. Celles des iris, des glaïeuls, des roseaux, du blé, de l'orge, des gazons des prairies, sont longues, étroites et flexibles, en forme de rubans ; d'autres, comme celles des sapins, des pins, sont longues, étroites et pointues, raides, en forme d'*aiguilles*. Le contour du limbe est souvent *dentelé* de fines dents de scie ; d'autrefois il est découpé à grandes dents larges, pointues ou arrondies, qu'on nomme *lobes*.

Feuilles ovales du Buis. Feuilles allongées du Lin.

Souvent les dentelures sont si profondes, que la feuille paraît toute déchiquetée, comme si on l'eût entaillée avec des ciseaux. Quand le *limbe* de la feuille, découpé ou non, se tient tout d'une pièce, on dit que la feuille est *simple;* mais d'autrefois chaque feuille est formée de plusieurs petites feuilles appelées

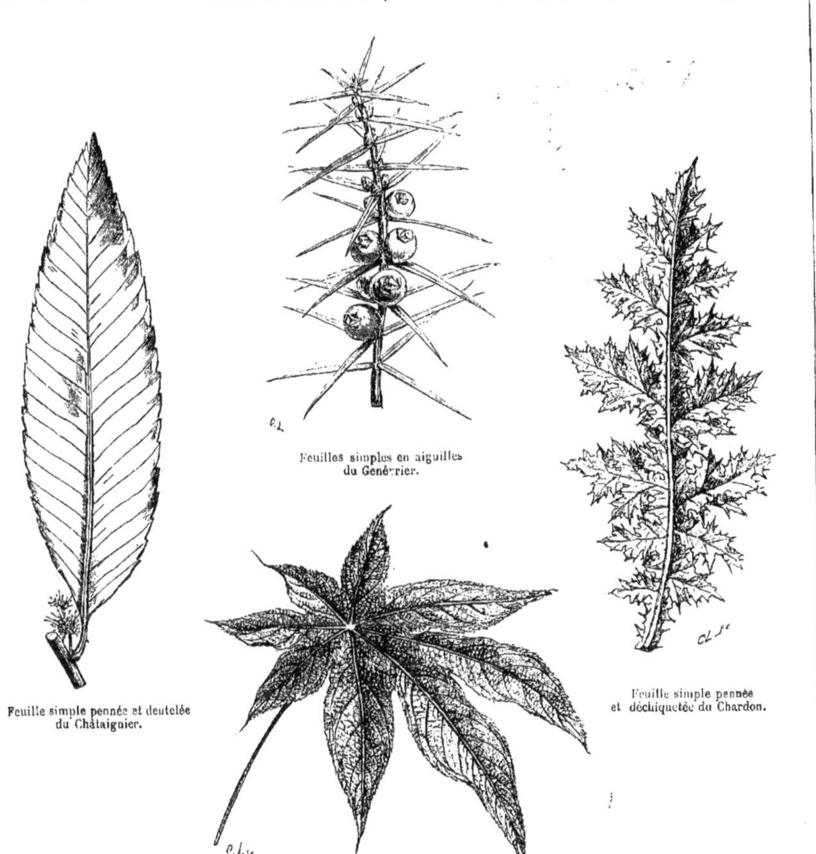

Feuilles simples en aiguilles du Genévrier.

Feuille simple pennée et dentelée du Châtaignier.

Feuille simple pennée et déchiquetée du Chardon.

Feuille simple palmée du Ricin.

olioles, réunies sur un même pétiole : alors la feuille est *composée.* Telles sont les feuilles du rosier, composées de cinq ou sept *folioles*, les feuilles du *trèfle*, du *fraisier*, qui en ont *trois* seulement, les feuilles du sainfoin, de l'acacia, qui en ont un plus grand nombre.

Quand la forme de la feuille, avec les dispositions

de ses folioles ou de ses dentelures et de ses nervures, se rapproche de celle d'une plume d'oiseau, on la dit *pennée;* si au contraire les nervures et les lobes ou les folioles se réunissent en un même point, rappelant les doigts écartés d'une main ouverte ou la patte *palmée*

Feuille composée palmée du Trèfle.

du canard, on dit de même que cette feuille est *palmée.* — Entre la feuille et la tige, dans l'angle, se forment les *bourgeons*, qui sont de très-petites branches naissantes, entourées de feuilles toutes petites, blanches encore et molles, repliées les unes sur les autres. Quand le *bourgeon* se développe, les feuilles se déroulent, verdissent et s'étalent, grandissent en même temps que le petit rameau.

Bourgeons de Poirier.

***

La fleur est la beauté de la plante. La floraison, c'est le beau moment de sa vie. Toute son existence, auparavant, était de se préparer à fleurir; et quand elle a fleuri et porté ses graines, elle peut mourir, — et souvent elle meurt en effet.

Qu'est-ce qu'une *fleur ?* C'est un ensemble d'*organes* nécessaires à la vie des plantes. La fleur sert à préparer le fruit : le fruit se forme dans la fleur. Une fleur *complète* se compose de deux sortes de parties : les organes de *fructification* (qui servent à préparer la formation du fruit), et des *enveloppes* qui servent à protéger et défendre ces organes, surtout lorsqu'ils ne sont pas encore développés, c'est-à-dire quand la fleur est en bouton. Prenons un exemple parmi les plantes connues de vous; et pour apprendre à *analyser* la fleur, c'est-à-dire à étudier la forme et la disposition des parties, examinons une fleur complète : choisissons-la un peu grande, pour que ses parties soient plus visibles : ce sera la brillante fleur dorée de la *capucine* des jardins. Sous la fleur vous observerez d'abord une sorte de *collerette*

Feuilles composées pennées du Sainfoin.

Fleur de Capucine.

dentelée, formée de cinq petites feuilles jaunâtres réunies : c'est la première enveloppe protectrice de la fleur, qu'on appelle le *calyce*, c'est-à-dire la coupe, parce qu'en effet elle a souvent, non pas toujours, la forme d'une coupe. Les petites feuilles qui composent le calyce sont appelées les *sépales*. Voici maintenant la partie la plus brillante de la fleur, sa couronne dorée, sa *corolle* seconde enveloppe protectrice formée de cinq

Calyce de la Capucine.

espèces de feuilles, larges, vivement colorées, qu'on nomme les *pétales* de la fleur. Au milieu de ces deux enveloppes sont les organes que nous allons maintenant observer.

Supposez les *pétales* et les *sépales* détachés ; vous apercevez tout au centre comme une petite boule surmontée d'une petite tige, fendue en trois pointes

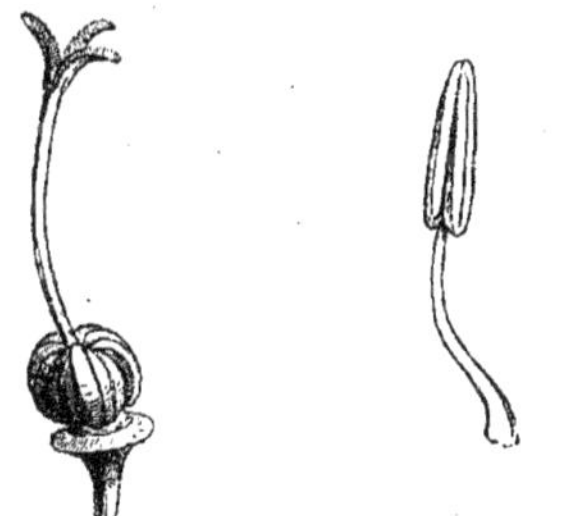

Pistil de la Capucine. Une des étamines de la Capucine

à son extrémité. C'est ce qu'on appelle le *pistil* de la fleur. La petite boule est une sorte de boîte qui contient déjà, à demi-formé, ce qui deviendra les graines de la fleur. Ce sont des grains blanchâtres, arrondis, tout à fait semblables à de petits œufs. Et ce sont en effet les petits œufs de la plante, comme vous le verrez bientôt... On les appelle *ovules* (c'est-à-dire justement, petits œufs) ; et la boîte qui les renferme se nomme l'*ovaire*, c'est-à-dire la *boîte aux œufs*. La petite tige qui le surmonte est appelée *style*, et son extrémité fendue est le *stigmate*. Autour du *pistil* vous voyez rangés en faisceau plusieurs organes, semblables à celui que voici représenté à part, composés d'une sorte de fil assez long, portant une petite tête jaunâtre. Ces organes sont appelés *étamines ;* la partie effilée se nomme justement le *filet ;* et la petite tête est l'*anthère*. Ces *anthères*, ce sont de petits sacs remplis d'une poussière jaune doré : comparons-les, si vous voulez, à de petits *sabliers* remplis de sable d'or... Or je vais vous expliquer, autant que je puis le faire en quelques mots, l'utilité de ceci.

Vous n'avez pas oublié ces graines à demi formées seulement, renfermées dans l'ovaire, et qu'on nomme ovu-

Fruit de la Capucine.

les. Eh bien, pour que ces ovules achèvent de se développer, puissent devenir de véritables graines, bonnes à semer, capables de germer plus tard, pour qu'ils puissent, dis-je, achever de se former, il faut que le stigmate (l'extrémité du *style* qui surmonte l'ovaire), soit *saupoudré* de la poussière jaunâtre des petits sabliers, des anthères. Lors donc que la fleur est épanouie, les sacs des anthères s'ouvrent, secouent leur poussière que le vent fait tourbillonner dans l'intérieur de la fleur. Un peu de cette poussière tombe sur la triple pointe du stigmate, s'y colle, exactement comme le sable se colle sur l'écriture fraîche que l'on saupoudre... Je ne puis vous expliquer en détail les effets de cette poussière ; ce serait long et difficile à comprendre. Disons donc seulement que cet effet est de faire rapidement grossir et se développer les *ovules*, de les rendre capables de mûrir et de devenir *graines* complètes et parfaites. Bientôt la corolle se fane et tombe, les étamines aussi ; il ne reste plus guère de la fleur que l'*ovaire*. A mesure que les petites graines grossissent, l'ovaire lui aussi grossit ; il devient alors ce qu'on appelle le *fruit* de la plante. Le fruit contient les graines.

Ces diverses parties, ces *organes* ne sont pas semblables de forme dans toutes les fleurs. Ainsi très-souvent les *sépales* qui forment le *calyce* restent séparés comme autant de petites feuilles distinctes ; ainsi sont le calyce de la *capucine*, celui du *lin*, celui du *liseron ;* mais d'autres fois, au contraire, les sépales sont *soudés*, comme collés par leurs bords ; en sorte que l'ensemble forme une petite coupe dentelée, plus ou moins creuse : tels sont le calyce de la *primevère* et celui de l'*œillet*. Souvent le calyce est vert ; mais d'autres fois il est orné de vives couleurs, comme la corolle elle-même. De même, la corolle peut être formée de plusieurs *pétales* séparés, qu'on peut détacher l'un après l'autre : ainsi sont formées la corolle de l'*œillet*, celle du *lin*, celle de la *giroflée*, celle de la *rose* et celles des poiriers, des pommiers, toutes semblables à de petites roses, celle du pois, etc.

Calyce à cinq sépales séparés du Lin (entourant les pistils).

Calyce à cinq pétales soudés de la Primevère.

Mais dans d'autres fleurs les pétales qui forment la corolle sont si bien soudés par leurs bords qu'ils ne font plus pour ainsi dire qu'un, et que la corolle se tient toute d'une pièce : souvent alors elle a la forme d'un grelot, d'une clochette, d'une coupe, d'un entonnoir arrondi ou dentelé à son bord. Telles sont la corolle

Corolle à cinq pétales séparés de l'OEillet simple.

de la fleur de l'*arbousier*, semblable à un petit flacon ventru, celle de la *bruyère*, celle de la campanule, celle du liseron, celles du jasmin et du lilas, celle du chèvrefeuille, en forme de long entonnoir très-dentelé à son contour. D'autres, contournées d'une façon bizarre, rappellent des *gueules* ou des *mufles* d'animaux. Les étamines diffèrent aussi de forme, tantôt longues et tantôt courtes ; le pistil varie de même. L'*ovaire* ressemble tantôt à une boule, tantôt à une bouteille, ou à un étui, ou est de quelqu'autre forme ; tantôt il est surmonté d'une longue tige grêle et mince, tantôt il en porte plusieurs ; et parfois au contraire il en est tout à fait dépourvu : peu importe, il a toujours sa *boite aux œufs*, quelle que soit sa forme. Souvent même dans la fleur il y a plusieurs de ces petites boites ou étuis réunis en groupe.

Les quatre parties de la fleur complète sont donc le

Fleurs de l'Arbousier.

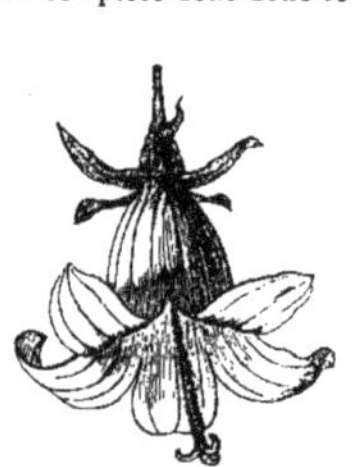

Fleur en clochette de la Campanule.

calyce, la corolle, les étamines, le pistil. Or certaines fleurs n'ont pas toutes ces parties : elles sont *incomplètes*. Il en est beaucoup qui, au lieu d'avoir deux enveloppes protectrices, corolle et calyce, n'en ont qu'une seule, comme la fleur du sarrasin, celles des narcisses et des jacinthes. Certaines fleurs même n'ont ni calyce

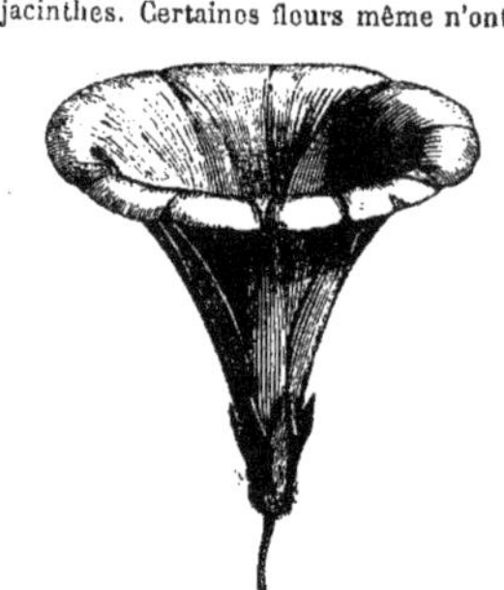

Corolle à pétales soudés du Liseron.

ni corolle : et celles-là ne sont pas très-belles, ni très-visibles parmi le feuillage : exemple, la fleur du *frêne*. — D'autres fois au lieu d'avoir à la fois pistils et étamines, certaines fleurs ont seulement les uns ou les autres. Les fleurs qui n'ont que des pistils sont nommées fleurs *femelles*, — par comparaison avec les femelles des oiseaux, — parce que ce sont elles qui portent les petits œufs, les graines. Les fleurs à étamines seulement, appelées fleurs mâles, ne portent point de fruits. Elles répandent cette poussière sans laquelle les graines ne pourraient se former.

Il faut encore observer la manière dont les fleurs sont portées sur la plante ; elles y tiennent par un petit pied ou *pédoncule*, parfois long, d'autres fois très-court. Lorsque les fleurs naissent séparées, comme celles des pensées, des pervenches, on les nomme fleurs *solitaires ;* lorsqu'elles sont groupées, il faut observer la forme du groupe, du bouquet naturel qu'elles

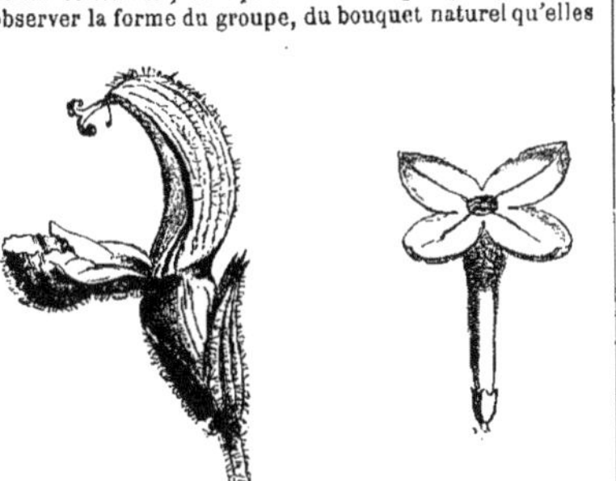

Fleur de la Sauge. Fleur du Lilas.

forment. Un groupe en forme allongée de fleurs tenant par des *pédoncules* un peu longs sur une tige située au milieu est ce qu'on nomme une *grappe :* les fleurs des *groseillers*, celles du lilas, celles de la vigne sont en grappe. Si ce groupe est très-allongé, les fleurs étant très-serrées contre la tige, vous avez ce qu'on appelle un *épi :* exemple, les jolies fleurs en épi de la *verveine* des champs, celles du blé, du seigle, de l'orge.

Fleur mâle du Buis. Fleur femelle du Buis.

Lorsque le bouquet de fleurs est largement étalé, c'est un *corymbe*, c'est-à-dire comme une corbeille de fleurs ; tels sont les jolis bouquets de l'*alisier* de nos bois. Parfois le groupe de fleurettes rappelle par sa forme un parasol ouvert avec les petites tiges qui le soutiennent : et alors ce groupe porte le nom d'*ombelle* (non pas *ombrelle*) *:* exemples, les fleurs du cerfeuil, du persil, de l'angélique des jardins. Enfin parfois les fleurs forment un groupe très-serré que l'on appelle un *capitule*, c'est-à-dire une *tête*, en sorte que l'ensemble paraît une seule fleur : telles sont les *têtes* du joli bluet des blés, des chardons, de l'artichaut.

Fleurs en grappe du Groseiller. Fleurs en épi de la Verveine.

La fleur est passée ; la brillante corolle s'est fanée, les pétales sont tombés. Tout au contraire, l'*ovaire* continue

Fleurs en corymbe de l'Alisier.

de grossir : il devient le *fruit*, qui contient les graines. Les fruits des plantes sont très-divers de forme, comme leurs fleurs. Certains fruits, grossis et mûris, sont épais tendres, pleins de sucs : les graines sont enfermées dans cette masse molle qu'on appelle la *chair* du fruit. Ces fruits sont appelés *fruits charnus;* tels sont les pommes, les poires, les abricots, les cerises, les groseilles, les raisins. D'autres fruits, au contraire, ne sont qu'une enveloppe mince contenant les graines, et, en mûrissant deviennent raides et secs : ce sont de véritables boîtes ou étuis à graines. Ainsi sont les fruits du pavot et du

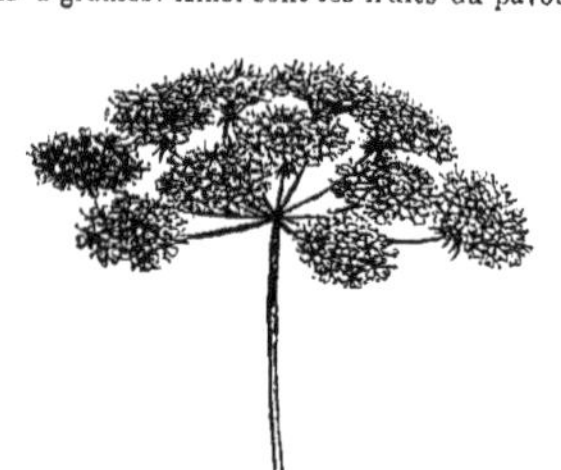

Fleurs en ombelle du Cerfeuil.

coquelicot des champs, semblables à des boîtes rondes remplies de petites graines noires que l'on entend bruire lorsqu'on secoue le fruit mûr et jauni; ainsi est le fruit en boule du joli *mouron rouge,* commun dans les champs, qui, lorsqu'il est mûr, s'ouvre pour laisser échapper ses graines, comme une boîte ronde dont on ôterait le couvercle. Quand le fruit a la forme d'un étui qui s'ouvre en se fendant dans toute sa longueur,

Fleurs en capitule du Bluet.

comme celui du pois, du haricot, il est appelé *gousse;* s'il s'ouvre des deux côtés à la fois, figurant comme deux étuis accolés, on le nomme *silique :* le fruit du *chou,* de la *rave,* celui de la gracieuse giroflée des murailles, sont des siliques. Enfin certains fruits sont formés de plusieurs petits fruits distincts, serrés, collés les uns aux autres; tels sont les fruits noirs des ronces de nos haies, les framboises, les mûres, fruits du mûrier.

Dans le fruit est la graine (ou les graines). Les graines des différentes plantes sont très-diverses de forme, de couleur, de grosseur. Pour comprendre ce que c'est qu'une graine, il vous suffira d'observer un pois, un haricot. Brisez une sorte de peau qui l'enveloppe : la

Fruits charnus de la Groseille. — Silique de la Giroflée. — Gousse du Pois cultivé.

petite masse de la graine se sépare en deux parties. Regardez avec attention : entre ces deux parties vous apercevez ce qu'on appelle communément le *germe* (1), c'est-à-dire *une petite plante* déjà à demi formée, blanche, délicate. Vous y reconnaîtrez une petite tige re-

Fruit en boîte (pyxide) du Mouron.

Graine du Pois ouverte, avec son germe.

courbée, dont l'extrémité figure une racine; un bourgeon, une couple de très-petites feuilles toutes blanches, mais déjà reconnaissables. Ouvrez de même une amande : vous y trouverez un *amandier en petit :* tige, bourgeon,

(1) Embryon.

petites feuilles... Les graines des autres plantes seraient moins commodes à observer pour vous; mais

Graine de l'Amandier ouverte et son germe.

Le germe de l'Amandier très-grossi.

elles sont construites à peu près de la même manière. Toutes renferment une petite plante molle et à demi formée, semblable à celles dont elles proviennent. La petite plante renfermée dans sa graine est là comme endormie: elle y peut dormir longtemps...

* * *

Mais prenons notre graine, notre haricot, si vous voulez : mettons-le dans la terre humide, et voyons ce qui va se passer. La graine se gonfle, se ramollit; la petite plante se réveille pour ainsi dire, elle commence à végéter. La peau du haricot se fend, les deux parties s'écartent, et on voit sortir d'abord la petite racine de la plante, puis son bourgeon avec ses petites feuilles; ce *phénomène* curieux est

Graine de Haricot germant.

ce qu'on nomme la *germination*. La jeune plante grandit, fait sortir de terre sa tige molle, son bourgeon, ses feuilles; en même temps il lui pousse plusieurs racines, à l'aide desquelles elle puisera dans la terre les sucs nécessaires à sa subsistance. La voilà devenue toute semblable à sa mère, — je veux dire au pied de haricot qui a produit la graine. Il ne lui reste plus qu'à croître et fleurir à son tour. Ainsi *germent* les graines des autres plantes; le blé par exemple, dont on voit le petit bourgeon et les fines racines croître de jour en jour. Pour que la graine lève, c'est-à-dire que le germe qu'elle contient commence à se développer et perce au-dehors, il lui faut de l'*eau:* l'humidité de la terre suffit, quand le sol n'est pas trop sec; de l'*air:* mais l'air pénètre facilement dans la terre; enfin il lui faut un certain degré de *chaleur*, sans quoi la petite plante demeure engourdie. Voilà pourquoi au printemps on voit lever de toutes parts, aux doux rayons du soleil, de jeunes plantes provenant de graines tombées sur la terre à l'automne précédent, et que le froid de l'hiver avait empêchés de germer.

* * *

Et maintenant, lorsque la graine a germé, que la petite pousse s'élève au-dessus de terre, dresse sa frêle tige, et développe ses premières feuilles, pour qu'elle continue de vivre, produise son feuillage et ses fleurs, forme et mûrisse ses fruits, que lui faut-il? Il lui faut, tout d'abord, des aliments, une nourriture : sans se nourrir nul être ne peut vivre, pas plus la plante que l'animal. — Or pour les plantes il y a deux sortes d'aliments : les aliments *gazeux*, les matières nourricières invisibles qu'elles absorbent, qu'elles respirent dans l'air, par leurs feuilles surtout; les aliments *liquides*, qu'elles prennent dans le sol, qu'elle boivent pour ainsi dire, par leurs racines. — Ce que la plante prend au sol par ses racines, c'est surtout de l'eau, avons-nous dit; mais l'eau pure et simple ne suffirait pas pour la faire vivre. Il faut qu'elle trouve en outre dans la terre, d'autres substances qui lui sont nécessaires, sans lesquelles elle languit et périt. Ces substances sont *dissoutes* dans l'eau qui imprègne le sol comme le sel est dissous dans l'eau salée, le sucre dans l'eau sucrée. Le végétal les suce continuellement avec l'eau qu'il boit; elles contribuent à former la *sève* nourricière qui imbibe ses *tissus*.

En outre de ces aliments il faut au végétal de la chaleur — comme à la graine qui germe — et de plus, de la *lumière*. Ne savez-vous pas qu'à l'hiver un très-grand nombre de plantes périssent? Les premières gelées tuent ces petits êtres délicats et frileux. D'autres, plus vigoureux, ne périssent pas; mais leur vie est comme engourdie. Presque tous nos arbres perdent leur feuillage. La chaleur du printemps, qui fait germer les graines, les ranime et les fait revivre. Comme ils se hâtent d'ouvrir leurs bourgeons, de dérouler leurs petites feuilles! Les plus pressés déjà montrent leurs fleurs. — Mais que la lumière soit nécessaire pour les végétaux, comme la chaleur et plus encore, c'est ce qui vous étonnera peut-être. « Et quel besoin cette plante — qui ne voit pas — peut-elle avoir d'être éclairée? » me disait un jour un enfant. — Et moi je le conduisis... à la cave. Là, dans un coin obscur, quelques pommes de terre oubliées avaient germé. De longues pousses avaient pris naissance sur les tubercules, comme de jeunes rameaux qui sortent du bourgeon, sur une branche. Mais ces pousses étaient grêles, molles, fragiles, blanchâtres, démesurément allongées; faibles et rampant à terre, elles ne ressemblaient en rien à la verte et vigoureuse pomme de terre de nos champs; nulle trace de verdure, point de feuilles — ni de fleurs, à plus forte raison. Mais vous-même n'avez-vous pas remarqué quelqu'une de ces plantes qui végètent dans l'ombre d'un appartement aux rideaux fermés, ou bien encore sous le feuillage trop touffu du bois? Comme elle a l'air pâle et triste, maigre et frêle! On dirait que cette pauvre petite sait le besoin qu'elle a du grand jour : elle cherche la lumière; elle tourne toutes ses feuilles, elle allonge tous ses rameaux du côté de la fenêtre, ou vers une petite éclaircie du feuillage par où peut lui venir un rayon de soleil. C'est la lumière qui fait verdir les feuilles, et les fait *respirer*, absorber ces substances nourricières invisibles, répandues dans l'air. Totalement privée de lumière, une plante ne *verdit* pas; elle languit, et finit par périr. A-t-elle une faible lueur de jour, elle pourra vivre, peut-être, mais elle reste frêle et pâle; elle ne fleurit pas ou fleurit à peine : elle est, comme on dit, *étiolée*.

Partout où ces choses nécessaires à leur existence se trouvent réunies : l'air, l'eau avec les matières nourricières qu'elle dissout, un degré suffisant de chaleur et de lumière — des plantes peuvent vivre. Mais observons bien que toutes ne sont pas *organisées* de la même manière. Suivant les différentes espèces, elles ont une manière de vivre différente et des besoins différents. Ainsi il y a certaines plantes qui n'ont besoin que de très-peu d'eau : elles peuvent vivre sur le sable aride; l'humidité de l'air, la rosée de la nuit leur suffit. D'autres espèces, plantées dans ce même lieu, y mouraient de soif, parce qu'elles sont organisées de telle façon que beaucoup d'eau leur est nécessaire. Celles-là se rencontreront dans les lieux humides, dans les prés bien arrosés, au bord des ruisseaux. Il en est même à qui cela ne suffirait pas encore; elles ont un tel besoin d'eau qu'il leur faut y être toutes plongées... ce sont les plantes que nous nommons plantes *aquatiques*. De même pour les substances nourricières diverses que renferme plus ou moins abondamment le sol : certaine plante croît avec vigueur sur un sol où elle trouve en suffisante quantité tous les aliments qui conviennent à sa nature; et sur ce même terrain d'autres plantes languiraient ou même périraient : ce qu'il leur faudrait n'est pas là. Vous savez que certains végétaux ont besoin de beaucoup de chaleur : ceux-là ne peuvent vivre que dans les climats chauds; ou bien, si on veut les cultiver dans nos pays, il faut les abriter sous des cloches de verre, dans des *serres* chauffées convenablement. Beaucoup d'autres plantes qui vivent fort bien dans nos pays *tempérés*, dont la chaleur leur suffit, périraient si on les transportait dans les climats glacés, en Suède, en Norwège, en Sibérie; tandis qu'au contraire certaines espèces, les sapins, par exemple, les bouleaux, croissent dans des pays très-froids, se plaisent sur les montagnes, au milieu des neiges. Même différence relativement à la lumière. « Dans les bois ombreux, sur la mousse, vous verrez fleurir au printemps, des anémones sauvages et des jacinthes odorantes : une douce lumière leur suffit. Mais n'y cherchez point de *coquelicots;* car la plante aux frêles pétales rouges comme le feu a besoin de la plus grande lumière et des plus chauds rayons du soleil. » (*Lectures expliquées*).

La conséquence de tout ceci, c'est d'abord que les plantes — j'entends surtout celles qui croissent naturellement, à l'état sauvage, sans soins et sans culture — sont différentes suivant les climats, suivant les régions. Et de plus, dans un même pays, les plantes varient selon les *stations*, c'est-à-dire suivant les lieux plus ou moins secs, plus ou moins humides, bas ou élevés, découverts ou ombreux, exposés aux chauds rayons du soleil du midi ou aux vents froids du nord. Elles varient aussi suivant la nature des *terrains*, qui sont sablonneux, légers, meubles (c'est-à-dire faciles à remuer), buvant l'eau des pluies comme des éponges... ou bien, tout au contraire, durs, épais, compacts, difficilement pénétrés par la pluie; ou enfin rocheux, pleins de graviers et de cailloux; *calcaires*, c'est-à-dire formés de matières contenant de la *chaux*, ou *argileux*, constitués surtout d'*argile*, terre fine et grasse qui se délaie dans l'eau, forme une sorte de pâte, et durcit en séchant. — Dans chaque station donc on rencontre, à l'état sauvage, les plantes qui trouvent en ce lieu « tout ce qui convient à leur nature, à leur organisation. »

Mais-direz vous peut-être, comment les plantes qui vivent en ce lieu qui leur convient, ont-elles pu le choisir, s'y établir? « Les plantes ne se meuvent point; elles ne peuvent changer de place, s'écriait mon jeune élève — celui-là justement dont je vous parlais en commençant, — comment ont-elles pu venir s'*installer* ici, par la raison que l'endroit leur *plaisait* mieux que les autres? » — « Les plantes ne sont pas absolument immobiles mon enfant; elles changent de place. Elles volent, elles nagent, elles marchent..... » — « Ah! Et quand donc? » — « Quand elles sont à l'état de graines. »

« Imagine qu'un homme ait mis dans un grand sac une quantité considérable de graines de toute espèce : graines de *roseaux*, de *nénuphars*, de *jonc*, de *cresson*; graines de *blé*, d'*orge* et d'*avoine*, graines de *genêt* et de *bruyère*, de *menthe*, de *pariétaire* et de *serpolet*, de *giroflées* et d'*anémones*, de *fraisiers*, de *liserons* et de *coquelicots*... tout pêle-mêle. Cela fait, il puise dans son sac à pleine poignée, et s'en va semant ses graines par tout le canton, à travers champs et prés, bois et marais, ruisseaux et étangs, terres hautes et basses, sèches et humides, sablonneuses et rocailleuses. Qu'arrivera-t-il? Est-ce que les graines de toute espèce, semées partout également, lèveront également partout? Mais non; et vous savez déjà pourquoi. Les graines de cresson, par exemple, qui se seront trouvées semées sur un terrain sablonneux ou rocailleux, sec, dans les champs, parmi les décombres, périront; si quelques-unes levaient, la plante qui en sortirait ne vivrait pas huit jours. Il n'y aura de graines de cresson a réussir que celles qui seront tombées près de la fontaine et sur les bords du ruisselet; celles-là produiront des pousses vigoureuses. Par contre, les graines de coquelicot, qui, lancées au hasard, auront tombé sur cette même terre humide où le cresson lève si bien, périront ; celles qui auront tombé par les champs pourront germer, et parsèmeront les blés de coquelicots rouges. Et de même pour les autres graines : les graines de roseaux tombées sur les lieux arides périront, celles qui seront semées au bord de l'étang lèveront. La graine de menthe ne produira que dans les prés humides, la pariétaire ne croîtra que dans les fentes des rochers et les joints des vieilles murailles, le serpolet que parmi l'herbe rase sur la colline rocailleuse, les petits fraisiers qu'à l'ombre des bois. En un mot les graines sont semées partout, mais elles ne produisent que là où elles trouvent chacune ce qui lui convient. Et quand tout ce qui pouvait germer aura produit, il se trouvera... — que chaque plante sera à sa place, dans l'endroit qui lui est favorable ; il semblera que ces plantes *ont choisi* chacune son *milieu*, suivant ses besoins. « *Lectures expliquées.* »

Eh bien, c'est à peu près ainsi que les choses se passent. Les plantes de toute espèce produisent des graines par milliers et millions, et les laissent s'échapper lorsqu'elles sont mûres. Beaucoup tombent au pied de la plante mère, et germent autour d'elle. D'autres sont secouées et emportées par le vent : elles *volent*, pour ainsi dire, et vont se semer bien loin. Il en est qui tombent sur l'eau, que le ruisseau entraîne et dépose plus loin sur ses rives : elles *nagent* celles-là, — ou du moins elles vont flottant au cours de l'eau. Les oiseaux qui vivent de fruits les transportent souvent à de grandes distances ; ils laissent tomber à terre les graines dures, les noyaux. D'autres graines sont pourvues de crochets ; elles s'attachent aux toisons des brebis, et se font transporter d'un lieu à un autre par les troupeaux vagabonds, comme si elles eussent marché de prairie en prairie. Ainsi les graines des plantes de toute sorte sont *disséminées* partout, comme si on les eut semées à pleine poignée... mais elles ne germent et croissent que dans les lieux où elles trouvent, comme nous le disions, tout ce qui leur convient.

Et maintenant, en quoi consiste la *culture ?* Elle consiste à fournir, autant que possible, par notre art, par notre travail et nos soins, à certaines plantes utiles pour nous, justement « ce qui convient à leur nature » afin qu'elles végètent vigoureusement et portent en abondance les *productions* dont nous tirons profit. Voici une étendue de terrain, découvert, bien exposé au soleil, recevant des pluies suffisantes, dans notre climat *tempéré*. Mais ce sol est dur. Si nous le laissons tel, sans le cultiver, il y croîtra à foison des plantes sauvages, qui ont assez de vigueur pour percer cette terre dure et y enfoncer leurs racines. Mais ces plantes qui croissent d'elles-mêmes sont pour la plupart inutiles : ce sont des *mauvaises herbes*, comme nous disons ; ou du moins si quelques-unes ne sont pas absolument sans utilité, du moins ce ne sont pas celles-là dont nous avons le plus besoin. — Ce ne sont pas des chardons, des ronces, des bruyères que je voudrais avoir là : c'est du blé, par exemple. Que vais-je faire ? Je vais tout d'abord labourer, c'est-à-dire remuer, retourner la terre, pour la rendre plus molle, plus facilement pénétrable à l'air, aux pluies, aux racines tendres d'une plante délicate. De plus, en labourant ce champ, j'arrache, je détruis ces mauvaises herbes qui le couvraient, envahissaient tout l'espace où doit croître la plante utile. — Cette terre que je viens de labourer est assez convenable, par sa nature, pour la plante qu'elle doit nourrir : pourtant certaines qualités lui manquent, certaines substances nourricières, nécessaires au blé, y existent en trop petite quantité. Si je semais mon grain sur ce terrain, sans autre préparation, le blé lèverait, il est vrai, mais il produirait peu. Il faut que je donne à cette terre les qualités qu'elle n'a pas ; il faut que je lui apporte en abondance des substances nourricières, et tout justement celles-là qui conviennent au blé. C'est pourquoi, en labourant, je devrai mêler à la terre certaines matières qu'on appelle *amendements* et *engrais*, pour lui donner ce qui lui manque. Ainsi je fournirai à ma plante les aliments appropriés, je lui préparerai toutes les conditions favorables à sa végétation, afin que trouvant là « tout ce qui convient à sa nature, » elle croisse drue, vigoureuse, elle porte de nombreux et gros épis... Mon champ est-il trop humide, envahi par les eaux ? Je creuserai des conduits convenablement disposés, pour faire écouler l'excès de l'eau. Est-il trop sec ? Je l'arroserai en amenant à travers, par de petits canaux parcourant son étendue, les eaux de la rivière voisine. Que faut-il encore à ces plantes ? De l'air ? Il n'en manque pas sur ce terrain découvert. De la lumière, de la chaleur ? Je ne suis pas le maître du soleil, il est vrai ; mais du moins j'ai choisi, pour la cultiver dans mon terrain, une plante *appropriée* au climat du pays, une plante organisée de telle sorte que la chaleur ordinaire à ce pays lui suffise. Je n'ai point été planter dans mon champ de Normandie des palmiers ; je n'y ai point semé du riz : pas si fou ! Je savais qu'à ces plantes il faut une chaleur très-forte et que le climat tempéré du nord de la France est trop froid pour elles. J'y ai planté des pommiers, j'y sèmerai du blé ou de l'orge, ou de l'avoine, parce que je sais que la chaleur d'un été ordinaire de nos pays suffit pour dorer leurs épis. — Ainsi je dois choisir, parmi les plantes utiles, celles qui sont le mieux *appropriées* au climat, à la qualité du terrain ; et je dois faire le reste, en *appropriant* le mieux possible le terrain et les aliments à la nature des plantes choisies.

Les principaux travaux de la culture consistent donc : 1° à préparer la terre en la labourant, en la remuant, pour la rendre plus facilement pénétrable à l'air, à l'eau, aux racines, ainsi que nous le disions ; 2° à y ajouter les *amendements*, les matières convenables pour donner au sol les qualités qu'il doit avoir, et corriger ses défauts naturels, et les *engrais*, ou substances alimentaires choisies suivant les plantes que l'on veut cultiver ; 3° à *drainer* le sol, c'est-à-dire à enlever par des conduits l'excédant des eaux si le terrain est trop humide, ou, tout au contraire, à *arroser*, soit au moyen de canaux amenant de l'eau, soit en versant l'eau au pied des plantes, si le terrain est trop sec ; 4° à *semer* ou *planter* en terre, avec les précautions nécessaires, les végétaux utiles convenablement choisis; 5° à *sarcler*, c'est-à-dire à arracher, s'il est nécessaire, les mauvaises herbes, qui, croissant au milieu des plantes utiles, leur prendraient l'air, l'espace, et les sucs de la terre; 6° à *tailler* certaines plantes, certains arbres, afin que la sève se porte tout entière vers la partie de la plante qui doit fournir le produit utile; 7° à recueillir ce produit au temps convenable, et de la manière la plus avantageuse.

L'agriculteur, qui veut faire produire à la terre le plus possible de plantes utiles à l'homme, a donc besoin, pour bien diriger son travail, d'être instruit, du moins en certaines choses; il doit connaître la nature et les qualités des différents terrains, les animaux utiles et nuisibles; surtout il doit observer la structure des plantes, leur manière de vivre, leurs besoins: en un mot, il doit étudier l'*histoire naturelle*, et tout particulièrement la botanique.

* * *

Pour se retrouver à travers l'immense multitude des plantes et rendre plus facile de reconnaître chaque espèce, on les a groupées, *classées* : en un mot on a fait une *classification* pour les végétaux comme pour les animaux. Mais cette classification est trop difficile pour nous en ce moment. Il nous suffira de savoir qu'on a donné le titre de *famille* à chaque groupe formé des plantes qui se ressemblent davantage : et à cette *famille* ainsi constituée on a donné un nom qui rappelle d'ordinaire quelque trait important des plantes qui la forment, ou le nom d'une d'entre elles, la plus remarquable. Il faut encore être averti que pour former ces groupes les savants tiennent peu compte de l'aspect du végétal : ainsi dans une même famille ils metteront aussi bien de grands arbres et de petites herbes. Ils doivent tenir compte seulement de *l'organisation* des plantes, de la forme et de la disposition de leurs organes principaux, et tout particulièrement de la structure des fleurs, des fruits et des graines, qui sont les parties les plus importantes du végétal.

Les plantes nous sont utiles en bien des manières différentes. Observons d'abord que ce n'est pas toujours la même partie du végétal que nous employons à notre profit. Aussi certaines plantes nous sont utiles par leurs racines: telles sont les carottes, les navets, les betteraves; d'autres par leurs *tiges*: exemple, l'asperge; et d'une toute autre manière, les *chaumes* des graminées, les troncs des arbres qui nous fournissent le bois. C'est pour leurs feuilles que nous cultivons les choux, l'oseille, le persil et bien d'autres encore; ce sont les feuilles et les jeunes tiges molles de nombreuses herbes qui nourrissent nos bestiaux. Quelques plantes sont utiles par leurs fleurs; mais le plus grand nombre nous portent profit par leurs fruits, ou par les graines que contiennent leurs fruits. Pour d'autres enfin, c'est de leur sève que nous tirons parti, ou des sucs qu'ils laissent suinter de leur écorce : exemple, la sève sucrée de la *canne à sucre*, de l'*érable*, dont nous retirons le sucre; la *résine*, qui coule de l'écorce des pins, etc.

Nous pouvons classer les plantes utiles en plusieurs groupes distincts, suivant l'usage que nous en faisons. Nous citerons pour commencer les PLANTES ALIMENTAIRES, et tout d'abord celles dont nous tirons parti pour notre propre nourriture : les unes, comme le blé, le riz, sont les aliments les plus nécessaires à notre existence; les autres nous offrent des fruits rafraichissants, des mets délicats, des assaisonnements agréables. A côté de celles-ci il faut nommer les plantes dont nous nourrissons nos bestiaux, et qui sont souvent désignées sous le nom de *plantes fourragères* : exemple, le trèfle, la luzerne, les herbes diverses que paissent les troupeaux aux champs, et dont nous faisons provision pour leur nourriture à l'étable. Les PLANTES INDUSTRIELLES sont celles qui fournissent des produits utiles à notre industrie: parmi celles-là nous distinguerons les *plantes oléagineuses* dont on retire de l'huile: exemple, l'olivier, le colza; les *plantes tinctoriales*, qui fournissent des couleurs diverses pour teindre les tissus, telles que l'indigo, le pastel, la garance. Puis les *plantes textiles*, avec les fibres desquelles on fait des fils, des tissus, du papier: ainsi le lin, le chanvre, d'autres encore. C'est encore parmi les plantes industrielles qu'il faut ranger les *arbres forestiers*, qui fournissent le bois pour la construction de nos maisons et de nos meubles, le combustible, bois ou charbon, pour notre chauffage et la cuisson de nos aliments. Puis viennent les PLANTES MÉDICINALES, extrêmement nombreuses, dont le médecin habile sait tirer parti pour la guérison des maladies : mais il faut être prévenu qu'un grand nombre d'entre elles sont en même temps des poisons.... elles guérissent ou elles tuent, suivant la *dose* (quantité), suivant la manière dont elles sont employées. Enfin il est des PLANTES D'ORNEMENT, et celles-là aussi nous sont utiles. Nous leur devons le plaisir de voir autour de nous quelque chose de beau; leurs formes délicates, leurs couleurs brillantes sourient à nos yeux et nous ravissent. C'est un service qu'elles nous rendent d'être belles, parfumées et touchantes, de faire naître en nous de doux sentiments d'admiration et d'amour, toutes sortes d'imaginations riantes et de gracieuses pensées.

ANIMAUX

I. — LA CHAUVE-SOURIS

Classe des MAMMIFÈRES. Ordre des CHEIROPTÈRES.

Souvent, au crépuscule, on voit glisser dans l'air comme une petite ombre grise dont on n'a pas le temps de distinguer la forme, qui voltige en tournoyant, sans bruit, et parfois vous frôle le visage en passant. C'est une CHAUVE-SOURIS, petite bête inoffensive, utile même, mais laide et de forme très-bizarre : un *mammifère volant !* C'est bien un mammifère, c'est-à-dire un animal quadrupède, couvert de poils, pourvu de mamelles pour allaiter ses petits : avec cela, des ailes ! Mais les ailes de la chauve-souris ne sont pas semblables aux ailes emplumées d'un oiseau. Figurez-vous les *bras* (les pattes de devant) de l'animal terminés par des doigts excessivement longs et grêles ; entre les doigts, sous les bras et le long du corps, une peau mince, légère, figurant comme la soie d'un parapluie dont les longs doigts représenteraient les baleines... Cette comparaison est très-juste : en effet, quand l'animal rapproche ses doigts, la peau qui les réunit se plisse comme un parapluie fermé ; les écarte-t-il, la fine *membrane* se tend comme la soie du parapluie ouvert. Ajoutez, pour avoir le portrait de l'animal, son petit corps, court, couvert de poils doux et fins, de couleur grise ou brune ; presque pas de queue ; une laide petite tête à museau pointu, une gueule large fendue, pourvue de dents aiguës ; de petits yeux, d'énormes oreilles, dressées, larges,

Chauve-souris pipistrelle volant.

en forme de cornets ; aux pattes de derrière cinq doigts armés de longues griffes recourbées en crochets ; une seule griffe semblable aux ailes : c'est le pouce de la patte de devant et son ongle. Avec ces larges ailes, ces étranges animaux volent fort légèrement ; mais à terre, ils marchent difficilement : ces grands « parapluies fermés » les embarrassent. — Les chauves-souris sont des animaux nocturnes. Le jour, elles se tapissent dans les lieux obscurs, dans les cavernes, les caves, les greniers, parmi les ruines. Là, dans quelque coin sombre, la femelle allaite ses petits, qu'elle porte et abrite dans ses ailes repliées. Souvent on voit les chauves-souris accrochées aux murailles par leurs griffes, suspendues la tête en bas, enveloppées de leurs ailes comme d'un manteau, endormies et comme engourdies. La nuit venue, elles sortent de leur abri pour chercher leur nourriture. Toutes les chauves-souris de nos pays sont *insectivores*. Comme les oiseaux font la chasse aux insectes diurnes (du jour), elles font la chasse aux insectes nocturnes ; elles nous rendent d'importants services en détruisant par milliers et milliers ces petites bêtes voraces, ennemis acharnés de nos récoltes, tels que les hannetons, certains papillons de nuit. Il y a en France plusieurs espèces ; les plus communes sont les *pipistrelles*, de la taille d'une souris ; les *oreillards*, ainsi appelés à cause de leurs oreilles démesurées ; enfin la *chauve-souris fer à cheval*, brune, et qui a quelquefois trente centimètres *d'envergure*, d'un bout à l'autre des ailes étendues.

CHAUVES SOURIS FAISANT LEUR CHASSE NOCTURNE

II. — LA TAUPE

Classe des MAMMIFÈRES. Ordre des INSECTIVORES.

Un animal des plus étranges, par sa forme et ses habitudes, c'est la TAUPE, qui passe sa vie sous la terre. Voyez cette petite bête, de la taille d'un rat à peu près, laide, noire, informe; comme elle est bien faite pour son existence *souterraine;* comme elle est bien organisée pour son métier de *fouisseur:* son corps allongé, arrondi, épais, pourvu de pattes très-courtes, traînant sur le ventre, peut passer par un conduit étroit. Sa tête large, portée sur un cou très-court et très-fort, se termine par un long museau pointu en forme de *groin*, comme une sorte de *boutoir* fait pour fouiller la terre. Mais il faut surtout observer les pattes de devant de l'animal; elles sont énormément larges et fortes, à proportion, sans poils, semblables à de petites mains, et pourvues d'ongles longs, forts et aigus avec lesquels la taupe creuse, gratte la terre. Ce sont là les outils de son métier de mineur ; ces longs ongles sont des pointes de *pioche* pour fouiller ; la patte élargie est une *pelle* pour déblayer et rejeter la terre en arrière. Ses pattes de derrière sont beaucoup plus petites, armées de griffes courtes et aiguës. La taupe n'est pas aveugle, comme on le prétend parfois; elle a des yeux, mais très-petits, presque cachés sous le poil. Elle voit; mais elle voit peu : que ferait-elle, je vous le demande, d'une vue perçante dans un lieu où il n'y a pas de lumière ?

Achevons son portrait : notons ses oreilles, très-petites, très-peu visibles parce qu'elles sont cachées sous le poil; ses dents fines et tranchantes ; remarquons sa queue courte, velue; observons le poil ras, fin, doux comme du velours, de couleur noire grisâtre et toujours propre. — La taupe est un petit mammifère de l'ordre des *insectivores* ou mangeurs d'insectes ; elle fait surtout sa pâture de vers de terre et de larves de hannetons, appelées *vers blancs* par les agriculteurs. Cette petite bête est d'une voracité inouïe, insociable, plus féroce et plus destructive à proportion que les lions et les tigres. C'est pour faire la chasse aux larves et aux vers réfugiés sous la terre qu'elle creuse à travers les champs et les prairies ces longs couloirs souterrains qu'on appelle ses *galeries*. Elle travaille avec une activité extrême, fouissant du museau, grattant de ses ongles ; elle rejette à l'extérieur la terre qu'elle enlève ; et c'est cette terre rejetée qui forme de distance en distance, à la surface des champs sillonnés par les taupes, ces petites collines arrondies qu'on nomme *taupinières*. A mesure qu'elle fouille, elle dévore les vers qu'elle découvre et déterre. En outre de ces *galeries de chasse*, où elle court avec une rapidité étonnante, la taupe creuse un nid, c'est-à-dire un trou de forme arrondie, entouré de plusieurs galeries tournantes qui sont comme les corridors de sa demeure souterraine ; elle le garnit d'herbes et de feuillage. C'est là qu'elle se retire pour dormir, et que la mère élève sa petite famille grouillante et dévorante. — Les taupes sont-elles des animaux *utiles* ou *nuisibles?* Par leurs longues galeries, elles bouleversent la terre de nos champs et de nos jardins ; elles mettent parfois à découvert les racines des plantes et les font périr. En cela elles sont nuisibles, et autrefois les paysans ne cherchaient qu'à les détruire, à l'aide de toutes sortes de piéges. Mais d'un autre côté les taupes nous rendent de grands services en détruisant par milliers et milliers les *vers blancs* et les larves voraces, qui faisaient à nos récoltes un dommage bien plus grand que celui que peuvent faire les taupes. En comparant les inconvénients et les avantages, les agriculteurs les plus savants et les plus expérimentés sont d'avis que les taupes sont beaucoup plus utiles que nuisibles, et qu'il faut se garder de les détruire.

La taupe.

LA TAUPE ET SON NID SOUTERRAIN

III. — LE HÉRISSON — LA MUSARAIGNE

Classe des MAMMIFÈRES. Ordre des INSECTIVORES.

Voici encore un animal très-utile, un de nos défenseurs naturels qu'il faut bien se garder de détruire ou d'inquiéter : le HÉRISSON.

Figurez-vous une bête de la taille d'un petit lapin, de couleur brune ou grisâtre, laide, bizarre de forme. Sa tête est petite, son museau pointu, comme une sorte de groin qui avance ; ses dents sont fines et aiguës ; ses yeux petits, ses oreilles courtes, sa queue mince, ses pattes courtes et grêles. Son dos est couvert de très-gros poils raides, aigus, de véritables piquants, forts et durs : c'est l'armure défensive du hérisson. Ces piquants sont ordinairement couchés ; est-il attaqué, l'animal se pelotonne, se roule sur lui-même, repliant sa tête, sa queue, ses pattes sous son ventre ; vous ne voyez plus qu'une boule toute hérissée de pointes : impossible d'y toucher sans se piquer rudement... De là le nom du *hérisson*. — Craintif et nocturne, il se tient caché tout le jour dans quelque trou, à demi assoupi ; le soir il se réveille, sort de sa retraite, et commence sa chasse active à travers champs. Le hérisson est un animal *insectivore*, c'est-à-dire se nourrissant surtout d'insectes ; il nous est utile en détruisant ces ravageurs de nos récoltes, chenilles voraces, courtilières, sauterelles, hannetons ; il dévore les limaces, les escargots, les mulots même, les rats des champs : toutes bêtes nuisibles. Chose bien plus importante : c'est *un chasseur de vipères*. Le hérisson ose attaquer ce serpent dangereux ; la morsure de la vipère, qui peut faire périr un homme, ne lui fait pas peur ; il n'a pas l'air de s'en apercevoir .. En deux coups de dents la bête venimeuse est tuée, puis dévorée. Nous avons donc là un vaillant défenseur de nos récoltes et même de notre vie ; dans certains départements, tout infestés de vipères, quels bons offices il rendrait en détruisant ces affreuses bêtes, si on le protégeait, au lieu de le persécuter ! — Le *hérisson* est un animal dormeur, comme la marmotte ; tout l'hiver il reste engourdi, sans mouvement, au fond de son terrier ; il ne se réveille qu'au printemps. C'est alors qu'on voit la femelle allaiter ses petits dans quelque trou, puis les conduire aux champs et leur apprendre leur métier de chasseurs d'insectes.

Un autre animal insectivore, qui mérite notre protection, c'est la MUSARAIGNE. Cette petite bête a la taille, la forme d'une souris : mais son museau est bien plus allongé et plus fin. Elle est pourvue de fines dents bien tranchantes. Ses oreilles sont courtes et peu apparentes. Leur poil très-doux et très-fin est de couleur brun grisâtre, blanchâtre seulement sous le ventre. La musaraigne habite dans des trous de murailles ou dans des arbres creux ; elle se retire dans cet abri pendant la chaleur du jour. C'est le soir de préférence qu'elle fait sa chasse. Elle n'a pas la prestesse de la souris ; sa démarche est lente et inquiète : elle va flairant, tâtonnant, du bout de son long museau. La musaraigne nous rend de bons services en détruisant un grand nombre d'insectes nuisibles, limaces, escargots. Deux espèces sont communes dans nos champs : la *musaraigne d'eau*, qui habite les prairies humides, les rives des ruisseaux, nage et plonge avec beaucoup d'agilité ; et la *musaraigne des sables*, souvent appelée *musaraigne musette*, qui se tient dans les lieux secs. Une variété de cette dernière espèce, plus petite encore de taille, vit dans les contrées du midi de la France, où elle habite les collines arides.

Musaraigne commune des sables.

Musaraigne du Midi.

LE HÉRISSON

LA MUSARAIGNE D'EAU

IV. — LE RAT ET LA SOURIS

Classe des MAMMIFÈRES. Ordre des RONGEURS.

Les RATS sont classés dans le groupe des *Rongeurs :* et certainement aucun autre animal ne mérite mieux cette qualification. Parmi les animaux qui ne se rapprochent de nos demeures que pour vivre à nos dépens, et qui sont pour ainsi dire nos *ennemis domestiques*, ce sont les plus nuisibles et les plus incommodes. Le *rat noir* ordinaire peut atteindre la taille d'un petit chat; il a la tête longue, le museau pointu, pourvu de longs poils raides; ses *incisives*, c'est-à-dire ses dents de devant, sont dirigées en avant, longues, fortes, tranchantes: chose qui est commune à tous les animaux de l'ordre des rongeurs. Ses yeux sont petits et vifs, ses oreilles grandes, dressées, en forme de cornets. Ses pattes sont courtes, fortes, armées de griffes. Son corps est couvert d'un poil fin et assez long, de couleur noire; sa queue longue, mince, ronde, est dépourvue de poils et fort laide. Le *rat gris* ou *surmulot* est plus grand encore et plus fort. Ces animaux se glissent dans nos demeures; farouches et défiants, ils habitent dans les lieux sombres, les caves, les greniers, les granges des fermes, les celliers; ils se cachent dans les trous des murailles, dans les canaux et les égouts. Les rats sont extrêmement voraces; ils rongent tout: le bois même; mais ils préfèrent beaucoup les grains, la farine, le pain, les noix, les fruits, les légumes, le fromage, la viande et le poisson: tous nos aliments, enfin. Le jour ils se tiennent cachés dans leurs retraites sombres ; la nuit, ils vont au pillage par les cours et les jardins; ils rongent les légumes dans les potagers. Ils osent pénétrer dans les poulaillers pour dévorer la pâtée des volailles, dans les offices et les cuisines même, s'ils peuvent. Ils ont l'odorat fin; s'ils sentent, dans une armoire, quelques-uns de ces mets qu'ils préfèrent, noix ou fromage, viande ou grain, ils rongent le bois de la porte avec leurs incisives aiguës; et à force de creuser, ils finissent par s'ouvrir un passage: alors tout est pillé, grignoté, dévasté. Ces animaux sont querelleurs; ils se combattent entre eux, et même s'entre-dévorent si la faim les presse. Deux ou trois fois chaque année la *rate* élève une nichée de cinq ou six petits; famille dévorante! Aussi les rats deviendraient-ils très-nombreux, et leurs dégâts seraient effrayants, si on ne les détruisait autant que possible. — Les SOURIS sont de plus petite taille que les rats, fort vives et légères, proprettes, presque jolies, avec leur petit museau pointu et leur mine fûtée. Leur poil est gris et doux. Ce petit animal est d'un naturel plutôt timide que sauvage, très-doux; on l'apprivoiserait facilement. Malgré leur gentillesse, les souris sont des animaux très-incommodes et très-nuisibles. Elles vivent dans nos maisons ; elles se logent dans les vides des planchers et des cloisons, dans les meubles même; cachées le jour, elles troublent la nuit notre sommeil; elles vont grignotant, guettant tout ce qu'elles peuvent atteindre: provisions, vêtements, livres et papiers. Elles habitent aussi les champs et les jardins où elles ne font pas moins de dommages, pillant les glands, les faînes, les châtaignes et les noisettes dans les bois. Si elles peuvent pénétrer dans les granges et les greniers des fermes, elles vivent aux dépens des grains et des fruits amassés; là, elles engraissent à loisir, multiplient rapidement.—Lorsqu'on visite les greniers, il n'est pas rare de découvrir, dans quelque coin sombre, entre les pierres disjointes, le nid, le trou mollement garni où la mère abrite et allaite ses petits. Au bout d'une quinzaine de jours ceux-ci sont devenus capables de se suffire par eux-mêmes.

Souris communes.

Pour détruire les rats et les souris on leur tend des pièges de diverses formes. C'est aussi pour nous défendre contre ces rongeurs voraces et pillards que nous élevons dans nos maisons des chats, chasseurs de souris par métier. Dans les campagnes, les hiboux et les chouettes, ces utiles oiseaux, nous rendent le même service en faisant la chasse aux rats et aux souris par les jardins, les granges et les greniers.

RAT GRIS OU SURMULOT

RATS NOIRS

V. — LE MULOT — LE CAMPAGNOL

Classe des MAMMIFÈRES. Ordre des RONGEURS.

Les MULOTS, les CAMPAGNOLS sont de petits rongeurs de la famille des *rats*, qui vivent, non pas dans les maisons, mais dans les champs, et causent beaucoup de dommage à nos récoltes. — Le mulot est un peu plus grand et plus fort qu'une souris commune. Son corps est revêtu d'un poil gris roux sur le dos, blanc sous le ventre; sa tête est grosse, à proportion, ses yeux gros et saillants; son museau, moins allongé que celui du rat, porte aussi, au coin de la bouche, quelques longs poils raides ; ses pattes, courtes, sont presque toujours à demi repliées ; sa queue est longue, ronde et sans poils. Ses dents *incisives*, (c'est-à-dire ses dents de devant) sont fortes, longues, tranchantes, dirigées en avant, comme celles de tous les animaux de l'ordre des *rongeurs*. Les mulots vivent aux champs, dans les lieux secs; ils se creusent sous terre un trou peu profond, où le jour ils se retirent. Industrieux et prévoyants, ils creusent auprès de leur terrier d'autres trous plus vastes qui sont leurs magasins ; là, pendant l'été, ils entassent à loisir grains et racines, châtaignes, faines, glands, noisettes : c'est leur provision pour l'hiver. L'hiver, en effet, les mulots ne sortent pas de leurs trous ; à demi assoupis, ils vivent sur leur réserve entassée. Au printemps la femelle élève une famille vorace de sept ou huit petits, qui grandissent rapidement, et bientôt vont, avec père et mère, piller nos champs et nos vergers.

Les campagnols, à peu près de la taille du rat, sont reconnaissables à leur queue pourvue de poils. Deux espèces sont communes dans nos campagnes; les campagnols *rats-d'eau*, de couleur grise noirâtre qui vivent près des ruisseaux et nagent parfaitement ; les campagnols *champêtres*, de poil gris brun, qui creusent leurs terriers dans nos champs. Les uns et les autres sont voraces, pillards, extrêmement nuisibles : légumes, laitues, racines, grains, tout leur est bon ; mais ils sont surtout gourmands de blé et d'orge. Leurs habitudes sont à peu près les mêmes que celles des mulots. Une autre espèce, le campagnol *économe*, se creuse aussi des magasins et amasse des provisions. Enfin il faut citer les *rats des moissons* ; de gentilles bêtes, celles-ci, et toutes mignonnes : voyez-les grimper à une tige de blé, qui plie à peine ! Le rat des moissons n'est pas plus gros que le doigt ; son *pelage*, fauve sur le dos, blanc sous le ventre, est soyeux et doux. Au printemps, il se fait entre quelques *chaumes* qu'il sait attacher ensemble, un charmant petit nid d'herbes entrelacées, qui se balance au vent, semblable à un nid d'oiseau ; là il élève en sûreté sa petite famille. Il vit de grains, de fruits; il mange si peu ! Pourtant si ces *rats nains* devenaient trop nombreux, eux aussi causeraient des dommages considérables.

Le petit rat des moissons et son nid.

Nous avons encore à craindre les ravages de petits rongeurs appartenant à un autre groupe, qui se distinguent par une queue touffue, rappelant celle de l'écureuil. Le *loir* est de couleur gris-brun ; le *lérot*, de moindre taille, est gris-roux, avec le ventre blanc ; sa queue est moins fournie de poils. Ces animaux habitent les bois, où ils vivent de faines, de noisettes, de châtaignes ; mais ils fréquentent aussi nos jardins, pour ronger nos fruits : ils dévastent les espaliers.

Les campagnols, les mulots, les loirs et les lérots sont donc des animaux très-nuisibles. On leur fait la chasse autant qu'on le peut ; mais il est difficile de les saisir. Ils deviendraient tellement nombreux que tout serait ravagé par leurs bandes voraces, si le hiboux et les chouettes ne nous rendaient le service de les détruire par milliers et milliers.

CAMPAGNOLS

RATS D'EAU

VI. — LE LAPIN

Classe des MAMMIFÈRES. Ordre des RONGEURS.

Le LAPIN est un gentil animal, de l'ordre des *rongeurs*, c'est-à-dire du groupe des animaux qui se nourrissent en rongeant les plantes, les herbes, les racines. Il a la tête fine, les yeux doux et tranquilles ; de très longues oreilles qu'il abaisse et redresse à volonté. Sa lèvre supérieure est fendue jusqu'au nez; ses dents de devant, fortes et tranchantes, sont bien faites pour ronger, trancher, grignoter. Ses pattes de devant sont courtes, celles de derrière longues, sa queue très-courte. Son corps est couvert d'une douce et épaisse fourrure de longs poils. — Les lapins *domestiques* élevés dans les basses-cours sont de couleurs très-variées; il y en a de blancs, de gris, de bruns, de noirs, de tachetés. On les nourrit de carottes, de betteraves, de pommes de terre, des débris de toutes sortes de légumes et de fruits. On les abrite la nuit dans une sorte de loge où l'on étend une litière de paille ; le jour, il vaut mieux les laisser errer en liberté dans la petite cour fermée qui leur est destinée. La mère *lapine* élève une nombreuse famille de petits *lapereaux*, qui croissent et grossissent rapidement. Ces animaux, à demi apprivoisés seulement, sont très-doux et très-familiers, mais dormeurs et comme engourdis, sans vivacité, très-peu intelligents. Le lapin élevé en domesticité est un *animal utile*, puisqu'on se nourrit de sa chair; son poil, convenablement préparé et *foulé*, sert à faire le *feutre*.

Les lapins qui vivent à l'état sauvage dans les bois sont beaucoup plus vifs, plus lestes que nos lapins domestiques; toujours de couleur grise, blancs seulement sous le ventre. Sans être intelligents, ils ont plus d'instinct et de gentillesse. Ils se

Lapins sauvages dans une garenne.

réunissent en sociétés assez nombreuses; ils creusent pour s'abriter des trous profonds dans la terre, sous les racines des grands arbres ; le lieu qu'ils habitent, et qu'on appelle leur *garenne*, est tout criblé des trous de leurs *terriers ;* chaque terrier a plusieurs ouvertures, afin que l'animal, s'il était poursuivi d'un côté, pût s'échapper par une autre issue. Au fond du terrier le lapin vit avec sa femelle et ses petits lapereaux, auxquels leur mère sait faire une couche moëlleuse d'herbe sèche et de poils qu'elle s'arrache à elle-même. Tout le jour ils restent cachés au fond du terrier ; le soir, à la brune, toute la famille lapine sort pour chercher sa nourriture et se jouer en liberté. Rien n'est plus curieux que de voir ces animaux bondir, folâtrer, gambader au clair de lune. Le lapin ne court pas ; il avance par bonds rapides ; il est fort leste, timide, défiant. L'oreille toujours au guet, au moindre bruit il se précipite vers son refuge ; en un clin d'œil toute la bande effrayée a disparu dans les trous. — Les lapins sauvages se nourrissent d'herbes fines et délicates, mais aussi et surtout de carottes, de betteraves, de légumes de toute sorte ; la nuit ils vont aux champs, déterrent et rongent les racines, grignotent les choux, les légumes, les fruits; lorsqu'ils sont nombreux, ils font de grands dégâts dans les champs, les jardins et les vergers ; et alors on les considère avec raison comme des *animaux nuisibles*, qu'il faut empêcher de multiplier outre mesure. On leur fait la chasse non pas seulement pour empêcher leurs ravages, mais aussi pour nourrir le chasseur : car le *lapin de garenne* est un excellent gibier. On fait la chasse aux lapins avec des chiens et des fusils ; ou bien encore en tendant à l'ouverture de leurs terriers des filets appelés *bourses*, dans lesquels ils viennent se prendre lorsqu'ils veulent sortir.

LAPINS DOMESTIQUES

VII. — LE CHIEN

Classe des MAMMIFÈRES. Ordre des CARNIVORES.

De tous les animaux le plus anciennement et le plus parfaitement *domestiqué*, celui qui vit près de nous le plus familier et le plus intime, notre meilleur compagnon et ami, ce n'est pas un doux et tranquille mangeur d'herbe comme l'innocent mouton, la pacifique vache ; non, c'est un *carnivore*, farouche de nature, un animal de proie de la famille du loup, vraie bête féroce lui-même quand il vit à l'état de sauvage. Mais le CHIEN est un animal très-intelligent, très-susceptible d'éducation, très-capable d'attachement : voilà pourquoi il est devenu notre préféré. Par l'effet de l'éducation, par reconnaissance surtout et par affection, il s'est tellement *transformé* lui-même, il a si complètement changé son caractère sauvage, ses mœurs, jusqu'à sa physionomie et son aspect, que ce *cousin germain du loup*, n'est vraiment plus reconnaissable. — Du premier coup d'œil en voyant passer un de ces animaux chacun se dit : voilà un chien. Personne n'hésite ; mais si on vous demandait. « A quoi reconnaissez-vous un chien? » vous seriez sans doute en peine pour le dire, tant ces animaux diffèrent entre eux. — Vous diriez d'abord que c'est un mammifère de l'ordre des carnivores ; et vous montreriez ses quatre longues, aiguës et fortes dents *canines* (d'un mot qui signifie justement *dents de chien*), signe commun à tous les carnivores, outils pour déchirer la chair crue et ronger les os. Vous ajouteriez que ses pattes n'ont pas, comme celles des carnivores de la famille du *chat* des griffes aiguës, recourbées, *rétractiles*, mais bien seulement des ongles arrondis et usés, sur lesquels il marche : ainsi sont ceux des loups et des renards. — Bien ; mais ensuite? Direz-vous que l'animal est de grande taille? Pensez aux *bichons* nains qu'on pourrait mettre dans sa poche... Dirons-nous donc qu'il est petit? Songez à l'énorme *dogue* qui garde la ferme. Est-il mince et fluet, ou bien épais et trapu? Avant de répondre, regardez le frêle et maigre *lévrier*, haut planté sur ses longues jambes, avec son museau effilé et pointu ; voyez aussi ce *terrier*, bas, lourd, avec les pattes courtes, le ventre tout près de terre. Si je dis que le chien a le poil long et laineux, ce lévrier-là réclamera, certainement ; mais si je prétends que le chien a le poil ras, l'*épagneul*, le *terre-neuve*, le petit *bichon* frisé sont là pour contredire. C'est que dans une seule *espèce*, le chien, il y a plusieurs *variétés naturelles*, des *races* provenant de pays différents, et très-différentes aussi de taille, de couleur, de poil, de caractère et de qualités. Suivant l'emploi qu'on veut en faire, on choisit un chien d'une race ou d'une autre. Les *dogues*, très-forts, sont d'excellents chiens de garde, capables de venir à bout d'un loup ou d'un sanglier. Les *bouledogues*, plus petits, fort laids, sont souvent hargneux et sauvages, il est bon de s'en méfier. Les *mâtins*, au poil rude, aux oreilles dressées, qui ressemblent au loup, sont des *chiens de berger*, sachant conduire et défendre les troupeaux. Pour chasser les *grandes bêtes*, on choisit des *chiens courants*, forts et rapides ; pour le *menu gibier*, on prend des *chiens couchants*, des *terriers*, des *bassets*. Les *bichons* et les *chiens-loups* plaisent par leur jolie robe ; mais les plus intelligents, les plus affectueux, sont des chiens à long poil, de la race des *épagneuls* et des *barbets*.

Chiens courants.

CHIENS DE GARDE COMBATTANT UN LOUP

VIII. — LE LOUP

Classe des Mammifères. Ordre des Carnivores.

Le Loup est de la famille du chien : je veux dire qu'il ressemble beaucoup à un très-grand chien, fauve, maigre et sauvage... Mais il a les pattes plus longues et plus fortes que celles du chien, la tête plus grosse, le museau plus pointu. Des deux côtés de la gueule il a des canines aiguës, plus longues que celles du chien ; sa queue, plus longue et plus fournie de longs poils, va traînant derrière, et ne se relève pas *en trompette*... Le loup a les oreilles longues et toujours dressées, l'œil rouge, perçant, regardant de travers, luisant dans l'ombre comme l'œil du chat. Farouche et défiant, il se cache tout au fond de la forêt ou dans les grands taillis, à l'endroit le plus sombre et le plus épais ; c'est son *fort*, c'est-à-dire sa retraite. Là, presque tout le jour il dort à demi ; là aussi, la *louve*, plus farouche encore que le loup, tendre seulement pour ses *louveteaux*, les allaite, les soigne, les caresse, comme une chatte caresse ses petits chats. — Mais, vous savez : « la faim fait sortir le loup du bois. » C'est le soir, à la tombée de la nuit : le loup est un animal *nocturne*. Il se glisse sans bruit, il rôde à pas légers — à pas de loup — dans l'ombre, cherchant sa proie. Il chasse les lapins dans les bois, les lièvres aux champs ; s'il a grand'faim, il s'enhardit, il s'approche des fermes et des bergeries. Il enlève des volailles dans les basses-cours, des moutons au pâturage. Il ose se jeter au milieu du troupeau ; il saisit un agneau ou une brebis, et l'emporte en s'enfuyant, malgré les cris du berger, les aboiements furieux des chiens qui le poursuivent ; parfois même il se jette sur les bœufs ou les chevaux, qui paissent dans les prés. — Ordinairement, un loup n'ose pas attaquer un homme. Mais l'hiver, surtout dans les temps de neige ou de gelée, les loups sont affamés et deviennent dangereux. Ils vont par troupes, alors ; ils s'approchent des villages. Ils ont souvent dévoré des enfants, de grandes personnes même. Certains vieux loups de grande taille sont vraiment des bêtes terribles, et il ne ferait pas bon les rencontrer, la nuit, au coin d'un bois...

Le loup.

Dans nos pays où il n'y a ni lions, ni tigres, ni panthères, les loups sont les bêtes féroces les plus à craindre. Mais ils sont aujourd'hui peu nombreux en France, excepté dans certaines régions où il y a encore de grandes forêts. — On leur fait la chasse, afin de les détruire, et pour empêcher leurs ravages. Les *louvetiers* vont attendre, la nuit, le loup à la sortie du bois ; ils se mettent à *l'affût* derrière les arbres pour le tuer d'un coup de fusil à son passage. — Figurez-vous le chasseur, seul, tapi dans l'ombre, immobile, silencieux, la main sur son fusil armé, prêtant l'oreille au moindre bruit... Souvent, pour attirer la bête affamée, il a placé, près du lieu de l'affût, des débris de viande qu'il appelle, en termes de chasse, un *carnage*. D'autres fois on organise des *battues* ; se réunissant en grand nombre, les chasseurs entourent la partie du bois où le loup est caché, le forcent de sortir de sa retraite, et le poursuivent, aidés de grands et forts chiens très-courageux. Cette chasse est difficile et même périlleuse. L'État accorde une *prime* d'argent à celui qui tue un loup ou une louve, en récompense du service qu'il a rendu au pays en détruisant un de ces animaux dangereux.

LE LOUP

IX. — LE RENARD

Classe des MAMMIFÈRES. Groupe des CARNIVORES.

De tous les animaux qui vivent de proie, celui qui cause le plus de dommage dans nos campagnes, c'est le RENARD — *Maître Renard*, comme on dit dans les fables. Maître, il l'est de vrai : maître en fait de ruse et de pillerie, de larcin et de maraudage. Maître renard, donc, ressemble fort à son compère le loup ; mais en plus petit. Le loup est un brigand, le renard est un filou... Et afin que chacun reconnaisse notre voleur, donnons son signalement : taille d'un chien moyen ; corps long et fluet, couvert d'une chaude et épaisse fourrure de longs poils, de couleur brune rougeâtre, quelquefois presque noire. Tête large du front, très-pointue du museau ; dents aiguës ; oreilles dressées ; yeux rouges, perçants, malins et farouches, brillant dans l'ombre comme ceux du chat. Pattes semblables de forme à celle du chien, plus minces seulement, pourvues d'ongles arrondis et portant à terre, non pas de griffes aiguës propres à saisir, comme celles des chats. Longue et belle queue pourvue de poils touffus, traînant derrière, comme pour effacer la trace des pas de l'animal. — Si donc vous voyez passer le maraudeur... Mais vous ne le verrez guère : car le renard est une bête sauvage et *nocturne*. Le jour il dort caché dans son *terrier*, creusé profondément sous la terre, en quelque bois écarté. A la tombée de la nu it il sort de son repaire il se glisse, sans bruit, cherchant à surprendre quelque proie endormie. Il guette les lièvres aux champs, les lapins dans les bois, les cailles et les perdrix dans les sillons, les poulets, les canards et les oies jusque dans les poulaillers et les cours des fermes. Enhardi par l'obscurité, il rôde autour des maisons, cherchant un passage ; l'oreille dressée, le museau tendu, l'œil au guet ; à pas légers, avec précaution, il se glisse, profitant des moindres trous, se défiant des pièges, prêt à détaler au moindre bruit. Parvient-il à pénétrer dans un poulailler, il fait un carnage affreux. Ils se jette sur les malheureuses volailles il tue tout avant d'en emporter une seule, se proposant de revenir chercher les autres. Puis il entraîne une proie au loin pour la dévorer à l'aise, ou pour la porter à son terrier, où la femelle et ses petits renardeaux affamés l'attendent. Lorsque ceux-ci ont grandi, le père les conduit avec lui à la maraude, les exerce à guetter la proie, leur enseigne par son exemple toutes les ruses de son métier.

Renard emportant une volaille.

Le renard est moins courageux que le loup, mais plus intelligent et plus prudent. Sachant qu'il n'est pas assez fort pour se défendre, il se cache, il ruse, il fuit. S'il vient prendre logement dans un bois, il a soin d'examiner tous les environs, pour voir s'il n'y a pas là quelque danger... Il ne se donne pas toujours la peine de se faire une maison, j'entends, de se creuser un terrier ; le plus souvent il s'empare du terrier d'un lapin ; après avoir mangé le légitime propriétaire, il accommode un peu la maison à sa convenance ; il agrandit le passage, et cache mieux l'entrée.

En outre de son goût pour la chair crue, maître Renard, comme l'ours, est grand amateur de miel. Il guette l'endroit où les abeilles sauvages ont fait leur demeure dans quelque tronc d'arbre creux ; et la nuit, tandis que les industrieux insectes sont endormis, le voleur les surprend, brise leurs rayons, trempe sa patte dans le miel, et la lèche... — De plus, le renard est très-friand de raisin ; — goût étonnant pour un animal *carnivore !* — A l'automne, il pille les vignes et les treilles. — Les renards sont donc des bêtes très-malfaisantes ; dans les pays boisés, où ils sont nombreux, ils causent de grands dommages aux paysans ; les détruire est pour nous un droit de légitime défense. — Les chasseurs poursuivent le renard avec des chiens, pour le tuer à coups de fusil ; ou bien ils vont se mettre à l'affût, le soir, pour guetter le voleur sur son passage. Mais il n'est pas facile de l'atteindre, car il est très-leste pour s'enfuir, très-défiant pour se garder des pièges ; le mieux est de l'attaquer de jour, dans son terrier.

LE RENARD

X. — LE CHAT

Classe des Mammifères. Ordre des Carnivores.

Le Chat c'est le *tigre* en petit.... ou plutôt le tigre n'est autre chose qu'un énorme chat, excessivement sauvage et féroce. Si vous voulez avoir une idée du tigre, de la panthère, du léopard — regardez notre minet: voyez son corps souple et flexible, sa belle fourrure de poils fins et doux; sa tête large du front, ses oreilles dressées et mobiles; ses yeux dont la pupille a la forme d'une fente très-étroite quand la lumière est vive, largement ouverte si le jour est terne, et qui devient toute ronde le soir.

Le chat est un animal nocturne, il voit la nuit. Ses yeux sont tellement sensibles que la plus petite lueur les éclaire suffisamment. Chose curieuse: ils brillent dans l'ombre comme deux petites lanternes, d'une lueur verdâtre, semblable à celle que produit la trace d'une allumette chimique. Observez encore son nez aplati, ses narines étroites; puis les longs poils raides qu'il porte près des yeux et aux deux côtés de la gueule : ce qu'on appelle familièrement ses moustaches. La gueule du chat est pourvue de dents aiguës, dont quatre, nommées les quatre *canines*, sont très-longues et très-fortes ; sa langue est rude, et s'il vous lèche la main, cette langue fait sur votre peau l'effet d'une râpe.... Les griffes du chat surtout sont remarquables; elles sont longues, fortes, aiguës, recourbées, et *rétractiles*, c'est-à-dire pouvant s'allonger à la volonté de l'animal. Quand il marche, quand il joue ou caresse, et fait, comme on dit, patte de velours — le chat ramène ses griffes en arrière. De la sorte leur pointe ne s'use pas sur le sol, elle restent toujours aiguës ; s'il veut saisir quelqu'objet ou allonger un coup de griffe pour se défendre, il les fait ressortir et les replie en crochets. — Par nature, et à l'état sauvage, le chat est un carnivore farouche et destructeur, une véritable *bête féroce*, malgré sa petite taille, comme le lion ou le tigre. Il existe encore dans nos pays des *chats sauvages*, au poil gris, rayé qui vivent au fond des forêts ; cachés le jour au plus épais du fourré, ils sortent la nuit pour chasser, comme font le renard et les autres bêtes de proie ; ils dévorent des rats et des mulots, mais aussi et surtout de petits oiseaux, des lapins, des lièvres, des cailles et des perdrix; ce sont des animaux très-nuisibles, qu'on détruit autant qu'on le peut. Mais le chat apprivoisé et devenu domestique change beaucoup de caractère et de *mœurs*. Est-il négligé ou maltraité, il reste défiant, farouche, à demi sauvage ; si on le soigne, si on lui fait bon accueil, il devient très-familier, doux, caressant; et malgré ce qu'on a dit, il est très-susceptible d'attachement. Il y a plusieurs races diverses de chats domestiques, les uns à poil plus ras, les autres à poil long et soyeux; leur robe varie beaucoup de couleur : il en est de blancs, de noirs, de gris rayés, de jaunes, bruns, rayés ou tachetés. Quand le chat est convenablement « civilisé », c'est vraiment un animal fort gentil, d'une physionomie agréable, fine, élégante, proprette; les petits *chatons* surtout sont extrêmement vifs, gais, mignons. La chatte, leur mère, est très-attachée à ses petits; elle les caresse, les lèche, joue avec eux, et au besoin les défend avec courage. Nos chats domestiques, tout au contraire des chats sauvages, sont des animaux très-utiles. En s'apprivoisant, ils n'ont pas oublié leur métier de chasseurs de souris; ils débarassent nos maisons de ces rongeurs incommodes. Les chats sont surtout nécessaires dans les fermes, où les granges et les greniers sont remplis de grains ; dans tous les lieux où l'on conserve en grande quantité des légumes, des provisions de toute sorte. Là rats et souris trouvent ample pâture: ils deviendraient extrêmement nombreux, gâteraient et dévoreraient tout, si les chats ne faisaient bonne chasse. C'est donc simple justice de bien traiter ces défenseurs de nos maisons.

Le chat sauvage.

LES CHATS

XI. — MARTE ET BELETTE

Classe des MAMMIFÈRES. Ordre des CARNIVORES.

Parmi les bêtes de proie, les *martes*, les *belettes* et autres animaux de la même famille sont les plus petites, mais non pas les moins cruelles. Ces *carnivores* destructeurs ont tous le corps allongé, mince, fluet et flexible ; le museau pointu, les pattes basses : on voit qu'ils sont faits pour glisser sans bruit, près de terre, et se couler par les trous.... Leurs oreilles, courtes pour ne pas les gêner au passage, sont larges, ouvertes et tournées en avant, comme il convient à des animaux rusés et défiants, qui ne font un pas sans écouter... Leurs petits yeux sont brillants, malins et sauvages ; à leurs griffes aiguës, à leurs longues dents *pointues*, faites pour saisir et déchirer la proie, vous devinez tout de suite leurs habitudes carnassières. Tous sont des bêtes *nocturnes*, qui dorment le jour, cachées dans des lieux obscurs, dans des trous, sous les fourrés épais. Le soir, ils se réveillent, sortent de leurs repaires, et vont au pillage. Les plus grands de cette famille de brigands, ce sont les *martes* ; elles ont 40 ou 50 centimètres de longueur. Leur poil est d'un beau brun lustré, jaune seulement sous la gorge ; elles ont une longue queue touffue comme celle du *renard* — autre bête malfaisante. Les martes sont très-farouches ; elles vivent dans les bois ; leur repaire est au plus épais du taillis ; elles se réfugient ordinairement sur les arbres. Dans sa chasse de nuit la marte va rôdant par les champs ; elle fait sa proie de rats, de souris, de mulots, d'écureuils, mais aussi de *levrauts* (petits lièvres) et de *lapereaux* (jeunes lapins) ; elle dévore les cailles et les perdrix qui dorment, abritées dans les sillons. Mais elle détruit surtout les petits oiseaux. Elle grimpe aux arbres avec une agilité extrême, sans bruit ; elle surprend nos pauvres petits chanteurs, endormis dans leurs nids ou cachés sous le feuillage. Elle dévaste les nids, brise les œufs, égorge les petits. — Mais aussi quand les oiseaux l'aperçoivent, le jour, tous se réunissent contre l'ennemi commun ; les mésanges, les rouges-gorges, les moineaux donnent l'alarme par leurs cris perçants ; les geais, les merles, les pies accourent en grand nombre, assourdissent la bête de leurs cris, la menacent de leurs becs aigus, la mettent en fuite et la poursuivent au loin. — Les martes causent aussi des dommages dans les fermes, en enlevant les lapins, les poussins, les petits canards ; mais sauvages et craintives, il faut qu'elles aient grand faim pour oser approcher de nos demeures. Les *putois*, plus petits, remarquables par leur tête plus large et leur queue plus courte, sont plus audacieux. Les *fouines*, qui ont le corps plus mince et le poil plus foncé, se tiennent près des villages, guettant les poussins qui suivent les poules aux champs. Mais de toutes ces bêtes de proie, celle qui cause le plus de dommage, c'est la plus petite, la *belette : la dame au nez pointu*, comme dit La Fontaine dans ses fables. Celle-ci a quinze centimètres de longueur à peine ; excessivement menue, fluette, elle passe par les moindres trous, où un rat aurait peine à se glisser. Avec ses pattes courtes armées d'ongles aigus, sa petite queue velue, son museau fin, ses petits yeux perçants, son poil brun luisant sur le dos, blanc sous le ventre, et sa mine éveillée, la belette est un joli animal, mais vorace et destructeur. A la faveur de la nuit elle rôde autour des fermes ; elle se glisse dans les granges et les greniers, où elle fait la chasse aux rats et aux souris ; mais malheur aux lapins, aux poulets, aux pigeons, si elles peut pénétrer jusqu'à eux ! A-t-elle pu trouver passage pour entrer dans le poulailler ou le pigeonnier, la petite bête cruelle commence par égorger tout ce qu'elle peut atteindre, puis s'enfuit, emportant une proie, laissant là le reste... probablement avec l'intention de revenir. Ainsi font également les martes, les fouines, les putois et autres carnassiers de la même famille. Toutes ces bêtes sont donc extrêmement nuisibles ; on leur fait la chasse, on leur tend des pièges, on les détruit autant qu'on le peut : c'est un droit de légitime défense.

Putois égorgeant un faisan.

BELETTE, FOUINE, PUTOIS ET MARTE

XII. — LA LOUTRE

Classe des MAMMIFÈRES. Ordre des CARNIVORES.

La nuit, tandis que loups et renards, martes, belettes et autres carnivores vont rôdant autour de nos bergeries et de nos poulaillers, un autre animal de proie rôde autour de nos étangs. Celui-ci est aussi un carnivore, un mangeur de chair, mais de chair de poisson ; il est pêcheur de son métier, non pas chasseur. — La LOUTRE est un animal vorace, destructeur, très-nuisible... Vous comprenez : il y a dans les rivières et les étangs, de beaux et bons poissons, des carpes, des tanches, des perches et des brochets ; nous entendons bien les manger. Mais la loutre, elle aussi, aime beaucoup les poissons ; elle aussi prétend les manger... c'est ce qui fait que nous sommes ennemis. Ce pêcheur nocturne est de la taille d'un chien moyen, mais beaucoup plus bas sur ses pattes et ayant le corps beaucoup plus allongé, couvert de longs poils bruns qui forment une fourrure très-épaisse et très-chaude. Sa tête est large, aplatie, ses oreilles courtes, sa gueule largement fendue, armée de fortes dents, son museau pourvu de longs poils raides semblable à ceux des *moustaches* du chat. Mais ce que la loutre a de plus remarquable, c'est la forme de ses pattes, qui sont *palmées :* c'est-à-dire qu'entre ses doigts s'étend une peau à peu près semblable à celle qui réunit les doigts d'une patte de canard ; quand l'animal nage, il étend ses doigts, et cette peau étalée en éventail forme comme une large rame, une sorte de nageoire avec laquelle il repousse l'eau. Avec ses pattes courtes et ainsi empêtrées, la loutre marche assez mal à terre, et ne peut courir vite ; mais elle nage, au contraire, avec une agilité extrême. On la voit remonter le courant de la rivière, glissant avec rapidité, sans bruit aucun, le museau seulement hors de l'eau. Si on l'effraye, elle plonge et disparaît ; elle peut rester sous l'eau pendant plus de cinq minutes ; mais à la fin, il faut bien qu'elle revienne à la surface pour respirer. En raison de son métier de pêcheur, la loutre a toujours sa demeure auprès de l'eau sur le bord du ruisseau ou de l'étang. Sa maison n'est pas autre chose qu'un simple trou naturellement creusé sous les grosses racines des arbres près de la rive, à l'abri des joncs et des roseaux. Dans cet humide terrier l'animal timide et farouche se tient caché presque tout le jour. Elle pêche parfois le jour, mais de préférence à la brune du soir. C'est surtout par les belles nuits, au clair de lune, que l'on peut voir la loutre suivant le cours du ruisseau, ou à *l'affût* au bord de l'étang. Blottie derrière les joncs et les hautes herbes, elle attend avec patience qu'un poisson vienne à passer à sa portée. Ses yeux perçants, malgré la demi-obscurité, voient à travers la transparence de l'eau ; a-t-elle aperçu une carpe ou quelqu'autre beau poisson, elle se précipite dans l'eau, plonge et saisit sa proie avant que le poisson, si rapide pourtant, ait pu s'échapper : il est rare qu'elle le manque. — La mère élève au fond de son terrier, garni pour eux d'herbe sèche, deux ou trois petits ; elle les allaite et les soigne tendrement, les défend avec courage si on veut s'en emparer. Les loutres sont très-voraces ; elles causent de grands dommages en détruisant le poisson dans les étangs et les rivières. On leur fait la chasse ; mais il est très-difficile de les atteindre. Il faut que le chasseur passe la nuit à *l'affût*, immobile, derrière un buisson, au bord de l'étang, attendant que la bête passe sur la rive ou sorte de l'eau. Les loutres sont des animaux intelligents, qu'on peut apprivoiser, et qui deviennent alors familiers, dociles et affectueux.

Loutre emportant un poisson.

CHASSEUR A L'AFFUT, GUETTANT UNE LOUTRE

XIII. — LE CHEVAL

Classe des MAMMIFÈRES. Ordre des JUMENTÉS.

De tous les animaux serviteurs de l'homme, le plus beau, le plus précieux, c'est le CHEVAL. Grand, vigoureux, rapide, fier et brave, assez intelligent, s'il est bien traité et dressé avec soin, il devient doux et soumis, fidèle, attaché à son maître. En retour des services qu'il nous rend, il mérite bien, n'est-ce pas, qu'on le nourrisse convenablement, qu'on le soigne, qu'on lui épargne les coups, qu'on ne le charge pas au delà de ses forces, qu'on n'exige pas de lui un travail exorbitant et sans repos. C'est justice ; et c'est dans notre intérêt bien entendu, en même temps ; car un cheval bien nourri, bien dressé, bien soigné, devient fort, agile, et acquiert une plus grande valeur ; un cheval maltraité, négligé, surchargé, se fatigue, s'alourdit, s'abêtit et s'épuise, perd de son prix. Dans certains pays il existe des chevaux sauvages, qui vivent paissant en liberté ; nos chevaux domestiques sont nourris de foin, de paille, d'avoine, de son, de grains ; plus rarement on les laisse paître l'herbe verte des prés. La femelle du cheval se nomme *jument* ; son petit est un *poulain*.

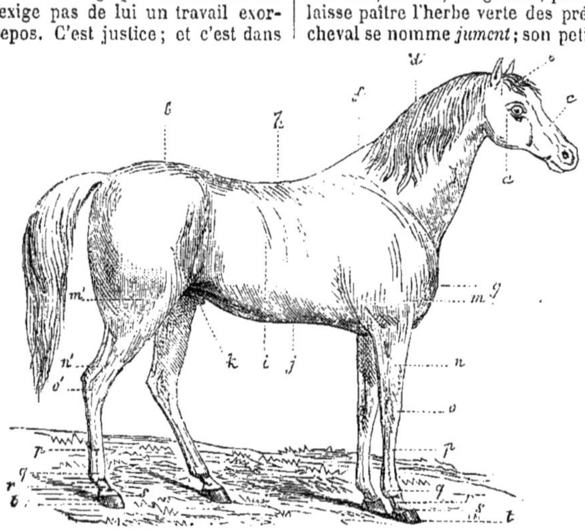

Au bout de sa première année le poulain est *dressé*, c'est-à-dire graduellement apprivoisé ; on l'habitue à se laisser monter, à tirer et porter des fardeaux. A l'âge de trois ans l'animal est dans toute sa force ; il vit vingt ans et plus. Il est utile de connaître certains mots spéciaux par lesquels on désigne les diverses parties du corps du cheval. Le devant de la tête, des yeux aux naseaux, est le *chanfrein* (*c*) ; au coin des yeux sont les *larmiers* (*a*) et les *salières* (*b*) s'étendant entre l'œil et l'oreille, de chaque côté. Le cou (*d*) se nomme *encolure ;* là où finit la *crinière*, près des épaules, est le *garrot* (*f*) ; le *poitrail* est sous la *gorge*. Du garrot à la *croupe* (*l*) s'étendent les *reins* ; le contour arrondi du corps est dit le *coffre* (*i*) ; la partie inférieure est le *ventre* (*j*) ; les *flancs* s'étendent de chaque côté, vers les *hanches*. Le haut de la jambe de devant se nomme *avant-bras* (*n*) ; l'articulation (*o*) est le *genou ;* au-dessous, le *canon* (*p*). Le *pied*, dont l'élargissement forme la *couronne*, se termine par le *sabot*, corne épaisse, dure, insensible, sous laquelle on cloue des *fers* pour empêcher la corne de s'user trop vite sur les pavés. La partie arrondie du corps en arrière est la *croupe ;* au-dessous commence la *cuisse* (*m*) ; puis le *jarret* (*o'*) semblable à un coude, se rejoint au *canon* de la jambe de derrière. La queue, très-courte, se prolonge par une touffe de longs poils ou *crins*, et forme un panache qui ajoute à la beauté de l'animal. Le poil du cheval, ou, comme on dit, sa *robe* offre des couleurs très-diverses ; il y a des chevaux blancs, gris, noirs, fauves, *bais*, c'est-à-dire brun rougeâtre, *alezans*, c'est-à-dire roux. D'autres sont *pommelés*, ornés de taches grises régulières, d'autres enfin *tigrés* ou tachetés de diverses manières.

CHEVAUX AU PATURAGE

XIV. — L'ANE

Classe des MAMMIFÈRES. Ordre des JUMENTÉS.

L'ANE est un animal très-dédaigné, d'une grande valeur pourtant, et qui nous rend d'excellents services. Il est moins grand, moins fort, moins rapide, moins beau que le cheval; mais il est aussi de moins grande dépense ; il coûte beaucoup moins pour la nourriture et l'entretien. L'âne est robuste pour sa taille, rustique, courageux au travail, patient et sobre; mais souvent indocile, têtu, capricieux ; médiocrement intelligent, susceptible pourtant d'une certaine éducation, et fort utile à son maître quand il est bien dressé. Un âne bien traité, élevé avec soin, avec ménagements, est une monture pacifique, non pas sans une certaine élégance ; il porte lestement et doucement son cavalier, il traîne avec rapidité une voiture légère. Est-il surchargé, épuisé de travail, mal soigné, battu, abandonné dans une écurie malpropre et malsaine, il devient lent et lourd; il s'abrutit : effet tout naturel de l'injustice et de la dureté.

L'âne est *originaire* des pays d'Orient ; en certaines régions chaudes de l'Asie il existe de nombreuses troupes d'ânes sauvages, appelés *onagres;* de couleur *grise*. Ces ânes sauvages sont fort agiles, élégants, fiers même et très-vifs, mais très-difficiles à dompter. L'âne a le nez aplati, les yeux saillants ; de longues *oreilles velues* qui se dressent et s'abaissent, se tournent en avant ou en arrière à la volonté de l'animal. Son poil est plus long que celui du cheval. Sa *robe* est ordinairement de couleur grise ; mais il y a aussi des ânes bruns, roux, noirs, et même blancs. Sa crinière, moins touffue que celle du cheval, se prolonge presque sur le dos; une autre ligne de longs poils foncés va d'une épaule à l'autre, formant avec la première une sorte de croix ; sa queue beaucoup plus longue que celle du cheval, ne porte de longs crins qu'à son extrémité. Ses pattes, plus minces et plus noueuses que celles du cheval, se terminent aussi par un seul ongle fort, épais, dur, non fendu mais d'une seule pièce, qui forme un sabot semblable à celui du cheval. On *ferre* rarement les ânes ; on le fait pourtant si l'on remarque que le sabot s'use trop vite sur le pavé ou sur les routes durement empierrées. — Aucun compliment à faire à cet utile animal, sous le rapport de la voix... « Pour des oreilles d'âne, paraît-il, cette voix a son agrément ; c'est sa façon à lui de témoigner sa belle humeur, d'exprimer ses sentiments de sociabilité à l'égard de ses semblables... Volontiers il accueillera une ancienne connaissance par ces démonstrations bruyantes, auxquelles on manquera rarement de répondre : politesses rendues. Ces manifestations ont une vertu très-communicative; dans un lieu où plusieurs ânes sont rassemblés, si l'un d'entre eux entonne sa chanson, presque toujours les autres répondront en chœur : c'est une explosion d'allégresse. (*Dictionnaire de Pédagogie*, art. *Ane*). » — L'âne se contente d'une nourriture grossière; l'herbe, la paille hachée, lui suffisent presque ; les rudes chardons piquants sont pour lui un régal. — Comment fait-il pour ne pas se piquer la langue? direz-vous. Je ne le sais pas plus que vous. Un peu d'avoine lui donne des forces et le met en bonne humeur. Mais il est difficile sous le rapport de la boisson ; et tandis que le cheval boit volontiers une eau trouble et tiède, l'âne la veut fraîche et claire. Il n'aime même pas à boire à un ruisseau qui lui est inconnu ; il flaire, il goûte du bout des lèvres, il fait des façons. Un de ses grands plaisirs, c'est de se rouler dans la poussière de la route. — La femelle porte le nom d'*ânesse*. Lorsqu'elle a cessé d'allaiter son petit *ânon*, on peut la traire comme on trait la vache et la chèvre; ce lait est en petite quantité, mais excellent, et convient aux personnes faibles et malades. L'ânon est vif, agile, folâtre, et suit sa mère au pâturage en gambadant de la façon la plus drôle et la plus joyeuse.

Dans certains pays, surtout dans les pays de montagnes, on élève en grand nombre des bêtes de somme qu'on appelle *mulets* et *mules*, qui ressemblent à la fois à l'âne et au cheval, et sont aussi entre les deux sous le rapport de la taille et des qualités. Le mulet est plus grand que l'âne; il a la croupe arrondie, l'encolure (col) fine, le poil ras, les jambes fines comme le cheval; il a de grandes oreilles, la queue longue et peu fournie de poils, la crinière peu touffue et en forme de croix, comme l'âne. Comme l'âne aussi, il est robuste, dur à la fatigue, patient, sobre: tout aussi têtu, si ce n'est davantage. — Mais le mulet a le pied très-sûr ; c'est-à-dire que son pied se pose ferme et ne glisse jamais sur le sol ; à cause de cette qualité, il est surtout employé pour porter des hommes ou des fardeaux dans les pays montagneux, où les sentiers sont étroits, raides et glissants, dangereux pour les chevaux. Les mulets sont le plus ordinairement *ferrés* comme les chevaux, pour empêcher l'usure trop rapide de leurs sabots.

ANES

MULETS

XV. — LE BŒUF

Classe des MAMMIFÈRES — Ordre des RUMINANTS.

Le BŒUF et la VACHE sont, de tous nos animaux domestiques, les plus précieux. La femelle, la vache, nous est surtout utile par le lait abondant qu'elle fournit ; le mâle, plus robuste, par son travail. Celui-ci, lorsqu'il était encore tout petit, portait le nom de *veau ;* après la première année, c'est un *bovillon* ou jeune bœuf. Arrivé à toute sa croissance et dans toute sa vigueur, on le nomme *taureau ;* élevé dès son jeune âge pour le labour et destiné à l'engraissement, il garde le nom de *bœuf*.

Le bœuf est un animal de forte taille, au corps épais, lourd, aux os énormes : ses jambes sont, à proportion, maigres et minces. Son pied se termine par deux gros ongles, qui, rapprochés, forment le *pied fourchu*, le *sabot fendu*, signe distinctif de tous les animaux de l'ordre des *ruminants*. La tête, qui nous semble grosse, est plutôt petite, cependant, en comparaison du corps. Le museau ou *muffle* est épais, les narines sont longues et ouvertes, la bouche peu fendue. Sur son front osseux et carré sont plantées les deux cornes, qui sont creuses, et ne repoussent pas si par quelqu'accident elles viennent à tomber, plus ou moins longues suivant les diverses races. Certaines races de bœufs, en effet, ont les cornes longues, pointues et *divergentes*, c'est-à-dire se dirigeant sur les côtés ; c'est une arme menaçante, et dangereuse si l'animal vient à se mettre en colère. D'autres les ont courtes et recourbées ; une race enfin, connue depuis peu d'années, est presque totalement dépourvue de cornes : les bœufs de cette race sont appelés *bœufs désarmés*. Les oreilles du bœuf, en forme de cornet, sont assez longues, pendantes, et largement ouvertes, placées sur e côté ; ses gros yeux ronds sont peu intelligents, mais tranquilles et doux, lorsque l'animal n'est pas irrité. Son cou est extrêmement court, épais ; sous sa gorge pend un large repli de peau qui tombe jusqu'au poitrail, et est appelé le *fanon*. Sa queue est longue, garnie d'une touffe épaisse de longs poils à son extrémité. Le corps de l'animal est couvert d'une peau épaisse et d'un poil ras et luisant ; sa robe est de couleurs variées ; le plus ordinairement brune ou rousse, grise ou blanche, parfois noire, souvent aussi tachetée ou tigrée. On emploie les bœufs à tirer la charrue, les gros chariots lourdement chargés. Ils avancent d'un pas lent, mais égal, et font beaucoup de force. Pour atteler les bœufs à une charrue ou à un chariot, on réunit côte à côte deux de ces animaux, que l'on choisit de même taille et de même force : ce qu'on appelle une *paire* de bœufs. On lie solidement à leurs cornes une forte pièce de bois qu'on nomme le *joug* ; et à ce joug est attaché le timon du chariot. C'est donc avec leur forte tête et leur robuste cou que ces animaux produisent l'effort nécessaire pour tirer le fardeau. — Le bœuf et la vache sont, avons-nous dit, des animaux *ruminants* : voici l'explication de ce mot. Ces *herbivores* avalent l'herbe à mesure qu'ils la broutent, presque sans la mâcher ; cette herbe est mise en réserve dans une sorte de poche qui est comme un premier estomac. Puis l'animal, couché à l'ombre ou abrité dans l'étable, fait remonter dans sa bouche, par grosses bouchées, l'herbe avalée ; il la broie longuement entre ses dents molaires, et alors l'avale une seconde fois et définitivement. Cette singulière façon de préparer la nourriture, est ce qu'on appelle *ruminer*. — Lorsqu'on veut engraisser les bœufs, on les excepte de tout travail, on les laisse paître à loisir dans de grasses prairies pendant toute une saison. La chair du bœuf convenablement engraissé est un aliment sain et très-nourrissant. De la peau de l'animal on fait un cuir très-fort ; les cornes servent à fabriquer des manches de couteaux et divers autres objets.

Le bœuf.

LES BOEUFS AU LABOUR

XVI. — LA VACHE

Classe des Mammifères. Ordre des Ruminants.

La *Vache* est la femelle du *Bœuf*, auquel elle ressemble nécessairement beaucoup (puisque c'est la même espèce) : plus petite cependant, plus maigre, moins vigoureuse et moins farouche aussi ; diminuée, pour ainsi dire, en toute chose. Mais les services qu'elle nous rend sont tout à fait différents de ceux que nous obtenons du bœuf, et si importants que cette précieuse bête mérite bien quelques lignes à part. Plus douce que le bœuf, elle se laisse facilement approcher; vous pourrez plus aisément l'examiner, et plus à loisir. Vous observerez son corps osseux, couvert d'un poil ras et luisant, de couleurs variées, souvent brun ou roux, parfois gris, blanc, noir, tacheté ou tigré. Les jambes sont maigres, minces et osseuses ; son pied terminé par deux gros ongles forme un *sabot fendu* moins large que celui du bœuf, semblable de forme à celui de la chèvre, du mouton, de tous les *ruminants*, enfin. Son cou est plus long et plus flexible que celui du bœuf; son *fanon*, c'est-à-dire le repli de peau qui pend sous sa gorge, est beaucoup moins marqué, sa tête plus petite et plus fine, plus allongée, son *muffle* moins épais. Elle porte aussi des cornes plus courtes, moins menaçantes que celles du bœuf; ordinairement recourbées, souvent difformes, par l'effet de la pression des cordes avec lesquelles on attache l'animal. Ses oreilles sont larges et pendantes, ses narines ouvertes. Ses yeux, peu intelligents, sont tranquilles et doux. Sa queue est longue et terminée par une touffe de longs crins. Vous remarquerez sa grosse mamelle pendante, gonflée de lait, et portant quatre *trayons*. La vache domestique est un animal paisible. A l'étable elle reconnaît celui qui lui donne des soins et lui apporte le *foin*, la *paille*, les *betteraves*, les *carottes*, les *pommes de terre*, le *son*, dont on fait habituellement sa nourriture. Aux champs, où elle va paître l'herbe, elle se laisse docilement conduire par un enfant. — Le petit appelé *veau*, tète sa mère pendant plusieurs mois ; et alors il faut lui laisser tout le lait nécessaire pour sa croissance. Mais bientôt, grandissant peu-à-peu, il s'habitue à manger l'herbe, à boire l'eau tiède mêlée de son qu'on lui porte à l'étable. On le sépare de sa mère, et on trait la vache en pressant doucement entre les doigts les trayons pendants de sa mamelle. Le veau, avec l'âge devient *génisse*, c'est-à-dire jeune vache, ou *bovillon*, c'est-à-dire petit bœuf. Le principal produit de la vache est donc le lait : ce beau lait blanc, doux, gras, le meilleur des aliments, le plus convenable pour les jeunes enfants, les personnes faibles et malades. Lorsqu'on agite ce lait dans un instrument appelé *baratte* et dont la forme varie suivant les pays, la graisse qu'il contient se sépare du liquide et se réunit en une masse molle, qui est le beurre. Ce qui reste après le beurre ôté est encore un aliment, excellent surtout pour les bestiaux. Le lait, chauffé et *caillé* d'une certaine façon, laisse flotter une matière blanche et épaisse; égouttée convenablement, elle fournit le *fromage*, dont l'aspect et le goût diffèrent suivant la manière dont on le prépare. La chair de la vache est plus dure que celle du bœuf et moins grasse ; sa peau forme un *cuir* moins épais et plus souple.

La Vache.

VACHES AU PATURAGE

VACHES A L'ÉTABLE

VII. — LE MOUTON

Classe des Mammifères. Ordre des Ruminants.

Le Mouton est un animal doux, tranquille, très-peu intelligent. Il a la tête petite et le front étroit, les yeux un peu endormis, le museau allongé, le nez aplati et les narines larges, les oreilles petites et à demi pendantes. Tout son corps est revêtu d'une épaisse *toison*, d'un long poil soyeux, doux, frisé, le plus souvent blanc, parfois brun ou noir, qui est la *laine* : ses pattes minces et couvertes d'un poil plus ras, se terminent par deux ongles formant le *pied fourchu* ou *sabot fendu*, semblable à celui du bœuf et de la chèvre.

Le mâle seul, appelé *bélier*, porte des cornes recourbées. Plus fort, plus hardi, au besoin il saurait se défendre. Mais la femelle, la brebis, pauvre bête absolument sans défense, est extrêmement timide, et ne sait que *bêler* d'une manière plaintive. Le petit *agneau* est gentil et folâtre. Les moutons sont presque toujours réunis par *troupeaux* plus ou moins nombreux : on les mène paître, non pas habituellement dans les plus grasses prairies, mais sur les collines à l'herbe courte ou sur les champs dépouillés de leurs moissons. Ils suivent docilement le berger, le plus souvent un enfant. Pour lui aider à conduire et à surveiller ses bêtes, le berger a d'ordinaire un chien, vaillant et fidèle animal, qui ramène les brebis imprudentes du troupeau, et au besoin les défendrait contre les loups. Parfois aussi on renferme les moutons dans un parc, c'est-à-dire dans une enceinte formée tout autour de légères barrières de bois ; ils paissent l'herbe à l'intérieur des barrières et ne peuvent s'écarter. Lorsque l'herbe est toute broutée, on enlève les barrières et on les replace plus loin. L'été, les moutons passent la nuit au pâturage, sous la garde du berger et de son chien. Mais l'hiver on les ramène le soir, et on les met à l'abri dans un *bercail*, sorte d'étable à moutons. Dans certaines parties de la France, aux environs des Cévennes et de la Lozère, les troupeaux de moutons, très-nombreux, sont conduits au pâturage sur des plateaux élevés à l'époque où les pluies font croître l'herbe sur ce sol aride ; et quand la chaleur de l'été l'a desséchée et jaunie, le bétail est ramené dans les plaines, quelquefois très-éloignées. — Le mouton est un animal *ruminant* : mot dont la signification vous a été expliquée à propos du bœuf. Au pâturage, l'animal broute l'herbe en la coupant très-près du sol avec ses dents *incisives* (dents de devant) ; puis il l'avale sans prendre le temps de la broyer. Cette nourriture avalée à la hâte s'amasse dans une sorte de *poche* située en avant de l'estomac de l'animal ; de là, il la fait remonter dans sa bouche, par petites bouchées, pour la broyer entre ses dents *molaires* (dents plates du fond de la bouche), et l'avaler une seconde fois.

Le mouton.

Les moutons boivent très-rarement, et très-peu ; mais il convient de les mener souvent à l'abreuvoir, pour laver leur laine salie par la poussière des chemins. Vers l'été, lorsque le froid n'est plus à craindre, on tond l'animal ; on le débarrasse de sa lourde et chaude fourrure. Le *tondeur* coupe la laine près de la peau à l'aide de grands ciseaux nommés *forces* ; la *toison* adroitement détachée doit pouvoir s'enlever tout d'une pièce, sans se déchirer. Puis la laine est envoyée aux fabriques où, après avoir été soigneusement lavée, elle est filée, teinte s'il est nécessaire, et tissée.

Il y a diverses *races* de moutons. Ceux de la race commune fournissent une laine longue, mais un peu rude, et servant à faire des étoffes solides, épaisses. Les moutons appelés *mérinos* ont une laine plus courte, mais très-fine et très-soyeuse ; elle sert à fabriquer des étoffes légères et très-belles. Mais les *mérinos* sont plus difficiles à nourrir, et demandent plus de soin. La laine n'est pas le seul profit que nous retirions de l'élevage des moutons ; en certains pays, dès que le jeune agneau est assez fort pour brouter l'herbe, on trait la brebis, comme on trait la vache et la chèvre ; avec ce lait on prépare divers aliments, surtout des fromages. La chair du mouton est une nourriture agréable ; sa peau sert à fabriquer un cuir léger.

BERGER ET MOUTONS SUR LA MONTAGNE

XVIII. — LA CHÈVRE

Classe des MAMMIFÈRES. Ordre des RUMINANTS.

La CHÈVRE est plus grande que la brebis, plus maigre et plus osseuse ; son poil est long, mais raide, non pas doux et frisé comme la laine des moutons, de couleur brune ou grise, noire ou blanche, parfois tachetée. Sa queue est courte, ses pieds fourchus, comme ceux des autres *ruminants*. Sa tête, carrée du front, allongée du museau, porte deux cornes longues et recourbées en arrière ; son nez est aplati, ses oreilles dressées ; ses yeux ont la pupille fendue en travers, ce qui lui donne un regard singulier ; une grande touffe de poils sous le menton lui fait comme une barbe pendante. Son cri est un bêlement tremblotant. Les chèvres sont des animaux doux et craintifs, mais indociles, capricieux à l'excès, très-peu intelligents. Elles sont très-agiles et se plaisent à bondir, à grimper sur les rochers escarpés, par les passages étroits et dangereux. Elles aiment à brouter l'herbe rase des collines et le feuillage amer des buissons. — La chèvre a une grande mamelle pendante, toujours gonflée de lait. Tandis qu'elle allaite son petit, on ne la trait point ; tout le lait est pour le petit *chevreau*, qui bientôt suivra sa mère au pâturage, gambadant et folâtrant autour d'elle. Mais, devenu plus grand et plus fort, il commence à paître l'herbe ; on l'écarte de sa mère, et alors on trait la chèvre. Une bonne chèvre peut donner deux litres de lait par jour ; ce lait est excellent, il convient aux enfants et aux malades ; on peut en faire des crèmes et des fromages. — Le mâle, qu'on nomme *bouc*, est plus vigoureux et plus farouche ; son poil est plus touffu et plus rude, ses cornes plus fortes ; il est plus hardi et plus fier ; et si quelque loup ou renard attaque le troupeau, c'est lui qui le défend. — Dans les régions montagneuses et arides où l'herbe ne croît pas assez vive ni assez touffue pour nourrir des bœufs et des vaches, les chèvres savent trouver de quoi se nourrir ; on en élève de nombreux troupeaux. Mais ces bêtes si utiles ont un grand défaut. Elles aiment à brouter les feuilles, les pousses tendres, les bourgeons et même l'écorce des arbres. Si donc on les laissait errer en liberté, elles feraient de grands dégâts dans les bois. Elles détruiraient les jeunes arbres que l'on plante pour *reboiser* les collines, c'est-à-dire pour reproduire de nouvelles forêts, en place des bois abattus ; et ce serait un dommage énorme pour le pays : car, quand il n'y a plus de forêts, il n'y a plus de bois pour se chauffer, ni pour construire des maisons, des meubles ; de plus le sol devient stérile dans tout le pays *déboisé*, et incapable de nourrir même des chèvres ! Le berger doit donc surveiller ces bêtes vagabondes, les écarter des plantations et des jardins, et ne les conduire que dans les endroits rocailleux et sauvages où elles se plaisent, et où elles ne peuvent faire aucun dégât. — La peau de la chèvre fournit un *cuir* léger ; avec le poil, elle forme une fourrure grossière, mais chaude.

Chèvre broutant le feuillage dans un jardin.

CHÈVRE COMMUNE

CHÈVRE D'ANGORA

XIX. — LE PORC. — LE SANGLIER

Classe des Mammifères. Ordre des Porcins.

L'animal dont j'ai à vous parler, je ne vous le présente pas comme un exemple de beauté... ni d'intelligence! Le porc est utile, voilà tout ce qu'on peut dire en sa faveur. Encore il n'est utile, d'ordinaire, qu'après sa mort, ainsi que dit le proverbe. Le Porc a la tête grosse, les yeux petits, les oreilles le plus souvent longues et rabattues, deux petits yeux; son museau allongé, aplati du bout, se nomme *groin*. Sa bouche porte deux longues dents *canines* à chaque mâchoire, qui dépassent les autres et sont appelées les *défenses* de l'amal. Sa queue est très-mince, courte, souvent roulée en tire-bouchon ; sa peau est couverte à peine de poils clair-semés, rudes et courts, qu'on nomme *soies*. Quand il est *maigre*, il a les *flancs* aplatis ; lorsqu'il est engraissé par une abondante nourriture, son corps s'arrondit et s'alourdit. — Les pattes du porc sont minces, et se terminent par quatre gros ongles ou *ergots*, dont deux seulement portent à terre, et rappellent le *sabot* fendu de la chèvre, de la vache et du mouton : mais le porc n'est pas un *ruminant;* il appartient à un groupe d'animaux auquel on donne son nom : l'ordre des *porcins*.

Troupeau de porcs au pâturage.

Le porc est peu intelligent, têtu, brutal et malpropre. Il aime à fouiller la terre et le fumier avec son *groin;* il aime à se *vautrer* dans la boue. Il est extrêmement vorace et glouton. Tout lui est bon, viande, légumes, grains, pâtée; il dévore des petits animaux, des couleuvres, des vipères même! — Aux champs où on les mène paître les porcs mangent les glands, les châtaignes, les fruits tombés sous les arbres, des racines qu'ils déterrent en fouillant avec leur groin. A la ferme, on les nourrit d'une foule de restes. Pour engraisser le porc, il convient de joindre à sa nourriture des grains, du son, de la pâtée, des pommes de terre écrasées. — La femelle, qu'on nomme *truie*, est souvent entourée d'une nombreuse famille grouillante de petits *cochonnets* ou *cochons de lait*.

Quoique le porc ne soit pas, par nature, disposé à la propreté, il faut cependant encore lui donner quelques soins. Si sa *retraite* est mal aérée, encombrée de fumier, l'animal languit; il n'engraisse pas, il peut même devenir malade. La chair du porc bien nourri et bien portant est un aliment assez agréable et nourrissant.

Le sanglier n'est pas autre chose qu'un porc sauvage, de taille énorme, couvert de soies rudes et épaisses, d'un gris foncé. Ses longues et fortes *défenses*, recourbées et tranchantes, qui sortent de la bouche et se redressent en haut, sont des armes redoutables. La femelle du sanglier se nomme *laie;* ses petits, *marcassins*. Ces animaux vivent dans les forêts. La nuit, sortant de leur *bauge* (repaire) ils vont par les champs cultivés, déterrant les carottes, les betteraves, les pommes de terre, en fouillant la terre avec leur *boutoir* (groin), arrachant, foulant, dévorant les blés, les maïs. Ce sont donc des bêtes nuisibles, qu'on doit détruire autant que possible.

LA TRUIE

LE PORC

XX. — LES AIGLES

Classe des OISEAUX. Ordre des RAPACES.

Il y a des bêtes féroces parmi les oiseaux, comme parmi les quadrupèdes : ceux qu'on appelle les *Rapaces* ou *oiseaux de proie;* et parmi ceux-ci les plus grands, les plus forts et les plus redoutables sont les AIGLES.

L'aigle de la grande espèce a le corps couvert d'un plumage brun foncé, nuancé de teintes plus claires au bord des plumes des ailes et de la queue. L'aigle, dressé sur ses pattes, a souvent plus d'un mètre de hauteur ; ses larges ailes étendues couvrent un espace de plus de trois mètres. Il a la tête large, le crâne aplati, des yeux perçants et farouches. Son énorme bec, long, recourbé, tranchant, a sa *base*, c'est-à-dire la partie par où il tient à la tête, couverte d'une sorte de peau sans plumes qu'on appelle *cire* : ses deux narines étroites y sont percées comme deux trous. Ses jambes sont très-fortes, *emplumées* jusqu'aux doigts; ses pattes aux longs doigts crochus, qu'on nomme *serres*, sont armées de grands ongles recourbés, aigus et tranchants. C'est un animal excessivement sauvage et farouche, vorace et destructeur; c'est un brigand redoutable, qui fait la terreur des cantons qu'il habite. Il dévore lièvres et lapins, canards et oies, oiseaux sauvages ou domestiques : il enlève les chevraux et les agneaux au paturage, les volailles jusque dans les cours des fermes ; il attaque les jeunes chiens. Avec ses ailes puissantes, il vole très-haut, jusque dans les nuages ; son vol est d'une rapidité extrême. Planant dans l'air à une grande hauteur, de son œil perçant il cherche sa proie à terre. L'a-t-il aperçue, il se précipite avec une rapidité effrayante; il tombe du haut des airs, il la saisit avec ses *serres* terribles, il l'enlève au *vol*, malgré son poids, et l'emporte sur quelque rocher sauvage ; là de ses ongles aigus il la déchire, de son bec crochu il la dévore à loisir. On a même vu, chose terrible, des aigles emporter, dans l'air et dévorer des enfants. Ce brigand a son repaire dans quelque gorge sauvage de la montagne. Là, sur un rocher inaccessible, il fait son *aire*, c'est-à-dire une sorte de nid, plat et grossier, large, épais, formé de branches entrelacées : un tas de fagots plutôt qu'un nid... La femelle y couve deux ou trois œufs ; quand ils sont éclos, le père et la mère chacun à leur tour vont au loin chercher la proie, l'apportent à leurs aiglons, leur apprennent à la déchirer. L'aigle de la grande espèce, ou *aigle royal*, vit seulement dans les pays de montagnes ; il est heureusement rare en France. L'*aigle criard*, l'*aigle à tête blanche*, l'*aigle botté*, différents de plumage, ont les mêmes mœurs ; mais ils sont plus petits et moins redoutables. L'aigle *spizaète* dit *Jean le blanc*, parce que son plumage est d'un gris blanchâtre, est encore très-commun dans certains départements ; il ravage les basses-cours. Les *picargues* ou aigles *pêcheurs* se nourrissent surtout de poissons, et dévastent rivières et viviers. On cherche à détruire autant que possible ces animaux nuisibles et dangereux ; mais leur faire la chasse est chose difficile et très-périlleuse. Ils volent si vite qu'on peut rarement les tirer au vol d'un coup de fusil ; leur aire, cachée dans les endroits les plus sauvages, est difficile à découvrir ; et d'ailleurs les aigles se défendent vigoureusement de la serre et du bec : ils peuvent faire des blessures terribles.

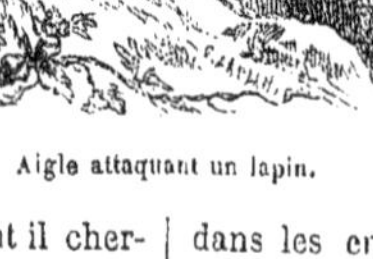

Aigle attaquant un lapin.

AIGLE APPORTANT LA PROIE A SES AIGLONS

XXI. — FAUCONS ET MILANS

Classe des OISEAUX. Ordre des RAPACES.

« Les ennemis de nos amis sont nos ennemis. » Voilà pourquoi je déclare la guerre aux faucons, aux milans, aux éperviers — enfin à tous « ces brigands des airs » qui dévorent nos gentils amis les petits oiseaux. Les faucons et les milans sont des *rapaces* (oiseaux de proie) plus grands que l'épervier ordinaire, plus petits et moins redoutables que les aigles, mais destructeurs et cruels, très-nuisibles, et malheureusement communs dans nos pays. Comme tous les rapaces, les faucons ont la tête aplatie, le bec crochu, couvert à la base d'une sorte de peau sans plumes qu'on nomme *cire;* leurs pattes, très-bas emplumées, se terminent par des doigts crochus armés d'ongles tranchants, qui forment ce qu'on appelle les *serres* de l'oiseau de proie. Leurs ailes sont longues et très-fortes, leur queue large: ils volent avec une légèreté extrême, et s'élèvent haut dans l'air, jusque dans les nuages; si haut, qu'on ne les voit plus que comme de petits points noirs sur le bleu du ciel. Il y a en France plusieurs espèces de *faucons.* Le faucon ordinaire ou *faucon pèlerin* a la taille d'une poule; son plumage est gris ardoise sur le dos, presque noir sur les ailes, un peu plus clair sur la queue, et moucheté de taches claires; sur sa tête, sa gorge, sa poitrine et son ventre, le duvet est d'un blanc jaunâtre, tacheté de brun; au coin du bec deux petits pinceaux de plumes noires figurent comme deux moustaches : son œil est jaune, brillant et hagard. Cet oiseau est très-farouche; il fait son nid dans les plus hauts arbres des grandes forêts, de préférence dans les sapins: parfois aussi sur le haut des tours et des clochers en ruine, ou bien encore sur des rochers escarpés, dans les lieux sauvages. Ce nid est presque plat, grossièrement façonné, fait de branches sèches; là, la femelle couve ses œufs et élève ses petits, tandis que le mâle va chercher la proie pour nourrir la famille. Le faucon, extrêmement agile, fait surtout sa proie de petits oiseaux qu'il saisit au vol; il détruit aussi en quantité perdrix et perdreaux, pigeons et canards sauvages ou domestiques; il ose enlever les poussins, les *oisons* jusque dans les cours des fermes. Tous les oiseaux connaissent l'ennemi; tous le redoutent extrêmement, et le haïssent à mort; en sorte que, s'ils peuvent, ils se réunissent en grand nombre, l'assaillent et le poursuivent de leurs cris. Le faucon *hobereau*, plus petit, n'est pas pour cela moins cruel, moins destructeur. Il s'attaque surtout aux alouettes, aux gentilles hirondelles. Celui-ci a la tête le dos, les ailes, la queue gris foncé presque noir, tachetés de couleur rouillée; la gorge, la poitrine et le ventre blancs, avec des taches brun jaunâtre. L'*émerillon*, bien plus petit encore, puisqu'il a la taille d'une grive à peine, est tout aussi féroce à proportion de sa taille. Mais dans cette famille de brigands, il faut faire une exception pour une bête plus honnête — je veux dire un animal plutôt utile que nuisible, et qu'il faut épargner : la *cresserelle*, qui a le dos et les ailes brunes, la tête grise, le ventre jaune rougeâtre avec des taches brunes, et qui ne se nourrit que de rats des champs, de mulots, surtout d'insectes. — Tout au contraire, le *milan*, qui atteint parfois presque la taille d'un aigle, fait sa proie de canards, de poussins, surtout de pigeons, qu'il guette autour des pigeonniers. Ce rapace est facile à reconnaître avec son dos, ses ailes et sa queue presque noirs, sa gorge, sa poitrine et son ventre blancs. Il fait son nid sur les arbres élevés, dans les lieux écartés et déserts.

Hobereaux.

FAUCON PÈLERIN, CRÉCERELLE, ÉMERILLON, MILAN.

XXII. — L'ÉPERVIER — L'AUTOUR

Classe des OISEAUX. Ordre des RAPACES.

Souvent, en se promenant l'été par les champs, on voit un oiseau fauve, de la taille d'un corbeau à peu près, qui *plane* dans l'air en battant des ailes sans changer aucunement de place ; puis tout à coup il *fond*, il se laisse tomber, la tête la première, comme une flèche, dans les blés ou dans les buissons, et bientôt se relève et s'envole emportant une proie : un perdreau, ou une caille, ou bien quelqu'un de nos petits oiseaux chanteurs, une *fauvette*, un *rouge-gorge*, une *bergeronnette*. Cet oiseau de proie, très-commun, trop commun dans nos pays, le brigand impitoyable qui fait le carnage dans nos champs, la terreur de nos petits oiseaux, c'est l'ÉPERVIER. L'épervier est un oiseau de l'ordre des *Rapaces* (oiseaux de proie); et comme c'est le jour qu'il fait sa chasse, il est classé parmi les rapaces *diurnes* (du jour) dans la nombreuse et destructive famille des Faucons. Mais l'épervier est de plus petite taille que les vrais *faucons*. Comme tous les rapaces diurnes, il a la tête large et aplatie, le bec large, recourbé et aigu pour déchirer la proie ; des *serres* longues et crochues pour la saisir. Ses longues jambes sont frêles et nues, tandis que celles des faucons et des buses sont *emplumées* presque jusqu'aux doigts. Il y a plusieurs espèces d'éperviers; la plus commune chez nous est d'une couleur fauve blanchâtre, tachetée de brun sous le ventre, sur le cou et la tête ; le dos et le dessus des ailes sont de teintes grises tachetées. L'épervier est un oiseau sauvage et farouche ; il fait son nid, en forme d'*aire*, c'est-à-dire presque plat, sur des arbres très-élevés. Il est extrêmement vorace : en même temps très-audacieux : il ose saisir les poussins et les petits canards jusque dans les cours des fermes, les *pigeonneaux* dans les colombiers. A-t-il saisi une proie, il l'emporte vers son aire, ou se perche sur un arbre, sur un rocher, pour la dévorer à son aise. L'arbre où il a son nid est facile à reconnaître dans le bois : autour de son pied la terre est semée des plumes des oiseaux qui ont été dévorés. Les éperviers sont des animaux très-nuisibles, puisqu'ils attaquent nos volailles, et dévorent en grand nombre les petits oiseaux, défenseurs précieux de nos récoltes. Aussi les paysans et les *forestiers* détruisent leurs nids autant qu'ils peuvent; s'ils voient *planer* en l'air autour de la ferme la bête *carnassière*, ils ne manquent pas de lui tirer un coup de fusil, — et ils ont bien raison.

Épervier planant sur un passereau.

Les AUTOURS, autres oiseaux de la famille des faucons, plus grands de taille que les éperviers, sont plus destructeurs encore : mais ils sont beaucoup moins communs. L'autour ordinaire est de couleur fauve grisâtre, tacheté et rayé de brun sous le ventre et la gorge ; le dos et les ailes sont de teinte brune, la queue grise rayée de brun. Sa tête est plate, son bec crochu, son œil jaune. Il vit dans les pays montagneux et couverts de forêts. Il fait son nid, plat et grossier, sur un arbre élevé, de préférence sur un chêne ou sur un haut sapin. Cet oiseau, très-sauvage, pousse des cris aigus et discordants; il fait la chasse aux perdreaux, aux grives, aux cailles dans les sillons, il enlève les jeunes lapins et les petits lièvres, parfois les poussins, les *oisons* et les *canetons* qui s'ébattent autour des fermes. C'est encore un animal nuisible qu'il est de notre droit de détruire pour sauver la vie de nos défenseurs.

L'AUTOUR ET SON NID

XXIII. — LE HIBOU

Classe des OISEAUX. Ordre des RAPACES.

Voici de pauvres êtres haïs, craints, maudits et calomniés. « Oiseaux de malheur! messagers de la mort ! » ce sont les noms que leur donnent certains paysans, ignorants et superstitieux. On les poursuit, on les tue si on peut; on les cloue, comme des criminels, sur les portes des granges et des fermes. Qu'ont-ils fait pour être ainsi détestés et tourmentés? « Rien du tout. Leur seul crime est de voir clair la nuit, » comme dit une fable. Rien du tout? je me trompe. Bien loin d'être nuisibles, ils nous sont utiles au contraire; ils nous rendent de grands, d'inappréciables services; ce sont les défenseurs de nos bois et de nos moissons.

Les HIBOUX, les CHOUETTES et les EFFRAIES, très-communs dans nos pays, appartiennent à l'ordre des *rapaces*, c'est-à-dire des oiseaux de proie; ils forment la famille des rapaces *nocturnes* (de la nuit). Ils ont comme les rapaces *diurnes* (du jour) un gros bec crochu, les pattes emplumées presque jusqu'aux doigts, et de grands ongles recourbés, formant de fortes *serres*. Tous ces *oiseaux de nuit* ont une physionomie triste et assez singulière : une grosse tête, de gros yeux saillants ; et, autour de leurs yeux, deux cercles de plumes disposées en éventails forment ce qu'on appelle leur *disque facial*. Leur plumage est de couleur terne; leur corps épais, bien fourré de duvet; leurs ailes aussi sont comme ouatées de plumes moelleuses, en sorte qu'ils ne font aucun bruit en volant. Les *hiboux* ou *ducs* se distinguent par deux *aigrettes* de plumes qu'ils portent sur leur tête, et qui simulent deux oreilles : en sorte qu'avec cet ornement bizarre, la figure de l'oiseau rappelle un peu une tête de chat... Leur plumage est brun, élégamment tacheté de noir. Les hiboux de la grande espèce dits *grands-ducs*, rares dans nos pays, ont la taille d'un aigle, et sont d'une force prodigieuse; ils sont très-sauvages. Les *hiboux communs* ou *moyens-ducs* sont de la grosseur d'une poulette; les *scops* ou *petits-ducs*, de celle d'un geai. Les *chouettes* sont dépourvues d'aigrettes; elles sont grises, brunes ou blanches; les *effraies* ont le plumage fauve tacheté, blanchâtre sous le ventre. Tous ces oiseaux ont à peu près la même manière de vivre. Leurs gros yeux ronds, qui brillent dans l'ombre comme ceux des chats, sont tellement sensibles qu'un jour un peu clair les aveugle, les éblouit, comme les rayons trop ardents du soleil éblouissent nos yeux, à nous; tandis qu'une lueur très-faible leur suffit pour voir distinctement les objets. Ainsi *organisés*, il est bien naturel qu'ils évitent le jour et aiment la nuit... Farouches et timides, ils dorment toute la journée, cachés dans les lieux obscurs, dans les trous des vieilles murailles ou des arbres creux, où ils ont fait leurs nids. Le soir, deux heures environ après le coucher du soleil, quand le crépuscule est déjà sombre, ils sortent de leurs trous et commencent leur chasse par les champs et les bois ; on les voit voler, tournoyer dans l'air comme des ombres grises, qui glissent rapides et sans bruit. Ils font leur proie de rats, de souris, de mulots et autres *rongeurs* qui ravagent nos moissons ; ils les détruisent par milliers; ils happent dans l'air des *insectes nocturnes*, les hannetons, les lourds papillons de nuit dont les chenilles dévorent les arbres de nos forêts et les légumes de nos jardins. Une *chouette*, à elle seule, vaut six chats, pour la chasse aux souris. Excepté le *grand-duc*, qui souvent dévore des lièvres ou des perdrix, tous les oiseaux de nuit sont des animaux très-utiles qu'il faut bien se garder de détruire, ou même d'écarter, qu'il faut protéger et accueillir au contraire, sans s'effrayer sottement de leur plumage sombre ou de leurs cris lugubres.

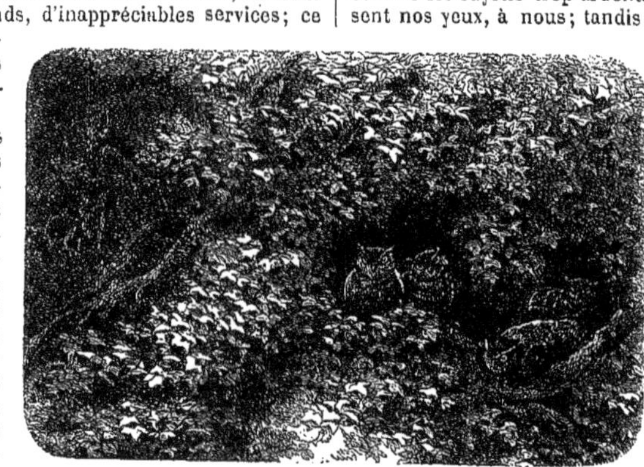

Hiboux sortant, le soir, de leur retraite.

CHOUETTES ET HIBOUX

XXIV. — LE CANARD

Classe des OISEAUX. Ordre des PALMIPÈDES.

Vers la fin de l'automne on voit arriver dans nos pays, par bandes nombreuses, les CANARDS sauvages. Par quelque soir brumeux vous entendez tout-à-coup dans le lointain des *coin-coin* qui semblent descendre des nuages : vous levez la tête, et vous voyez, à une grande hauteur, passer les oiseaux voyageurs, toujours disposés en une double file, figurant en l'air comme un grand V dont la pointe est tournée dans le sens du vol. Puis, à la nuit close, ils s'abattent bruyamment sur les étangs et les marais, choisissant les endroits les plus écartés pour s'abriter dans les roseaux. Ce sont des oiseaux de passage; tout l'été ils habitent dans les régions froides du Nord, et viennent seulement passer l'hiver dans nos pays.

Il y a un grand nombre d'espèces de canards sauvages, qui diffèrent surtout par le plumage. L'espèce la plus commune a la tête, le cou, la gorge ornés de belles couleurs d'un vert bleuâtre à reflets violets et dorés, la poitrine brune, les ailes rayées de bandes brunes et blanches. Les canards sauvages ont en général le plumage de couleurs plus belles et plus brillantes que ceux de nos fermes; ils sont tous moins lourds et moins gros, plus élégants, plus agiles surtout; mais à cela près, ils sont semblables à nos canards domestiques que nous allons décrire, et que vous aurez plus facilement occasion d'examiner. Le canard commun de nos fermes est un oiseau qui a la taille d'une grosse poule, mais qui est plus bas sur ses pattes plus courtes et plus fortes. Vous êtes, au premier coup d'œil, frappé de l'aspect de ce gros bec, long, large, plat, de couleur jaunâtre ou brune, qui s'ouvre pour faire entendre des *can-can* nasillards. Le corps de l'oiseau est revêtu d'un épais et chaud plumage duveteux, de couleurs très-variées : ce plumage, toujours propre, et que l'animal est sans cesse occupé à lustrer avec son bec, a la propriété curieuse de ne pas se mouiller à l'eau : aussi quand un canard sort de l'étang, et qu'il a secoué un peu ses plumes, il est tout sec... Comme tous les oiseaux aquatiques *nageurs*, le canard a les pattes *palmées*; et c'est ce qu'il faut surtout examiner. Vous apercevez entre ses doigts une peau épaisse et forte, qui s'étend de l'un à l'autre. Quand l'animal flotte sur l'eau, il étale ses doigts; la peau tendue forme alors comme une large rame dont il repousse fortement l'eau en arrière, ce qui a pour effet de faire glisser son corps en avant. Ainsi *organisé*, le canard qui marche si gauchement à terre, en se balançant si lourdement, paraît élégant aussitôt qu'il est dans l'eau, tant il nage avec facilité, et d'une façon gracieuse. A l'état sauvage les canards se nourrissent de vermisseaux qu'ils saisissent en barbottant avec leur bec dans le limon des mares peu profondes, de plantes aquatiques, de petits reptiles et même de petits poissons. Les nôtres ont, en outre, la *pâtée* de graines, de pommes de terre, de pain, qu'on leur distribue comme aux autres volailles; ils engraissent rapidement, deviennent trop lourds et trop gras; et tandis que les canards sauvages volent très-haut, vite et longtemps, les canards domestiques trouvant dans la basse-cour tout ce qu'il leur faut, ne se donnent pas la peine d'exercer leurs ailes; ils se déshabituent de voler, si bien qu'à un moment de danger ils ne pourraient même pas prendre leur vol... Ce que c'est, n'est-ce pas, que la paresse! La *cane* pond des œufs blancs un peu plus gros que les œufs de poule; elle les couve à terre, sur la paille. A peine sont-ils éclos, que les petits *canetons* vont à l'eau, où on les voit s'ébattre autour de leur mère de la façon la plus gentille. — La chair du canard est agréable; les œufs de cane valent les œufs de poule.

Cane conduisant à l'eau ses petits.

CANARDS ET CANETONS

XXV. — L'OIE

Classe des Oiseaux. Ordre des Palmipèdes.

Comme le *canard* auquel elle ressemble fort, l'Oie appartient au groupe des *palmipèdes*, c'est-à-dire des oiseaux dont les pattes sont *palmées*. Les oies cependant, nagent moins bien que les canards; elles ne vont pas aussi souvent à l'eau, et elles ne plongent pas pour atteindre leur nourriture au fond de l'eau comme font les canards. En revanche, elles marchent mieux. Elles sont de plus grande taille, et plus hautes sur leurs pattes. L'oie a un gros bec aplati, épais et fort; les ailes larges et courtes, les plumes de la queue courtes aussi. Malgré leur apparence lourde, les oies, à l'état sauvage, volent fort bien, s'élèvent très-haut, et peuvent se soutenir dans l'air très-longtemps. Les oies sauvages sont des oiseaux de *passage*, c'est-à-dire qu'elles ne font séjour dans nos pays que pendant la saison d'hiver : l'été, elles vont habiter les régions froides du Nord, en faisant de longs voyages, et traversant les mers au vol. — On dirait que ces oiseaux aiment le froid... mais il faut se souvenir qu'ils sont couverts d'un épais et chaud duvet, doué de la faculté curieuse de ne pas se mouiller à l'eau; en sorte que l'oie sortant de l'étang a son plumage parfaitement sec. A l'automne on voit arriver les oies sauvages, traversant le ciel en doubles files. Une troupe d'oies volant figure en l'air comme un grand V, dont la pointe est tournée dans le sens du vol. C'est le jour qu'elles voyagent; le soir, elles abattent leur vol dans les lieux écartés, près des étangs, dans les marécages ou les prés humides; elles s'abritent sous les buissons ou parmi les roseaux. Elles vont toujours par troupes; et quand elles traversent l'air, ou vont par les champs chercher leur nourriture, elles s'appellent les unes les autres par des cris éclatants, nasillards, très-peu harmonieux. Comme les canards sauvages, elles vivent de vermisseaux, de limaces; mais de plus elles paissent l'herbe et les feuilles tendres, les jeunes bourgeons des plantes. Il y a plusieurs espèces d'oies sauvages, qui diffèrent surtout par la couleur de leur plumage : l'oie *cendrée* qui est grise, l'oie *de neige*, blanche comme un cygne, l'oie *marbrée*, au plumage gris, tacheté de blanc; l'oie *rieuse*, dont le cri semble un éclat de rire.

Nos oies domestiques proviennent d'oies sauvages prises jeunes et apprivoisées. On élève dans certaines localités de grands troupeaux d'oies, qui vont dans les champs et les prairies paître l'herbe sous la garde d'un enfant. A cette pâture, on ajoute, pour les engraisser, des graines, des bouillies, des pommes de terre écrasées, la même nourriture enfin qu'on donne aux poulets et aux canards. Les oies domestiques sont grises ou blanches. Malgré leur réputation, elles sont loin d'être « bêtes »; elles sont plutôt assez intelligentes. Elles s'apprivoisent facilement, et sont susceptibles d'attachement pour les personnes qui les soignent. Egalement fort sociables entre elles, elles ne manquent pas de courage pour se défendre, et si quelque renard ou quelque oiseau de proie attaque une des oies du troupeau, toutes se réunissent pour lui faire lâcher prise, à grands cris, à grands battements d'ailes, et au besoin, avec de rudes coups de bec. Les oies pondent et couvent leurs œufs à terre, sur un peu de paille, comme les poules; leurs œufs sont plus gros que ceux des poules. Deux fois chaque année ces animaux perdent naturellement leurs plumes, qui seront remplacées par de nouvelles; à ce moment on enlève le duvet prêt à tomber, on le recueille pour en remplir des coussins et des oreillers. La chair de l'oie est une nourriture agréable et saine, très-estimée surtout chez nos voisins les Anglais.

L'oie commune.

OIES ATTAQUÉES PAR UN RENARD

XXVI. — LE COQ ET LA POULE

Classe des OISEAUX. Ordre des GALLINACÉS.

Parmi nos oiseaux domestiques, le plus beau et le plus élégant est bien certainement le coq : c'est le roi de la basse-cour. Voyez comme il se redresse, comme il marche la tête haute, au milieu de ses poulettes ; comme il a l'air fier, avec son riche plumage, sa crête rouge et sa voix éclatante. Les plumes de son cou lui forment comme une sorte de crinière ; un beau panache de longues plumes retombantes orne sa queue. Observez, en outre de la crête, petit morceau de chair rouge et sans plumes qui se dresse sur la tête de l'animal, les *barbillons*, rouges aussi, qui pendent sous sa gorge : étranges ornements ! Certains coqs portent de plus une aigrette de plumes flottantes. Le coq a les pattes hautes et fortes ; au dessus de ses quatre doigts qui appuient sur le sol, vous remarquerez l'*éperon*, comme un ongle fort, long, aigu, recourbé en arrière : c'est l'arme naturelle de l'animal. Le coq est courageux et vigilant, mais querelleur, batailleur, sans raison ni trêve. Deux coqs viennent-ils à se rencontrer, à peine se sont-ils aperçus que déjà ils hérissent les plumes de leur cou, battent des ailes, secouent la tête avec colère et se précipitent l'un sur l'autre ; puis du bec et de l'éperon ils cherchent à s'entre-déchirer, jusqu'à ce que l'un deux, vaincu, prenne la fuite. D'une cour à l'autre il se lancent, par dessus les murs, des *cocoricos* retentissants, qui sont autant de provocations furibondes. Autrefois des enfants, des hommes même se faisaient un jeu de ces combats ; et afin que ces pauvres bêtes furieuses et sans raison se fissent de plus graves blessures, on leur attachait aux pattes, au lieu de leur éperon naturel, un éperon d'acier long et aigu. La Loi, sage et humaine, interdit rigoureusement ces jeux cruels, indignes d'hommes civilisés.

Poule couvant dans un panier.

La *poule* est d'un naturel plus pacifique. Moins grande que le coq, elle est plus simplement vêtue ; elle n'a pas les belles plumes flottantes de la queue ni l'aigrette du coq ; sa crête est petite, ses éperons courts et émoussés : souvent même elle en est dépourvue. Autour des fermes, dans les cours et les champs, vous pourriez voir la troupe des poulettes, le coq en tête, picotant les graines, grattant la terre pour découvrir les vermisseaux. Mais le spectacle est plus intéressant quand la poule conduit sa couvée. Les poules pondent chaque jour un œuf pendant une quinzaine de jours. Elles ne font point de nids ; elles cachent leurs œufs à terre, dans quelque coin écarté de la grange ou du grenier, sur la paille ou l'herbe sèche. Il vaut mieux mettre la poule à couver dans un panier rempli de paille. Lorsqu'elle a pondu une quinzaine d'œufs, elle les couve assidument pendant vingt-un jours. Alors les petits brisent la coquille. A peine sortis de l'œuf les petits poussins, déjà couverts de plumes, peuvent courir et manger seuls ; la poule les conduit partout avec elle, les surveille et les protège, les abrite sous ses ailes étendues ; elle leur apprend à chercher les graines et les vermisseaux, gratte la terre pour eux et les appelle de ses *gloussements*, pour qu'ils viennent manger ce qu'elle a découvert. Les poussins, *pipiant*, courant et se trémoussant, suivent leur mère et se jouent autour d'elle, jusqu'à ce qu'ils soient devenus grands. Comme la nourriture que les poules et les poulets trouvent aux champs ne leur suffirait pas, on y ajoute des graines, des pommes de terre écrasées, des légumes cuits et réduits en *pâtées*, surtout quand on veut les engraisser. Il y a diverses *races* de coqs et de poules, différentes surtout par le plumage, et qui portent le nom des localités où on les élève de préférence. On cite surtout le *Coq commun de France*, au brillant plumage, à la crête haute et rouge ; le *Coq de Houdan*, à la tête ornée d'une huppe ; le *Coq de Crèvecœur*, portant une huppe bien fournie ; le *Coq de La Flèche*, sans huppe, à plumage noir.

LE COQ, LA POULE ET LES POUSSINS

XXVII. — LE DINDON

Classe des Oiseaux. **Ordre des Gallinacés.**

De tous les oiseaux de l'ordre des *gallinacés* (c'est-à-dire des oiseaux ressemblant au coq et à la poule), qui peuplent nos basses-cours, les Dindons sont les plus gros, et aussi les plus bizarres. Ce sont des étrangers : ils proviennent d'Amérique. — Lorsque le *Nouveau Continent* fut découvert, on amena dans nos pays quelques uns de ces oiseaux, qui furent appelés *Coqs et Poules d'Inde*, parce qu'à cette époque cette partie du monde était appelée les *Indes Occidentales*. De là, par abrévation, on fit les noms de *Dinde* et de *Dindon*. — C'est dans l'Amérique du Nord, sur les rives des grands fleuves, que les dindons vivaient et vivent encore en liberté. Les dindons sauvages ont tous le plumage brun noir, lustré et tacheté ; nos dindons domestiques sont de couleur plus variée : il y en a de bruns, de gris et de blancs ; les noirs sont les plus communs. — Cet oiseau a le corps épais, la tête petite, le cou long, les pattes longues et fortes ; le *coq dinde* est armé d'un éperon, comme notre coq ordinaire. Mais ce que cet oiseau a de plus remarquable, c'est une sorte de crête pendante qui du haut de sa tête retombe sur le bec, et semble devoir gêner beaucoup l'animal quand il veut manger... Une peau semblable, molle, rose, plissée et comme bourgeonnée, couvre son cou et pend sous sa gorge ; de plus il porte devant la poitrine un gros bouquet de poils, en forme de queue de renard.... Le dindon, quoique moins batailleur que le coq, est cependant très-irritable et très-susceptible : il suffit de lui adresser brusquement la parole, de s'approcher de près, pour exciter sa colère ; la vue d'un objet rouge surtout le met en fureur. Or, quand l'animal est irrité, cet ornement bizarre qu'il porte sur le bec et sur le cou semble s'allonger et devient rouge comme du sang : l'oiseau pousse alors des glousements entrecoupés. Cet animal semble doué d'un singulier instinct de vanité ridicule ; s'aperçoit-il qu'on le regarde, il se dresse sur ses pieds, gonfle sa crête, secoue et hérisse toutes ses plumes, entr'ouvrant ses ailes et étalant sa queue en éventail ; il *fait la roue*, comme on dit. Comme pour vous faire admirer ses belles plumes luisantes étalées, il marche à pas lents, se tourne et se retourne, d'un air bouffi : c'est un manège des plus divertissants... Du reste il est très-peu intelligent, ce qui va bien avec la vanité ; et vous savez qu'on dit : « bête comme un dindon. » A l'état sauvage, le dindon vole peu et lourdement ; à l'état domestique, il en perd complètement l'habitude. La *poule d'Inde* ou *dinde*, plus petite que le coq, a un moins beau plumage. Elle couve ses œufs à terre, comme la poule, conduit et protège ses petits lorsqu'ils sont éclos, comme la poule conduit et protège ses poussins. Les œufs de dinde sont plus gros et aussi bons de goût que les œufs de poule ; la chair du dindon est très-recherchée. Un autre oiseau de basse-cour, de l'ordre des gallinacés encore, mais de taille plus petite que le dindon, c'est la *Pintade*. Figurez-vous une belle grosse poule grise, sur laquelle il aurait neigé... vous avez une idée de l'animal. Cet oiseau a le corps épais, le cou long, la tête petite : sur sa tête, une peau épaisse, sans plumes, figure une sorte de capuchon ou de casque, avec une crête redressée et des barbillons pendants comme ceux du coq. Sa queue est courte, ses ailes brèves ; l'espèce la plus commune est d'un gris ardoisé tacheté de blanc ; d'autres races sont un peu différentes par le plumage. Ce sont des animaux peu intelligents, bruyants et querelleurs. Ces oiseaux vivent à l'état sauvage, en Afrique et en Amérique, dans les lieux marécageux. Leurs œufs et leur chair sont une bonne nourriture.

Dinde et ses petits.

DINDES, DINDONS, DINDONNEAUX ET PINTADES

XXVIII. — LES PIGEONS

Classe des OISEAUX. Ordre des GALLINACÉS.

Les PIGEONS sont de jolis oiseaux que l'on a joints au groupe des *gallinacés*, (c'est-à-dire des oiseaux ressemblant au coq et à la poule) quoiqu'ils soient beaucoup plus petits, plus légers, plus élégants, et aient des habitudes toutes différentes. Dans nos pays, les pigeons sauvages, appelés *ramiers*, sont assez communs dans les champs et les bois. Le ramier a le plumage gris cendré, un peu bleuâtre sur le corps et les ailes; une sorte de collier de plumes d'un beau vert à reflets dorés entoure son cou; ses ailes sont bordées de blanc, sa queue de noir. Les ramiers sont des oiseaux de *passage;* c'est-à-dire qu'ils quittent nos pays à l'automne, pour passer l'hiver en Italie, en Espagne, où le climat est plus doux, et où ils peuvent trouver plus facilement de quoi se nourrir; au printemps ils reviennent pour faire leurs nids dans nos bois. Les ramiers, timides et défiants, nichent à la cime des arbres les plus élevés; la femelle pond deux petits œufs blancs, qu'elle couve pendant une quinzaine de jours; et tandis que les petits poulets à peine éclos, courent et mangent seuls, les jeunes *pigeonneaux* sont presque sans plumes, incapables de chercher leur nourriture; il faut que le père et la mère les élèvent *à la becquée*, comme font nos *passereaux*. Les ramiers vivent de grains, de fruits, de châtaignes, de faînes et de glands; ils n'épargnent pas nos récoltes; à l'été ils s'engraissent à loisir dans nos champs de blé, d'orge et d'avoine. S'ils étaient en trop grand nombre, ils feraient un dommage notable, et il faudrait les considérer comme des animaux nuisibles. Mais ils ne sont jamais bien nombreux dans une localité; les chasseurs leur font trop bonne chasse : car le ramier est un excellent gibier.

Pigeon voyageur du siège de Paris, avec sa dépêche.

Les pigeons domestiques qu'on élève dans nos fermes sont de diverses races, et leur plumage varie beaucoup de couleur. Les pigeons *bisets* sont de couleur grise cendrée; les pigeons *mondains* sont de teinte plus claire; le *culbutant* a la singulière habitude d'exécuter des culbutes en l'air, au moment de prendre son vol; les pigeons *messagers* ont plus que tous les autres un instinct précieux dont nous parlerons tout à l'heure. Les pigeons que l'on abrite dans un petit bâtiment appelé *colombier*, et qu'on laisse errer et chercher leur nourriture tout le jour par les champs, ne sont qu'à demi apprivoisés. Aussi bien que les *ramiers* ils peuvent commettre des dommages notables, s'ils sont en trop grand nombre. Autrefois certains seigneurs élevaient des pigeons par centaines dans de vastes colombiers; ces pigeons s'abattaient dans les champs de blé, sur les légumes des jardins, et dévastaient les récoltes au temps de la moisson; au temps des *semailles*, c'était pis encore : ils dévoraient à mesure le grain que le semeur jetait sur la terre. — Il est donc bon d'avoir quelques pigeons dans une ferme, mais non pas un trop grand nombre, à moins qu'on ne les nourrisse complètement dans la basse-cour, en leur donnant en abondance des grains, des miettes, la même nourriture enfin qu'aux autres volailles. Les pigeons ainsi élevés prennent l'habitude de ne pas s'éloigner de leur abri; ils ne vont point aux champs et ne causent point de dommages : ils sont ce qu'on appelle des pigeons *de volière*. Ce sont les plus beaux et les meilleurs. Les pigeons sont fort attachés à leur demeure; chose étonnante, si on les emporte au loin, dès qu'on leur rend la liberté ils savent retrouver le chemin de leur colombier; et comme ils volent très-rapidement, ils sont bientôt de retour. Les *messagers* surtout, peuvent faire ainsi de longs voyages. Pendant le siège de Paris, quand les ennemis entourant la ville, empêchaient toute communication, des pigeons parisiens étaient emportés au loin en *ballon*. Le ballon étant descendu à terre en province, on faisait sortir les pigeons de leur cage; on leur attachait aux plumes de la queue un tuyau de plume contenant une dépêche roulée; et ces gentils messagers ailés, revenant vers leurs pigeonniers où ils étaient attendus et guettés, apportaient aux assiégés des nouvelles importantes,

LES PIGEONS AUX CHAMPS

XXIX. — LE PIC

Classe des OISEAUX. Ordre des GRIMPEURS.

Voici un brave et honnête travailleur, calomnié par les ignorants, et auquel il faut faire rendre bonne justice. On rencontre souvent, dans les bois et les forêts, un oiseau fort joli; sa tête est d'un rouge éclatant en dessus, noire sur les côtés; le reste de son plumage est vert, tacheté de brun et de noir sur les grandes plumes des ailes et de la queue. Timide, sauvage même, il se plaît dans les fourrés les plus épais. Nous remarquerons ses pattes vigoureuses, ses longs doigts armés de fortes griffes recourbées, à l'aide desquelles il s'accroche pour *grimper* le long des troncs des arbres; son bec, long, dur, aigu, tranchant comme un ciseau affilé. Son travail, par lequel il gagne sa vie, consiste à saisir dans les fentes de l'écorce, sous l'écorce même et jusque dans le bois vermoulu, les *larves* d'insectes voraces, qui rongent le bois. — Eh bien, savez-vous ce qu'on a dit de lui? Parce qu'on l'a vu donner de grands coups de bec dans les troncs et les grosses branches, on a prétendu qu'il les perçait, qu'il nuisait aux arbres et gâtait le bois destiné à faire des planches et des charpentes. Cela est faux. Le *pic* ne va pas attaquer de son bec, percer le bois sain des arbres vigoureux : il ne le pourrait pas; et d'ailleurs pourquoi le ferait-il ? Il n'y a rien là pour lui. Il choisit, tout au contraire, les vieux arbres, les troncs demi-pourris, rongés par les insectes, où les larves abondent. Il regarde dans les trous, dans les plis et les fissures; de temps en temps il frappe l'arbre du bec, pour voir s'il « sonne creux » s'il est rongé au dedans; peut-être aussi pour effrayer les insectes qui seraient cachés sous l'écorce, les faire sortir pour les saisir au passage. S'il le faut, pour atteindre sa proie, il creuse l'écorce et le bois de son long bec aigu; il fait un trou pour aller chercher au fond de leurs canaux tortueux les larves qui dévorent l'arbre au cœur. Par l'ouverture qu'il a faite, il tire sa langue, fine, flexible, très-longue et très-gluante; avec cette langue il accole ou saisit l'insecte rongeur. Bien loin donc de faire du dommage aux arbres, le *pic* tout au contraire les défend; il nous rend d'excellents services en détruisant ces insectes qui causent de grands dommages dans nos bois; il mérite, avec toute notre protection, le titre de *conservateur des forêts* que lui a donné un célèbre écrivain, Michelet.

Pics verts cherchant des insectes.

Au printemps le pic fait son nid dans quelque tronc d'arbre naturellement creusé; à coups de bec, il agrandit le trou, dresse les parois, élargit la cavité; ce sera la petite chambrette pour lui, sa femelle et ses enfants. Les œufs sont de couleur grisâtre. Les petits éclos, le père et la mère, pour les nourrir, apportent au nid, par centaines, des chenilles, des vermisseaux, des fourmis.

Le pic ne chante pas; il fait seulement entendre un petit cri plaintif, surtout si le temps menace de pluie. On trouve aussi dans nos bois le *pic noir*, dont le plumage est tout noir, excepté sur la tête; le *pic mar*, agréablement bariolé de diverses couleurs; le *torcol*, de teinte grisâtre, ainsi nommé de la singulière habitude qu'il a de tourner sa tête en arrière : tous oiseaux de la même famille, ayant les mêmes habitudes, nous rendant les mêmes services, et ayant droit à la même protection.

LE PIC CREUSANT SON NID

XXX. — LES CORBEAUX

Classe des Oiseaux. Ordre des Passereaux.

Il peut arriver que dans une honnête et tranquille famille il y ait un brigand.... Et de même dans une *famille* composée d'animaux utiles, il peut y avoir une ou deux espèces nuisibles. C'est justement ce qui arrive dans la famille des corbeaux. Il y a plusieurs espèces de corbeaux, tous noirs, ou du moins de teintes sombres. Ce sont les plus grands de tous les *passereaux*, et même ils ont quelque chose de la tournure et de la manière de vivre des oiseaux de proie. Tous sont carnassiers, farouches, rusés, très-intelligents et faciles à apprivoiser. Tous au besoin se contentent de *proie morte*, c'est-à-dire qu'ils dévorent des cadavres d'animaux morts, étendus sur le sol : mais tous aussi sont chasseurs de proie vivante. Parmi ces espèces, une seule doit être considérée comme *nuisible*, la plus grande espèce. Le *grand corbeau* noir est un oiseau de la taille d'une poule, noir de la tête aux pieds : pattes et ongles, yeux, bec et plumage; mais d'un noir magnifique, luisant et lustré. Le personnage ainsi vêtu est extrêmement sauvage ; il habite dans les lieux écartés et fait son nid de préférence dans les forêts des régions montagneuses. C'est un oiseau très-vigoureux, extrêmement rapide au vol, très-vorace. Il fait sa proie de rats des champs, mulots et campagnols ; au besoin il dévore des insectes. Mais surtout il fait la chasse, comme un véritable oiseau de proie, aux cailles et aux perdrix ; aux levrauts et lapereaux ; il enlève les poussins et les canetons dans les cours des fermes. Cette espèce est donc nuisible, mais heureusement peu commune ; les grands corbeaux sont assez rares en France, excepté dans certains pays de montagnes. Tout au contraire, les espèces plus petites de la même famille, les *corbines* et les *corneilles*, les *freux* et les *choucas* sont extrêmement communs chez nous, fort utiles, et méritent d'être protégés comme des défenseurs de nos récoltes. Ils font bien aussi, pour ne rien vous cacher, quelques dommages dans les champs ; ils pillent quelque peu nos sillons ; mais ce tort est bien peu de chose en comparaison des services qu'ils rendent. Ils n'attaquent d'ordinaire ni le gibier ni la volaille ; et ils dévorent une énorme quantité de rongeurs, tels que rats, et souris. Ils sont capables d'imiter notre langage, et on peut leur apprendre à parler comme aux perroquets. Ils articulent fort bien certains mots, qu'ils prononcent d'une voix enrouée et sourde, avec des inflexions très-divertissantes. — Les *pies*, de plus petite taille que les corbeaux, sont franchement détestables et nuisibles. La pie, au joli plumage mêlé de blanc et de noir, est un oiseau intelligent, défiant, rusé, leste et vif, babillard et moqueur ; pillard autant que possible. Au printemps elle fait sur les arbres les plus élevés un nid de brindilles et menues branches, fort soigneusement disposé. La pie aussi fait sa proie de petits rongeurs, et d'insectes : mais son grand crime, c'est de ravager les nids de nos petits amis les oiseaux chanteurs ; elle perce et suce leurs œufs, elle dévore les petits. C'est donc un animal nuisible, et qu'il ne faut pas craindre de détruire.

Corneille.

Corneille faisant la chasse aux insectes.

LA PIE

LE CORBEAU

XXXI. — ROSSIGNOL ET FAUVETTES

Classe des OISEAUX. Ordre des PASSEREAUX.

La gentille famille des FAUVETTES réunit plusieurs espèces de *Passereaux bec-fins*, tous insectivores et tous chanteurs, utiles à la fois et aimables. Parmi ces petits musiciens ailés, il faut citer tout d'abord le plus grand artiste : le célèbre *Rossignol.* « Le rossignol est le meilleur chanteur « parmi nos oiseaux des bois ; sa voix est très-forte « et s'entend au loin ; tandis « que les autres oiseaux ont « toujours le même chant et « répètent sans se lasser le « même refrain, le rossignol, « lui, sait varier sans cesse « sa chanson, tantôt vive, « éclatante, joyeuse, tantôt « plus douce, plus lente, « presque triste. Le rossignol « chante de préférence le « soir et la nuit, quelquefois « jusqu'au matin. Le petit « chanteur est peu sauvage ; « il se plaît dans les bois « loin des maisons ; il aime « surtout les grands arbres « qui ombragent les ruis- « seaux. Le rossignol est pe- « tit, frêle ; il n'a pas un bril- « lant plumage, il est simple- « ment vêtu et de couleur « brune. Il n'est pas, dit-on, « fort habile à faire son nid : « il ne sait que chanter; mais « quand il chante, tout fait « silence pour l'écouter. » — (*Lectures expliquées.*)

Le Rossignol.

La Fauvette à tête noire.

Le rossignol est de la taille d'un simple moineau ; mais il est plus fin de corps, plus allongé, il a la tête fine, le bec aigu, de petites pattes grêles. C'est un oiseau de passage. Au printemps, vers l'avril, les rossignols arrivent dans nos bois. Ils font leurs nids dans les buissons, assez près de terre. C'est à cette époque que le rossignol chante le mieux. Mais quand les œufs sont éclos, que les petits, le bec ouvert, réclament la nourriture, le père a bien autre chose à faire que de chanter, vraiment ! Il faut qu'il chasse activement moucherons, chenilles, vermisseaux, larves de fourmis, pour donner la pâture à ces petits affamés. Seulement quand ses enfants, pourvus de plumes et capables de voler, savent chercher eux-mêmes leur nourriture, le rossignol a un peu plus de loisir ; il fait l'éducation de sa famille, en chantant ses plus jolis refrains, que les petits s'exercent à répéter. — Vers le mois d'août les rossignols quittent nos pays ; ils vont passer l'automne et l'hiver dans des pays plus chauds où la pâture abonde ; en Italie, en Grèce, ou bien encore en Palestine ou en Égypte : mais ils n'y font point de nids. La mauvaise saison passée, ils reviennent dans nos campagnes ; chose étonnante, chacun — après un an ! — sait reconnaître sa route, retrouver ses bois familiers, son même nid du dernier printemps.

La *fauvette à tête noire* a le chant moins varié que celui du rossignol, mais fort agréable aussi. C'est un petit oiseau frêle, léger, de couleur grise ; le dessus de sa tête seulement est noir ou brun. La *fauvette des jardins*, familière et confiante, aime à faire son nid près des maisons, dans les arbres de nos jardins ; son plumage est rouge brun, varié de teintes grises sur les ailes, blanc sous la gorge. La *fauvette grise cendrée*, plus timide, se cache dans les bois, au plus épais du feuillage. Vive, pleine de gentillesse et de gaieté, elle a quelque sauvagerie, pourtant ; elle se plaît à chanter pendant les belles nuits de printemps. Elle construit son nid avec un art charmant : attachant ensemble, avec de longues feuilles sèches, deux ou trois tiges de roseaux, elle y suspend ce nid, formé de feuilles entrelacées et comme tressées ensemble. Ceci est pour l'extérieur : l'intérieur est garni de crins et de brins de laine ; on y voit quatre ou cinq œufs blanchâtres. Rien de plus gentil que ce berceau où la femelle est couchée sur ses œufs, et qui se balance à la moindre brise au dessus de l'eau tranquille.

LA FAUVETTE DES ROSEAUX ET SON NID

XXXII. — LES MOINEAUX.

Classe des OISEAUX. Ordre des PASSEREAUX.

Voici de petits amis que je vous présente : légers, joyeux, remuants et gazouillants ; fort gentils, en même temps très-utiles ; excellents alliés, défenseurs de nos récoltes contre nos ennemis les insectes rongeurs, échenilleurs infatigables de nos champs et de nos jardins. Les passereaux de la famille des *moineaux* et des *pinsons* se font reconnaître à leur bec fort, court, large à la base, pointu du bout. C'est d'abord le *moineau franc*, le « petit moine » vêtu de gris brun terne, de la tête aux pieds, comme un moine dans sa robe brune. Vif, sautillant, babillard, familier, il aime à se tenir près de nous dans les villes, même dans nos rues ; il vient chercher les miettes de pain semées devant la porte ou sur l'appui de la fenêtre ; mais espiègle et peureux, il ne se laisse pas approcher. Il ne chante pas ; il fait entendre seulement un petit cri d'appel perçant et joyeux. Les moineaux font leurs nids dans les arbres des jardins, ou sous le bord des toits, ou dans les trous des vieilles murailles ; ils sont très-sociables entre eux, vont par troupes, se disputent la nourriture avec de petits cris folâtres, non moins bons amis pour cela... Les moineaux vivent de grains et d'insectes. Ils recherchent surtout les graines sauvages, les *baies* sur les buissons, les petits fruits rouges de l'aubépine dans la haie; ils font bien aussi quelque dommage, en béquetant les fruits de nos jardins, les raisins, les épis. Mais le dommage n'est rien, rien absolument, en comparaison du service qu'ils nous rendent, en détruisant, par milliers, par millions, les chenilles et autres insectes nuisibles. Un seul moineau dévore chaque jour une centaine de chenilles et larves rongeuses ; calculez pour une année ! — Mais c'est bien autre chose encore, quand les petits sont éclos, et que le père et la mère, en outre de leur propre consommation, « ont cinq ou six enfants à nourrir ! » Alors ils ne font plus qu'aller et venir, chasser les insectes, les porter au nid.

Nos petits amis.

Dans la famille du moineau, il faut citer le *tarin*, le *bouvreuil* au bec très-court, au plumage agréablement tacheté, d'un naturel aimable et doux, qui se nourrit de graines sauvages. Le *pinson*, joli chanteur à tête noire, gorge rougeâtre, ailes tachetées de blanc, vivant aussi de graines et d'insectes, mérite toute notre affection. Dès les premiers jours du printemps, ce petit musicien ailé s'en va par les bois et les vergers, choisissant la place de son nid. Ce nid est construit avec un art parfait; nul oiseau n'en fait de plus charmants. Au dehors, la mousse, les fibres entrecroisées ; l'intérieur, en forme de coupe admirablement arrondie, est garni de laine, de plumes, de crins, recueillis par les champs et les pâturages. La mère couve avec patience ses œufs, au nombre de quatre ou cinq, d'un blanc verdâtre ; dès que les petits sont éclos, le père et la mère vont chercher et apporter au nid la nourriture, qui se compose de chenilles, de vermisseaux Enfin le plus gentil de toute la bande joyeuse, est le *chardonneret*, orné des teintes les plus vives, rouge, noir velouté, blanc et jaune, à reflets d'or ; chanteur infatigable. Le chardonneret est vif et léger ; il ne tient en place, toujours voletant, sautillant. Il fait son nid dans quelque arbre élevé ; il semble choisir de préférence l'extrémité d'une longue branche flexible, comme s'il voulait que le vent balance ses enfants dans leur berceau. Ce berceau, solidement attaché avec des fibres entrelacées, est moëlleusement garni. C'est la mère seule qui fait ainsi le lit de sa petite famille ; le père lui apporte les matériaux : le crin, la laine, le duvet. Ils se nourrissent de graines sauvages et surtout, comme leur nom le dit, de la graine de *chardons*, plantes nuisibles qui envahissent nos cultures.

MOINEAU, BOUVREUIL, TARIN, LINOTTE ET CHARDONNERET

XXXIII. — MÉSANGES, ROUGES-GORGES ET ALOUETTES

Classe des OISEAUX. Ordre des PASSEREAUX.

Voici les plus petits parmi nos oiseaux chanteurs ; non pas les moins jolis, ni les moins utiles. Les *mésanges*, qui se rapprochent beaucoup des moineaux, sont de moindre taille, très-vives, un peu sauvages, gazouillant agréablement, de plumage élégant, varié suivant les espèces ; toutes font leurs nids avec un art charmant. Ces oiseaux vont ordinairement par troupes comme les moineaux ; ils touchent rarement à nos grains, ils vivent presque exclusivement d'insectes : ce sont des chasseurs de chenilles infatigables et précieux. La *mésange charbonnière*, ainsi nommée parce que son plumage a de larges taches noires sur la tête, le cou, la poitrine, niche dans les trous des murailles. La *mésange nonette* fait son nid à terre, sous quelque grosse racine d'arbre ; la jolie *mésange bleue* construit le sien dans un trou de mur, et le ouate à l'intérieur de poils de lapin recueillis autour des garennes. Mais la *mésange à longue queue* est plus industrieuse encore. Comme elle se nourrit des chenilles qui rongent les bourgeons des grands arbres, surtout des sapins, elle habite, tout naturellement, près de son lieu de chasse ; elle fait son nid dans quelque arbre élevé, attaché, comme suspendu aux rameaux, en forme de boule avec deux ouvertures, et une sorte de toit pour empêcher la pluie

Rouge-Gorge.

Lavandière.

Bergeronnette.

de mouiller la couveuse et sa petite famille. — Les mésanges sont lutines, querelleuses et très-hardies ; se réunissant en troupes, elles si petites, elles osent attaquer et pourchasser les martes et les belettes carnassières, les entourant, les harcelant, les assourdissant de leurs cris de colère ; et souvent elles parviennent à mettre l'ennemi en fuite. Ces jolis oiseaux sont très-communs dans nos champs et nos bois. — Et maintenant, laissez-moi recommander à votre amitié de petits chanteurs d'un charmant caractère, alliés à l'harmonieuse famille des rossignols et des fauvettes : les *rouges-gorges*, si peu farouches, les *troglodytes* qui nichent dans des trous de muraille, les *roitelets*, les plus petits de nos oiseaux de France. Les *lavandières* sont ainsi nommées parce qu'elles se plaisent au bord des ruisseaux ; les *bergeronnettes* suivent les troupeaux aux champs pour dévorer les insectes malfaisants qui tourmentent les bestiaux. — Un autre *artiste*, un peu plus grand de taille, est le *linot* au plumage jaune doré, qui fait de si jolis nids dans les buissons. L'*alouette*, vive, légère, qui vole si haut dans le ciel, qui chante si gaiement dès l'aurore, fait le sien dans nos blés, entre deux sillons. Tous ces gentils oiseaux chasseurs d'insectes nous rendent les plus grands services ; il faut respecter leurs couvées.

LESESTRE. DEVALOT.

Alouettes.

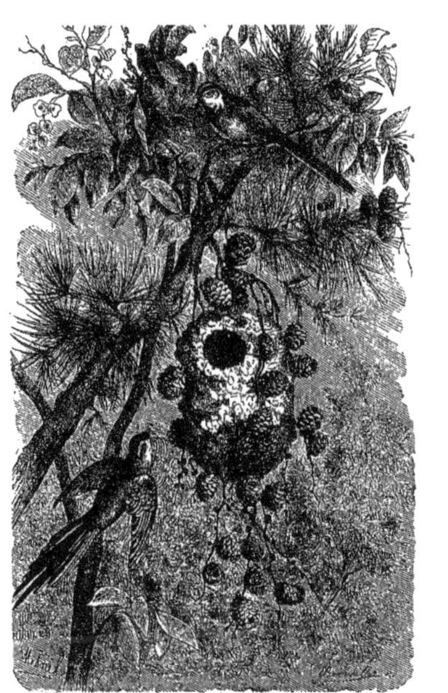

NID DE MÉSANGE

NID DE LORIOT

XXXIV. — L'HIRONDELLE

Classe des OISEAUX. | ORDRE des PASSEREAUX.

La gentille HIRONDELLE, dont l'arrivée nous annonce le printemps, doit être comptée parmi les oiseaux les plus utiles pour nous et qui méritent le mieux notre protection. De tous nos légers passereaux elle est encore la plus légère: voyez comme elle est fine et fluette de corps, avec ses grandes ailes longues et effilées, sa longue queue fourchue ; comme elle est élégante de forme, avec sa petite tête, son bec aigu, robuste, son cou court, ses petites pattes fines et grêles. Ainsi taillée, elle est faite pour le vol; sa vie est dans l'air ; elle se pose rarement et ne paraît jamais lassée. Lorsque le ciel est brillant et pur, vous la voyez voler haut dans l'air en décrivant de grands cercles, tournoyer autour des clochers et des tourelles ; si le temps menace de pluie, elle abaisse son vol et glisse près de terre, ou rase de l'aile la surface des rivières et des étangs. Rapide, infatigable, tout le jour elle fait sa chasse, une chasse acharnée aux insectes ailés dont elle se nourrit. L'hirondelle est un oiseau exclusivement *insectivore* : elle ne touche pas un grain de blé ou de mil, pas un fruit; elle détruit par milliers mouches, guêpes, cousins, grillons, taons et autres insectes ailés incommodes, tourment de nos bestiaux ou ennemis de nos récoltes et de nos fruits. Il y a plusieurs espèces d'hirondelles, communes dans nos pays. Les *martinets* sont des hirondelles de grande taille, les plus rapides au vol; ils nichent dans les trous des murailles; les *hirondelles de roche* suspendent leurs nids aux rochers; les *hirondelles de rivage* se tiennent sous l'abri des grands arbres, le long des rivières et des ruisseaux : celles-là sont timides, un peu sauvages. Bien plus familières sont les *hirondelles de cheminée* et les *hirondelles de fenêtre* qui se plaisent près de nos demeures, et viennent placer leurs nids sous notre protection, au haut des cheminées, ou sous le bord des toits, ou dans l'angle d'une fenêtre. L'ingénieuse hirondelle est « maçon » de son métier ; elle « bâtit » son nid de terre qu'elle va chercher, détrempe avec de l'eau comme un mortier, à l'aide de son bec, l'apportant et l'appliquant becquée à becquée. Elle en maçonne une demi-boule creuse, munie d'une ouverture ; en séchant, le mortier devient extrêmement solide, et le nid, fortement collé à la muraille, semble comme suspendu. C'est la petite maison pour le petit ménage ; chaque *couple* a la sienne, garnie intérieurement de mousse et de duvet. La femelle pond et couve assidûment quatre ou cinq petits œufs blancs; et pendant ce temps le mâle lui apporte sa nourriture ; au bout d'une quinzaine de jours les petits sont éclos ; et alors on voit le père et la mère aller et venir, sans s'écarter du nid, apportant dans les petits becs ouverts des insectes qu'ils ont happés au vol. Puis les *hirondeaux*, devenus plus forts, prennent leur vol, et suivent dans l'air père et mère; mais tous les soirs rentrent au nid, se mettre en sûreté pour la nuit. Les hirondelles ne chantent pas précisément ; elles gazouillent, elles jasent joyeusement entre elles, comme si elles se parlaient. Tout l'été elles demeurent parmi nous; mais à l'automne, quand le froid fait périr les insectes, elles ne pourraient plus trouver leur nourriture. Dès le mois d'octobre, donc, elles se réunissent en troupes sur les toits ; puis toutes partent pour un long voyage. Elles s'en vont dans des pays plus chauds, où elles trouveront en abondance du gibier, je veux dire *des insectes* : en Grèce, en Palestine, en Afrique. Au printemps, vers le mois de mai, toute la bande ailée nous revient. Instinct étonnant; chacune sait retrouver son chemin et revient à son ancien séjour reconnaître et reprendre son nid de l'année précédente.

L'Hirondelle de fenêtre.

A la tombée du soir, au moment où l'hirondelle finit sa chasse, l'*Engoulevent* commence la sienne. Cet oiseau, plus grand et plus fort que l'hirondelle, au plumage sombre, sauvage et solitaire, poursuit les insectes *crépusculaires* et *nocturnes*, tels que les hannetons, les phalènes, qu'il happe au vol avec son large bec ouvert. En détruisant ces bêtes nuisibles il rend de bons services, et mérite la même protection que nos gentilles et familières hirondelles.

L'HIRONDELLE DE CHEMINÉE ET SON NID

XXXV. — LA VIPÈRE

Classe des Reptiles. Ordre des Serpents.

Les Serpents sont des *reptiles* sans pattes, au corps froid et luisant, couvert d'écailles, mince, long, flexible ; qui se roulent et se tortillent, avancent en *rampant*, en glissant sur le ventre avec des mouvements onduleux. Leur tête aplatie, protégée par de larges écailles, laisse voir de petits yeux, vifs et perçants ; leurs oreilles, cachées sous les écailles, ne sont pas visibles ; leurs narines ne sont que deux petits trous. Leur bouche, très-large fendue, s'ouvre démesurément, montrant une rangée de petites dents fines, aiguës, recourbées en crochet. Tous les serpents sont *carnivores* ; et comme leurs dents ne sont pas disposées pour broyer, ils doivent avaler leur proie tout entière, sans la mâcher.

Il existe un grand nombre d'espèces de *serpents*, les uns de taille effrayante, les autres de faible longueur ; les uns sont dépourvus de venin, les autres sont *venimeux*. Les serpents venimeux sont de tous les animaux les plus terribles, ceux qu'il importe le plus de détruire ; dans les pays chauds, où ils sont très-communs, ils sont plus redoutables que les lions et les tigres. En France, il n'y a que deux sortes de serpents : les Couleuvres, sans venin, nullement à craindre, et les Vipères, souvent appelées *aspics*, venimeuses, malheureusement très-communes dans beaucoup de localités. La vipère commune a de trente à soixante centimètres ; suivant les espèces, elle est brune ou rousse, grise ou noirâtre. Une grande raie brune marque son dos, souvent orné en outre de deux rangées de taches ; sur sa tête aplatie une sorte de tache formée de deux bandes noires figure un V, la première lettre du nom de l'animal. Les couleuvres, ordinairement plus grandes, sont de couleur plus vive ; il y en a de grises tachetées, de vertes, de jaunâtres ; certaines espèces ont sous la gorge une bande blanche qui figure une sorte de collier. — De plus, les vipères et les couleuvres n'habitent pas les mêmes lieux ; les couleuvres se plaisent dans les prairies humides, au bord des ruisseaux, où elles chassent les grenouilles, les rats d'eau, les limaces et les escargots ; les vipères, qui font surtout leur proie de taupes, de mulots, de rats, de lézards, se rencontrent dans les lieux arides, dans les taillis secs. Elles se cachent presque tout le jour dans des trous qu'elles creusent sous la terre, ou dans des troncs d'arbres creux ; elles sortent surtout vers le soir. L'hiver, elles s'engourdissent au fond de leur trou ; et tout ce temps elles restent sans manger ; le printemps les réveille. La vipère, roulée en spirale, se met à l'affût, se tient immobile, guettant la proie. Une souris, un lézard vient-il à passer, elle s'élance d'un bond en se déroulant, mord, tue, et engloutit sa proie sans la mâcher. — Outre ses petites dents recourbées, semblables à celles de la couleuvre, la vipère a deux *dents à venin*, qu'on nomme *crochets venimeux*, qu'elle peut coucher ou redresser à volonté. Ces crochets longs, aigus, recourbés, sont creux à l'intérieur comme de petits tuyaux. Dans la tête de la vipère il y a un petit réservoir toujours rempli de venin, et qui communique par un conduit au creux de la dent meurtrière. Quand l'animal irrité dresse ses crochets et mord, une goutte de venin coule dans la blessure par le creux de la dent. Si un petit animal est *piqué*, il meurt en un instant. Si un homme est mordu par une vipère, il sent d'abord seulement une piqûre, comme celle que ferait une épine. Mais au bout de quelques instants, le poison agit : la partie blessée enfle, puis peu à peu le reste du corps ; une fièvre ardente survient, et souvent on en meurt. Il importe donc de connaître le remède. Quand un homme est mordu, il faut faire saigner la plaie, l'agrandir avec un canif pour faire sortir le sang abondamment. On lie fortement le membre mordu *au-dessus* de la blessure, pour empêcher le sang mêlé de venin de se répandre dans tout le corps. Enfin il faut verser dans la plaie un liquide brûlant qu'on appelle *ammoniaque* ou *alcali volatil*, et qui a la propriété de décomposer presque tous les venins ; ou bien enfoncer un fer rouge dans la blessure, pour brûler la chair touchée par le venin. Il faut se hâter, car la vie peut-être en dépend. Les vipères attaquent rarement un homme qui ne les irrite pas ; mais quand il vous arrivera de traverser des bois infestés de ces bêtes dangereuses, évitez de vous asseoir sur l'herbe, d'enfoncer votre main dans le creux des arbres vermoulus ; en marchant, regardez à vos pieds pour ne pas poser le pied sur quelque vipère roulée dans l'herbe, et suivez de préférence les sentiers battus.

Tête de la vipère montrant ses crochets venimeux.

LA COULEUVRE

LA VIPÈRE

XXXVI. — LE CRAPAUD

Classe des BATRACIENS. Ordre des ANOURES.

Souvent, quand on se promène l'été dans la campagne, vers le soir, surtout après la pluie, on voit à ses pieds, se traînant sur le sentier, un laid et dégoûtant animal. — Le CRAPAUD ressemble à la grenouille, mais il est de plus forte taille ; et tandis que celle-ci est d'une forme plutôt agréable, d'une jolie couleur, luisante, proprette, vive et sautillante, le crapaud est épais, lourd, de couleur sale et terreuse. Son corps est plat, son ventre bouffi, sa tête large et plate avec de gros yeux saillants, sa gueule énorme ; ses membres sont épais, obliques ; sa peau est couverte de *pustules* semblables à des verrues ; il rampe gauchement et lentement sur la terre. Mais cette pauvre bête si laide ne nous est pas nuisible ; elle nous est plutôt utile, comme vous allez le voir.

Le crapaud, cependant, est un animal *venimeux ;* mais il n'est pas venimeux à la manière des vipères, dont la morsure peut faire périr. Il ne pique pas, il ne mord pas ; sa bouche, du reste, est dépourvue de dents. Le venin du crapaud est dans les *pustules* qui couvrent la peau de son dos ; quand l'animal est irrité, ce venin suinte de sa peau en gouttelettes blanchâtres et laiteuses. Ce venin n'est pas dangereux pour nous, d'ordinaire ; car si on saisit le crapaud, son venin répandu ne peut faire aucun effet sur la peau de la main. Mais si le venin pénétrait dans la chair, si, par exemple, la main sur laquelle il coule avait une coupure ou une écorchure par où le liquide venimeux pût s'infiltrer et se mêler au sang, il pourrait causer de vives douleurs. Il est donc prudent de ne pas toucher à cet animal. Du reste, personne n'est tenté, je crois, de le toucher pour jouer avec lui... et quant à le tourmenter, ce serait une chose injuste et cruelle ; car la pauvre bête n'est pas coupable de sa laideur : elle n'attaque personne, et se défend seulement, si elle est attaquée, par les moyens que la nature lui a donnés. D'autre part elle nous est réellement utile. Le crapaud, en effet, est un animal *insectivore.* Il détruit en grande quantité chenilles, limaçons et limaces, larves et *vers blancs*, toutes bêtes voraces et extrêmement nuisibles, qui, si elles devenaient trop nombreuses, ravageraient nos champs et nos vergers.

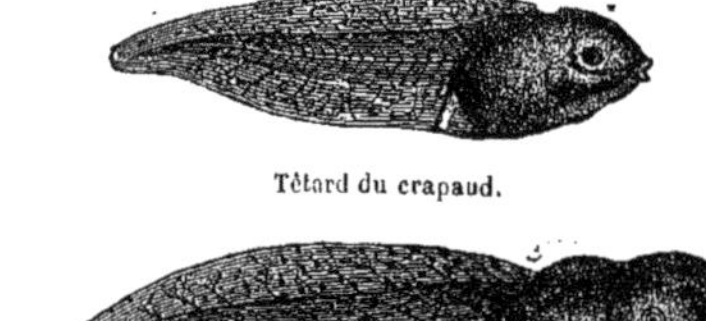

Têtard du crapaud.

Têtard avec ses pattes de derrière.

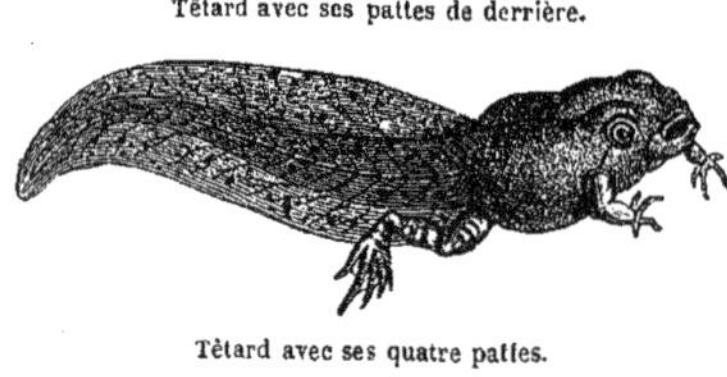

Têtard avec ses quatre pattes.

Le crapaud est un animal nocturne. Le jour il se tient caché au fond de quelque trou, dans un lieu humide et obscur, comme s'il craignait de se montrer. Le soir, il sort pour faire sa chasse. Cet animal demeure engourdi au fond de son trou pendant tout l'hiver et ne se réveille qu'au printemps. Il va rarement à l'eau, et seulement en certaines saisons.

Cet animal si laid a une voix qui n'est pas désagréable. Par les beaux soirs d'été, vous entendez par intervalles un petit son doux, plaintif et flûté, comme le tintement argentin d'un petit grelot : c'est le chant des crapauds qui vont à la promenade. — De même que la grenouille, le crapaud subit des *métamorphoses*, c'est-à-dire des changements de forme très-curieux. De petits œufs ronds, transparents et gluants que la femelle a déposés dans les hautes herbes au bord de l'eau, et qui éclosent à la simple chaleur du soleil, il sort de petites bêtes sans pattes, qui ressemblent assez à des poissons, et qu'on nomme *têtards*. Le têtard, comme son nom l'indique, semble « tout en tête » en effet, son corps est très-court, et se termine par une longue queue large et aplatie en travers. Il vit dans l'eau, où il nage en agitant sa queue. Très-petit d'abord, il grossit assez vite : bientôt il lui pousse une paire de pattes de derrière, ensuite les pattes de devant se forment ; puis l'animal prend la forme d'un petit crapaud, encore pourvu d'une longue queue, laquelle enfin diminue et disparaît totalement, quand la bête, devenue crapaud parfait et complet, quitte l'eau pour la terre et change en même temps d'élément et de manière de vivre.

LA GRENOUILLE

LE CRAPAUD

XXXVII. — LES POISSONS D'EAU DOUCE

Les Poissons sont des êtres organisés pour la vie dans les eaux. Pour avoir une idée de la forme générale du poisson, il vous suffira d'examiner un de ceux que l'on sert sur nos tables : une *perche*, par exemple. Vous observerez le corps de cet animal allongé, flexible, couvert d'écailles; la tête, protégée aussi par des écailles plus larges; les yeux ronds, la bouche fendue; deux petits trous peu apparents servent de narines; les oreilles sont cachées. Pour se mouvoir au sein de l'eau, la perche a des *nageoires :* deux en forme de rames, près de la tête, deux autres semblables sous le ventre. Le poisson, en agitant ses nageoires-rames, se pousse en avant en refoulant l'eau en arrière. Nous observons encore deux autres nageoires, l'une sur le dos de la bête, l'autre sous le ventre, en arrière; enfin, une large nageoire en forme d'éventail qui termine la queue. Les poissons sont organisés intérieurement pour pouvoir *respirer dans l'eau,* en sorte qu'ils ne sont pas obligés de venir de temps en temps humer l'air à la surface, comme le sont les grenouilles et beaucoup d'autres animaux qui vivent aussi dans l'eau. A certaines époques de l'année, les femelles pondent un nombre énorme de petits œufs qu'elles abandonnent au milieu de l'eau. Ces œufs éclosent bientôt; il en sort de très-petits poissons qui croissent rapidement.

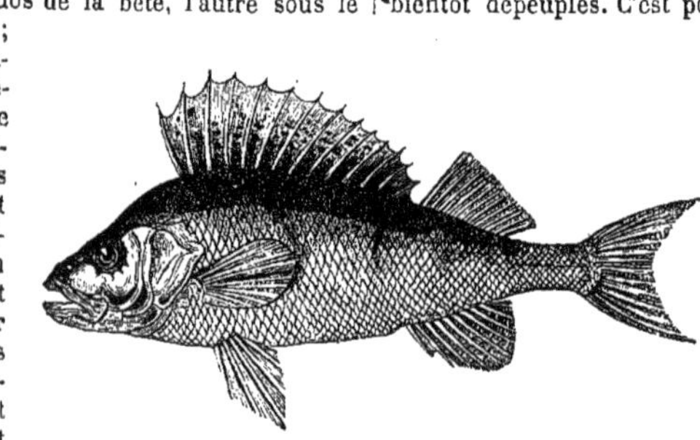

La Perche.

Il est un très-grand nombre d'espèces différentes parmi les poissons. Tout en ayant beaucoup de ressemblance avec l'animal que nous venons de décrire, ces espèces sont très-diverses de forme, de grandeur, de manière de vivre. Les uns atteignent une taille énorme, les autres ont quelques centimètres à peine; les uns se nourrissent seulement d'herbes aquatiques, de vermisseaux, d'insectes; les autres sont *carnassiers* et dévorent les autres poissons plus petits qu'eux... Certaines espèces vivent dans les eaux salées de la mer, d'autres dans les eaux douces des rivières et des étangs. Un grand nombre d'espèces de poissons nous sont utiles, en ce que ces animaux servent à notre nourriture : on les pêche, on les mange frais, ou bien on les prépare de diverses manières pour les conserver; on en consomme, chaque année, par millions et millions... — Quant aux poissons d'eau salée, qui vivent en nombre infini dans l'immense étendue des mers, nous n'avons guère à nous occuper d'eux que pour les pêcher autant que nous pouvons; il n'y a pas à craindre de les détruire : la mer est inépuisable ! Et nous ne pouvons rien faire non plus pour multiplier davantage les espèces utiles. Mais pour les poissons d'eau douce, c'est chose différente : nos rivières, nos étangs ne sont pas inépuisables; et, si on y pêchait en tout temps et sans précaution, ils seraient bientôt dépeuplés. C'est pourquoi la Loi, sage et prévoyante, interdit de pêcher avec certains engins, à certaines époques, afin que les poissons, qui sont une ressource pour notre nourriture, ne soient pas détruits. La pêche est interdite surtout à l'époque où les poissons font leurs œufs, afin que les petits poissons puissent éclore pour remplacer les grands, à mesure qu'on prend ceux-ci... Et ce n'est pas tout que d'empêcher la destruction des poissons utiles; on a imaginé de les multiplier. On *empoissonne* — c'est le mot — les rivières et les étangs : on y sème, pour ainsi dire, du poisson... — Vous entendez qu'on y dépose du *frai* de poisson, c'est-à-dire des œufs que l'on a recueillis dans certains *viviers* disposés exprès, et que l'on a pu transporter au loin, en prenant certaines précautions. Les petits œufs éclosent, et l'étang, la rivière son peuplés de jeunes poissons. Cette *industrie*, ingénieuse et toute nouvelle, est appelée la *pisiculture*. Les poissons que l'on peut plus facilement *cultiver* ainsi sont les *carpes* et les *saumons*. Parmi les espèces communes dans nos rivières, il faut citer encore les *tanches*, les *barbeaux*, *brèmes*, *gardons* et *chevaines* ; puis les *goujons* beaucoup plus petits, tous de la famille de la carpe.

CHEVAINE, GARDON, TANCHE, BRÈME

XXXVIII. — LE HANNETON

Classe des Insectes. Ordre des Coléoptères.

Parmi les *insectes nuisibles* celui qui fait dans nos champs les plus grands ravages, c'est le Hanneton ; c'est là un de ces *petits ennemis* qu'il nous importe de connaître, pour nous tenir en défense.

Comme tous les autres insectes, cet animal subit des *métamorphoses*, c'est-à-dire des *transformations* bien curieuses ; il passe par trois formes différentes. Du petit œuf que le hanneton femelle dépose dans la terre, vers le mois de mai, il naît, vers le mois de juillet, non pas un insecte ailé, mais une sorte de petit ver, que les agriculteurs appellent un *ver blanc :* c'est la larve du hanneton. Très-petite d'abord, la larve grandit et grossit peu à peu. Si on l'amène au jour en retournant la terre d'un coup de bêche, vous voyez un petit animal assez semblable de forme à une grosse et laide chenille, épaisse, molle, courte, blanchâtre, comme *cerclée* en travers d'anneaux saillants, recourbée, roulée en demi-cercle. Son corps porte une petite tête brune, pointue, armée de crochets tranchants, six petites pattes longues et grêles, de couleur noire. Trois ans durant cette larve vorace vit en rongeant, sous la terre, les racines des plantes. Elle s'attaque d'abord aux jeunes racines tendres des herbes, du blé, des légumes ; devenue plus forte, elle dévore les racines des jeunes arbres. Vers la fin de la troisième année, au printemps,la larve cesse de manger; elle tapisse son trou de quelques fils blanchâtres, comme une sorte de cocon. Bientôt sa peau se ride et se durcit; son corps s'arrondit vers le milieu, se rétrécit en pointe vers le bout; l'animal est devenu ce qu'on appelle une *nymphe:* c'est la première *métamorphose*. A cet état il ressemble à une sorte de petit poupon étroitement emmaillotté, les pattes repliées et collées contre le corps. Peu à peu ces pattes s'allongent, les ailes se forment et se dégagent ; et quand enfin l'animal a pris la forme du hanneton que vous connaissez, une couleur brune grisâtre, sa seconde métamorphose est achevée. Il passe encore un hiver dans la terre ; au printemps suivant, vers l'avril, il sort de terre, s'envole ; désormais, au lieu de ronger les racines des plantes, il dévorera leur feuillage. Le hanneton a le corps protégé d'une sorte d'enveloppe écailleuse, qui forme sous son ventre des *anneaux* brillants et se termine en une queue dure et pointue, recourbée vers la terre. Sa tête mince, dure, est pourvue de petits yeux, et de deux cornes fines et légères, appelées *antennes*, qui, à la volonté de l'animal, s'étalent comme de petits éventails. Sa bouche est étroite, entourée de petits crochets aigus, à l'aide desquels il tranche et déchire les feuilles dont il se nourrit. Observez surtout la forme de ses ailes. Le hanneton en a quatre; les deux ailes de dessus, épaisses, raides, écailleuses, forment, quand elles sont refermées, comme une *chape* brune dorée sur le dos de l'animal : c'est une sorte d'étui, de fourreau, sous lequel sont repliées et abritées les deux autres ailes, larges, minces, transparentes et légères, à l'aide desquelles il vole. Quand il veut prendre son vol, le hanneton entr'ouvre d'abord, puis soulève ses *élytres*, ou ailes écailleuses; il ouvre son étui; il dégage de dessous, puis étend ses ailes transparentes, qu'il agite avec rapidité. Le hanneton se tient tout le jour caché sous le feuillage : c'est le soir seulement qu'on le voit voltiger en bourdonnant par les champs et les jardins.

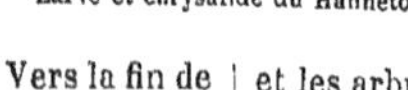
Larve et chrysalide du Hanneton.

Lorsque les hannetons sont très-nombreux, en certains cantons, en certaines années, les dommages qu'ils causent sont très-grands : parfois le feuillage des arbres est totalement rongé, et les arbres mêmes périssent ; les blés, les luzernes, les herbes jaunissent et sèchent ; leurs racines sont toutes coupées en dessous par les vers blancs. Ils multiplieraient tellement qu'ils ravageraient toutes nos récoltes, si les *hérissons*, les *taupes*, les *musaraignes*, les *chauves-souris*, les *hiboux* et les *chouettes* ne les dévoraient par milliers. Mais s'il est souvent nécessaire de faire la chasse à ces insectes destructeurs pour éviter le dommage, il n'en est pas moins odieux de les tourmenter en des jeux cruels; l'homme doit être juste et bon à l'égard de tous les êtres; et il faut épargner autant que possible les souffrances, même aux animaux nuisibles qu'on est obligé de détruire.

On peut encore compter parmi les animaux nuisibles un insecte de grande taille et de même ordre que le hanneton : c'est la *lucane cerf-volant*. Cet insecte se reconnaît aux deux énormes pinces qu'il porte à la tête et qui, ressemblant un peu à des cornes de cerf, lui ont valu son nom.

LE HANNETON

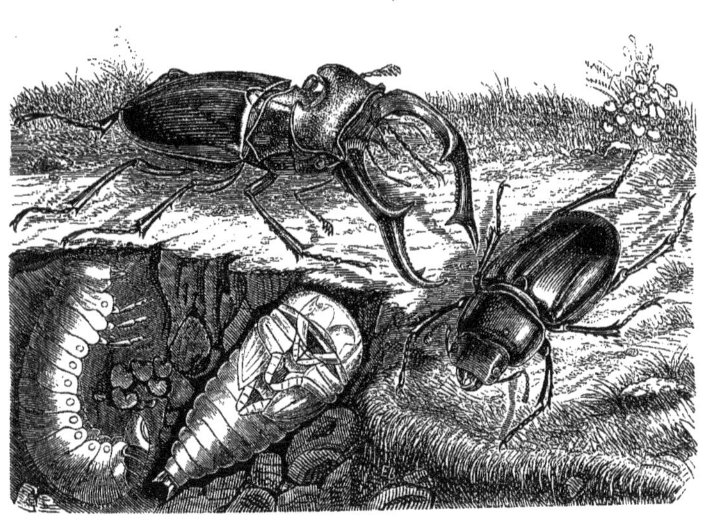

LE CERF-VOLANT

XXXIX. — LES CHARANÇONS

Classe des INSECTES. Ordre des COLÉOPTÈRES.

Voici toute une tribu nombreuse de petits ennemis, mais dangereux et acharnés, que je vous présente : la tribu des CHARANÇONS. Ils sont plus de vingt mille espèces différentes; et c'est à qui fera plus de dommage. Chacune de nos plantes potagères, chacun des grains dont nous faisons provision a, dans le nombre, un ou plusieurs ennemis tout particulièrement acharnés à sa destruction. — Les charançons appartiennent à l'ordre des *insectes coléoptères*, c'est-à-dire des insectes pourvus d'*ailes en étuis*, dont le *hanneton* nous offre l'exemple le plus commode à observer. Les charançons, donc, ont à peu près la forme du hanneton : six petites pattes fines et grêles, armées de crochets aigus; quatre ailes aussi, dont les deux inférieures sont extrêmement légères, minces, délicates et transparentes, et se replient sous les ailes supérieures; ces dernières épaisses à proportion, écailleuses, résistantes, servent comme d'étui ou de couvercle pour protéger les deux ailes minces repliées. Lorsque l'insecte veut voler, il soulève d'abord et entr'ouvre ses *élytres* (ailes); il étale ses ailes transparentes, comme un éventail qu'on ouvrirait après l'avoir sorti de son fourreau. Cette disposition est commune à tous les insectes coléoptères; mais les charançons ont en outre un *caractère* particulier qui permet de les distinguer à première vue parmi les autres : leur tête se prolonge en une sorte de trompe, mince et effilée; de plus, ils portent deux petites *antennes* légères, bizarrement coudées en zig-zag. A ces signes vous reconnaîtrez le fléau des granges et le ravageur des cultures. Les diverses espèces de charançons sont très-différentes de taille; les plus petites ne sont pas les moins nuisibles.

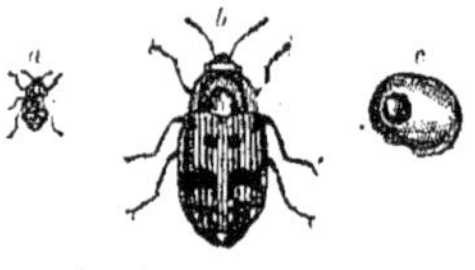

Parmi les plus grandes espèces, qui ont un centimètre de longueur, deux surtout, les *charançons du pin*(1,2) (*pissode* et *hylode*) font de terribles dégâts dans nos forêts : ils rongent les jeunes feuilles en *aiguilles* et les bourgeons tendres des pins; parfois ces beaux arbres, presque dépouillés de leur verdure par des millions de ces bêtes voraces, finissent par périr. Le charançon du blé ou *calandre* (3, figure très-grossie), a la grosseur d'un grain de blé à peine; il est brun grisâtre, couvert de petites rayures dans le sens de la longueur, sur le corselet et les ailes. Il pond sur les grains de blé entassés dans les greniers et les granges des œufs à peine visibles dont il éclot bientôt une *larve* en forme de ver blanc grisâtre, qui pique les grains de blé, les creuse et les ronge à l'intérieur. Ces petites larves sont tellement nombreuses, parfois, que de grandes provisions de blé sont toutes gâtées, presque détruites. Puis la *larve* se transforme en charançon ailé, qui continue de ronger les grains. Il y a le *charançon du pois* appelé aussi *bruche*, qui pique les pois et les vide à l'intérieur; le charançon *bruche* des *fèves*, celui des *lentilles*, celui du *trèfle*; une autre espèce détruit la *luzerne*, une autre encore dévore la graine du *colza*, dont on fait de l'huile... Enfin, nos arbres fruitiers sont souvent ravagés par ces insectes malfaisants; une espèce de charançon encore attaque nos vignes, ronge les feuilles et les roule en cornet pour abriter ses larves.

Bruche du pois : *a*, de grandeur naturelle; *b*, grossie; *c*, pois creusé par sa larve.

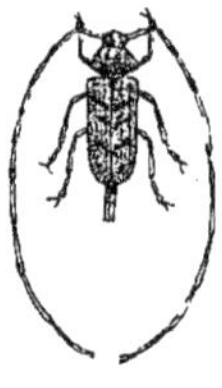

Petit Capricorne.

A la suite de cette famille dévorante des *porte-trompe*, il faut citer quelques autres coléoptères dépourvus de trompe, non moins nuisibles : tout d'abord les *bostriches* (4) et les *hylésines* (5), dont les *larves* vivent dans l'écorce et dans le bois même, rongent l'arbre, le percent en tous sens et finissent par le faire périr. Les *capricornes*, ainsi appelés à cause de leurs longues *antennes* recourbées en arrière, noueuses, qu'on a comparées à des cornes, se nourrissent aussi, lorsqu'ils sont à l'état de larves, en rongeant le bois et creusant de longues galeries tortueuses sous l'écorce. Tous ces petits ennemis font de tels ravages dans nos forêts, qu'on a parfois été obligé de brûler une assez vaste étendue de forêt où ils étaient nombreux, afin de les détruire, de peur qu'ils ne multipliassent au point de dévaster la forêt tout entière! Les dégâts causés par les charançons et autres insectes rongeurs, déjà très-considérables, deviendraient effrayants, si les petits oiseaux insectivores ne détruisaient par millions et millions ces bestioles voraces.

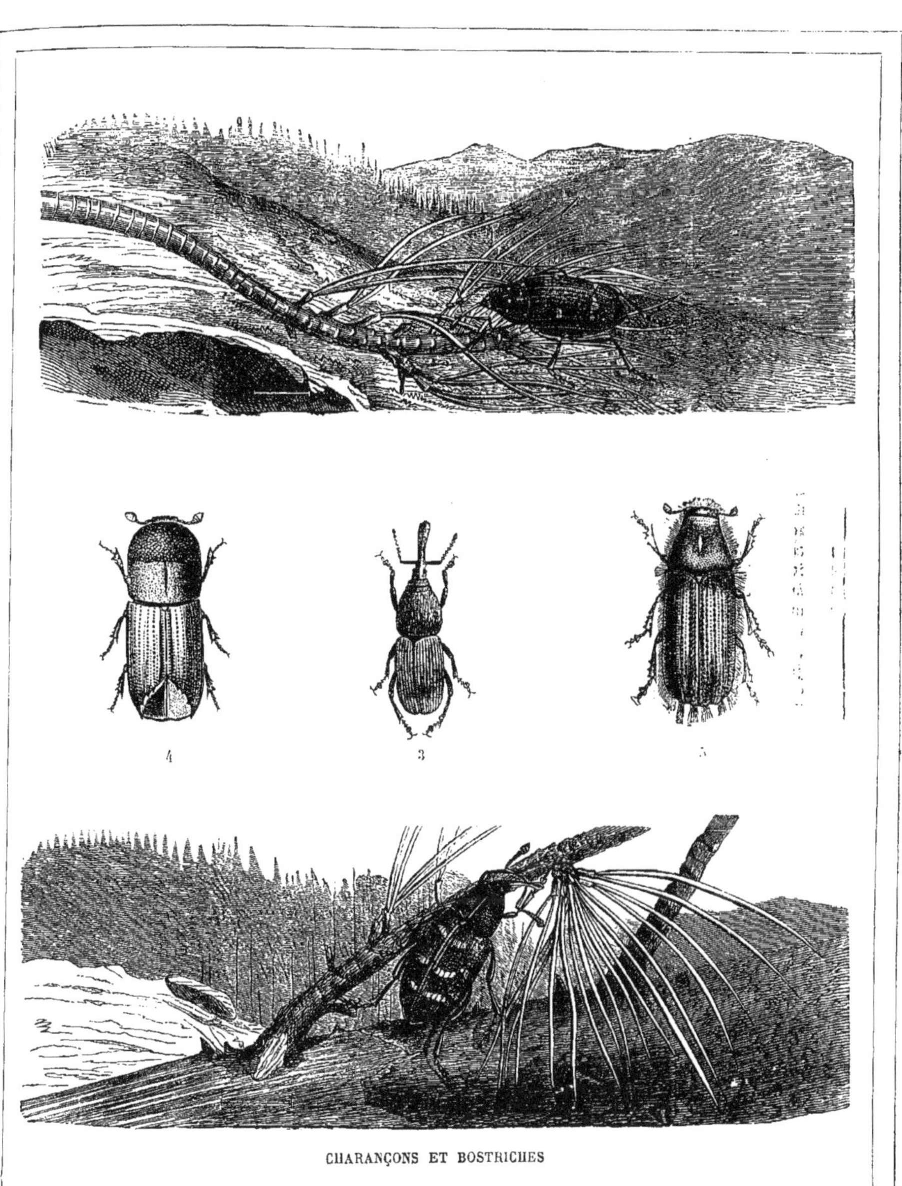

CHARANÇONS ET BOSTRICHES

XL. — LE DORYPHORE

Classe des Insectes. Ordre des Coléoptères.

Quand un ennemi menace une ville, on n'attend pas, pour le combattre, qu'il soit entré dans la ville ; on l'empêche d'entrer, si on peut ; et, pour cela, on le surveille, on guette son approche afin de n'être pas surpris. On place autour de la ville des sentinelles qui doivent veiller, avertir s'il se montre... Eh bien, il y a, en ce moment, un ennemi qui nous menace : fort à craindre, quoiqu'il soit tout petit. — Il n'est pas encore entré chez nous, en France ; mais on l'a vu, dit-on, aux environs. Vous donc, enfants de nos belles campagnes, qui, chaque jour, à la promenade, en venant à l'école, traversez les champs, on vous fait *sentinelles !* Veillez bien, et si vous découvrez l'ennemi, donnez l'alarme. — Et tout d'abord, afin que vous le reconnaissiez, si vous le rencontrez, en voici le *signalement.*

C'est un insecte encore, un de ceux qu'on nomme *coléoptères*, c'est-à-dire insectes à *ailes en étui*, comme le vulgaire et nuisible hanneton. Son nom est le Doryphore *à dix lignes* (en latin *doryphora decem lineata*). Il ressemble beaucoup au hanneton ; mais il est plus petit, en même temps plus épais et plus court à proportion. Son corps, porté sur six petites pattes grêles, est d'un beau jaune fauve doré, luisant, orné de taches noires. Sa tête est noire, et porte deux antennes ou petites cornes légères. Sur son dos, près de la tête, on remarque une tache noire en forme d'Y ; autour, quelques points noirs. Sur ses ailes écailleuses ou *élytres* sont tracées, dans le sens de la longueur, *dix lignes* noires : de là le surnom de l'insecte. Lorsqu'il s'envole, il soulève, absolument comme le hanneton, ses deux ailes écailleuses ; il dégage de dessous ses deux autres ailes, minces et transparentes, qu'il agite avec rapidité ; puis, s'il se pose, il replie celles-ci et referme dessus ses *élytres*, qui font, en effet, comme une sorte de boîte ou d'étui. L'ennemi est donc facile à reconnaître, et s'il entrait chez nous... Eh bien, qu'y ferait-il ? direz-vous. — Ce qu'il ferait ? il dévasterait, détruirait nos précieuses pommes de terre, qui nourrissent tant de personnes ! Le *Doryphore*, comme les autres insectes, subit des *métamorphoses*, c'est-à-dire des transformations curieuses. Du petit œuf que la femelle a déposé sur la plante, il naît une bestiole sans ailes, molle, jaunâtre ; sa tête est petite, noire, son corps renflé ; son dos voûté et comme bossu, « en dos de dromadaire », se termine par une petite queue en pointe. Autour de son corps, rayé de fines raies en travers, on observe deux rangées de points foncés : c'est la *larve*, c'est-à-dire la première forme de l'insecte. Cette larve vorace, qui croît rapidement, ronge, déchire, met en dentelle les feuilles de la pomme de terre, et dévore les bourgeons. Au bout d'un certain temps, elle cesse de manger, se roule en boule et demeure immobile, comme emmaillotée : c'est la *nymphe*, la seconde forme. Enfin l'animal brise sa vieille peau, en sort comme d'un fourreau : c'est alors le joli insecte ailé, doré et rayé que nous avons décrit. Sous cette troisième forme, il se remet à dévorer la plante nourricière. La pauvre plante, privée de son feuillage, languit et périt. Ces insectes font de grands ravages, parce qu'ils pondent des œufs en nombre énorme. Imaginez quelques doryphores seulement arrivés en volant dans une campagne où l'on cultive des pommes de terre ; au bout de peu de mois, ils seront si nombreux que tous les champs seront dévastés. S'ils ne trouvent plus de pommes de terre, ils dévorent les *colzas*, les *betteraves*. Ces insectes redoutables existent en Amérique : en quelques années, ils ont détruit toutes les cultures de pommes de terre sur des étendues de pays plus vastes que la France. Or si quelques doryphores, un seul peut-être, apporté par hasard sur un navire venant d'Amérique, arrivait à pondre ses œufs dans nos champs, et multipliait sans qu'on s'en aperçût, nos pommes de terre seraient dévastées de même : cela est déjà arrivé, non pas chez nous, mais chez nos voisins les Allemands. Si donc vous aperceviez quelques-uns de ces insectes dangereux, il faudrait prévenir l'instituteur ou le maire de la commune, afin qu'on les détruisît avant qu'ils fussent trop nombreux : et, en faisant cela, vous rendriez un grand service à votre pays.

Larve.

Doryphore.

Nymphe

LE DORYPHORE

XLI. — COURTILIÈRE ET SAUTERELLE

Classe des INSECTES. Ordre des NÉVROPTÈRES.

Voici des insectes de forme bizarre, fort curieux à observer et qu'il importe de connaître, parce qu'ils sont très-nuisibles à nos cultures. Ils ont pour caractère particulier d'avoir *quatre ailes*, deux plus épaisses et plus courtes servant, lorsqu'elles sont abaissées, à protéger les deux autres, plus minces, plus longues et qui se ramassent en se repliant à peu près comme un éventail de papier dont on serre les plis. En outre, de leurs six pattes, deux, qui sont celles de derrière, sont extrêmement longues et fortes à proportion de l'animal; l'insecte les tient d'ordinaire pliées, à demi ouvertes comme les deux branches d'un compas ou les deux jambages d'un A; puis quand il les redresse brusquement et avec effort, c'est comme un ressort bandé, qui se détend et lance en avant le petit animal. La plupart des insectes de ce groupe sont des insectes *sauteurs*.

Les plus intéressants pour nous sont les *Grillons*, les *Sauterelles* et *Criquets*. Les petits grillons noirs des champs qui logent dans quelque trou sous la terre, ceux qui s'abritent dans nos maisons, près du foyer, dans les fentes des murailles, sont des insectes bien inoffensifs; ils vivent de feuillage, de miettes. D'ailleurs, ils ne sont jamais assez nombreux pour faire de sérieux dommages. En froissant leurs ailes écailleuses, ces insectes produisent un petit *cri-cri* aigu, répété, monotone, que l'on entend souvent l'été, en se promenant par les champs. Mais une espèce particulière de grillon, qu'on nomme *Grillon-taupe* ou *Courtilière*, est véritablement nuisible.

La *Courtilière* habite les champs et les jardins; elle fait sa demeure dans la terre. Ce singulier insecte est de couleur grise brunâtre; deux longues antennes en forme de cornes légères ornent sa tête, et deux autres *appendices* se prolongent en arrière de son corps, comme une double queue... Ses pattes de devant extrêmement larges, fortes, aplaties, se terminent par des dentelures en forme de griffes, qui figurent comme les doigts d'une petite main difforme : c'est l'outil avec lequel l'animal fouille la terre pour creuser son trou. Ainsi faite, la courtilière est un insecte assez laid, mais fort bien *organisé* pour son métier de fouisseur, de *mineur*. Son corps est lourd, épais; elle marche en rampant assez lentement; elle saute assez lourdement. A son premier âge elle est dépourvue d'ailes, qui lui poussent plus tard. Devenue insecte parfait, elle voltige un peu, le soir, par les champs et les jardins. La courtilière vit en rongeant les feuilles et les petites racines des plantes; mais elle fait surtout des dégâts en perçant en tous sens le sol de trous, de longues *galeries* souterraines qui lui servent de retraite et où elle dépose ses œufs. Elle met ainsi à nu et coupe les racines des plantes, ce qui les fait périr. Lorsque les *grillons-taupes* sont nombreux dans un champ, toutes les plantes jaunissent et périssent, et la récolte est détruite.

Quand on se promène, l'été, dans les prairies, surtout aux bords des ruisseaux, on voit sauter dans l'herbe, par centaines, de petites *Sauterelles*, grises ou vertes, au corps fluet, léger, aux grandes ailes, avec des *pattes sauteuses* énormes. Ces insectes aussi, comme les grillons, font entendre un petit bruit : *zic-zic...!* par le froissement de leurs ailes. La grande sauterelle verte, commune dans les prés, porte deux longues *antennes* repliées en arrière; sa tête est de forme singulière. — Ces petites bêtes, extrêmement voraces, rongent l'herbe et le feuillage. Le dommage qu'elles peuvent faire n'est pas très-grand, cependant. Pourquoi? C'est qu'elles ne sont pas assez nombreuses pour nuire beaucoup. Elles rongeraient, elles dévasteraient tout, si elles multipliaient davantage. Et qui donc les en empêche? Nos petits oiseaux insectivores, qui leur font la chasse et en détruisent des millions.

Mais les *Criquets*, qui ressemblent beaucoup aux sauterelles, nous font un tort bien plus grave, parce qu'ils voyagent en bandes très-nombreuses, surtout dans les pays du midi. Parfois c'est comme une nuée d'insectes rongeurs qui s'abattent sur les champs; et alors, en quelques heures, toute végétation a disparu : les blés sont rongés jusqu'à la racine, les fourrages fauchés au ras du sol; les arbres n'ont plus de feuilles. Puis la bande dévorante, ayant tout détruit, s'envole et va recommencer plus loin ses ravages. On a beau les écraser par millions, c'est comme si on ne faisait rien... A la suite de ces terribles invasions d'insectes rongeurs dévastant des contrées entières, il y a eu parfois des disettes et des famines. Tout ce que nous pouvons faire de mieux pour éviter ces désastres, c'est de protéger et de faire multiplier autant qu'il nous est possible les oiseaux insectivores, dussions-nous payer leurs services par le sacrifice de quelques fruits et de quelques épis, dommage bien minime en comparaison.

COURTILIÈRE

SAUTERELLE

XLII. — LES PUCERONS

Classe des INSECTES. Ordre des HÉMIPTÈRES.

Par quelque beau jour d'été, lorsque vous vous promènerez dans un jardin où fleurissent des rosiers, en cherchant un peu parmi ces belles plantes vous ne manquerez pas d'en trouver quelqu'une dont les jeunes pousses tendres sont toutes couvertes de petits PUCERONS serrés les uns contre les autres. Observez avec attention ces insectes, qui ont quelque chose de curieux et de singulier. Examinez, sur la branche du rosier, ces bestioles vertes, qui ont à peu près la couleur des jeunes tiges, et deux, trois ou quatre millimètres de longueur à peine. Si vos yeux perçants distinguent mal les détails de leur forme, procurez-vous un de ces *verres grossissants* ou loupes, qui ont la propriété de faire paraître plus grands les objets que l'on regarde au travers : vous verrez ces petits animaux cinq ou six fois plus gros qu'ils ne sont réellement, c'est-à-dire tels à peu près qu'ils sont représentés sur nos dessins. Vous distinguerez alors leur corps arrondi et allongé, presque en forme d'œuf, rayé en travers de lignes fines; six pattes grêles, une toute petite tête avec deux points bruns qui sont les yeux, et deux longues *antennes* ou cornes minces comme des fils de soie; enfin sur le dos sont deux petits tuyaux par lesquels coule souvent en gouttelettes une liqueur sucrée. Ces insectes *sans ailes* sont à peu près immobiles. Que font-ils là? Ils sucent la sève du rosier. Leur tête est pourvue d'une petite trompe dure et aiguë, avec laquelle ils piquent, comme avec une aiguille, l'écorce tendre de la jeune pousse; cette trompe est creuse, et le puceron *suce* au travers la sève de la plante, absolument comme vous buvez de l'eau, par forme de jeu, à travers une paille creuse. Mais tandis que ces pucerons sans ailes sont ainsi occupés, immobiles, réunis par centaines et serrés les uns contre les autres, si vous observez bien, vous verrez d'autres pucerons qui se promènent sur leur dos... Ceux-ci, qui marchent sur le dos des premiers, ont des ailes et peuvent voler. Or, ces petites bêtes multiplient très-rapidement, en sorte que si deux ou trois pucerons ailés sont venus se poser sur un rosier, au bout d'une quinzaine de jours ses branches sont toutes couvertes de pucerons. Comme vous le pensez bien, ces milliers de petits suçoirs, qui pompent continuellement la sève nourricière de la plante, épuisent le rosier; ses pousses, qui étaient si vigoureuses, deviennent grêles et languissantes, et les roses qu'elles portent ne sont jamais aussi belles. Mais les pucerons du rosier, que nous avons choisis pour exemple, parce que vous aurez plus facilement occasion de les observer, ne sont pas ceux qui causent le plus de dommage. Des espèces diverses de pucerons, verts, jaunes, rouges, bruns ou noirs, attaquent beaucoup d'autres plantes, et des plantes très-utiles, telles que les légumes, les arbres à fruit.

Souvent, sur les tiges et les branches des poiriers et des pommiers, on voit de grandes taches blanchâtres, comme une sorte de mousse ou de moisissure veloutée; en écartant les poils, on aperçoit des milliers de pucerons velus occupés à sucer la sève; les pommiers et poiriers ainsi attaqués portent moins de fruits, vieillissent plus vite que les autres, leur écorce se fend et l'arbre lui-même finit par pourrir. D'autres fois ce sont les pois, les fèves, les artichauts, les choux, les *colzas*, dont les tiges sont couvertes de pucerons; ces plantes languissent et peuvent même périr. En certaines années les pucerons sont tellement nombreux que nos jardins potagers sont tout ravagés. Que faire contre ces petits ennemis? On les écrase, on les enlève en brossant légèrement les tiges avec une sorte de pinceau. Mais surtout il faut éviter de détruire certains insectes qui leur font la guerre. Je vous citerai parmi eux les *coccinelles* luisantes, rouges, brunes, noires, grises ou blanches, tachetées de points brillants, que les enfants trouvent ressembler à « de petites tortues » à cause de leur forme arrondie en dessus, plate en dessous, et qu'ils appellent *bêtes à bon Dieu*. Ces jolis insectes nous sont très-utiles; en faisant pour se nourrir la chasse aux pucerons, ils débarrassent nos légumes et nos fleurs des *suceurs* acharnés qui les épuisent.

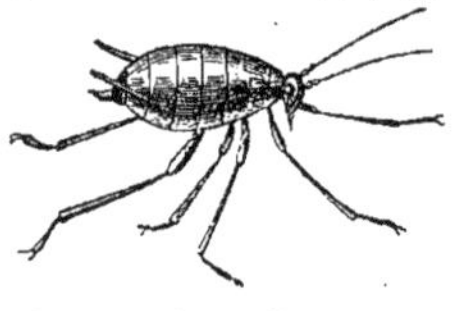

Puceron vert sans ailes (grossi).  Coccinelle (grandeur naturelle).  Puceron brun sans ailes (grossi).

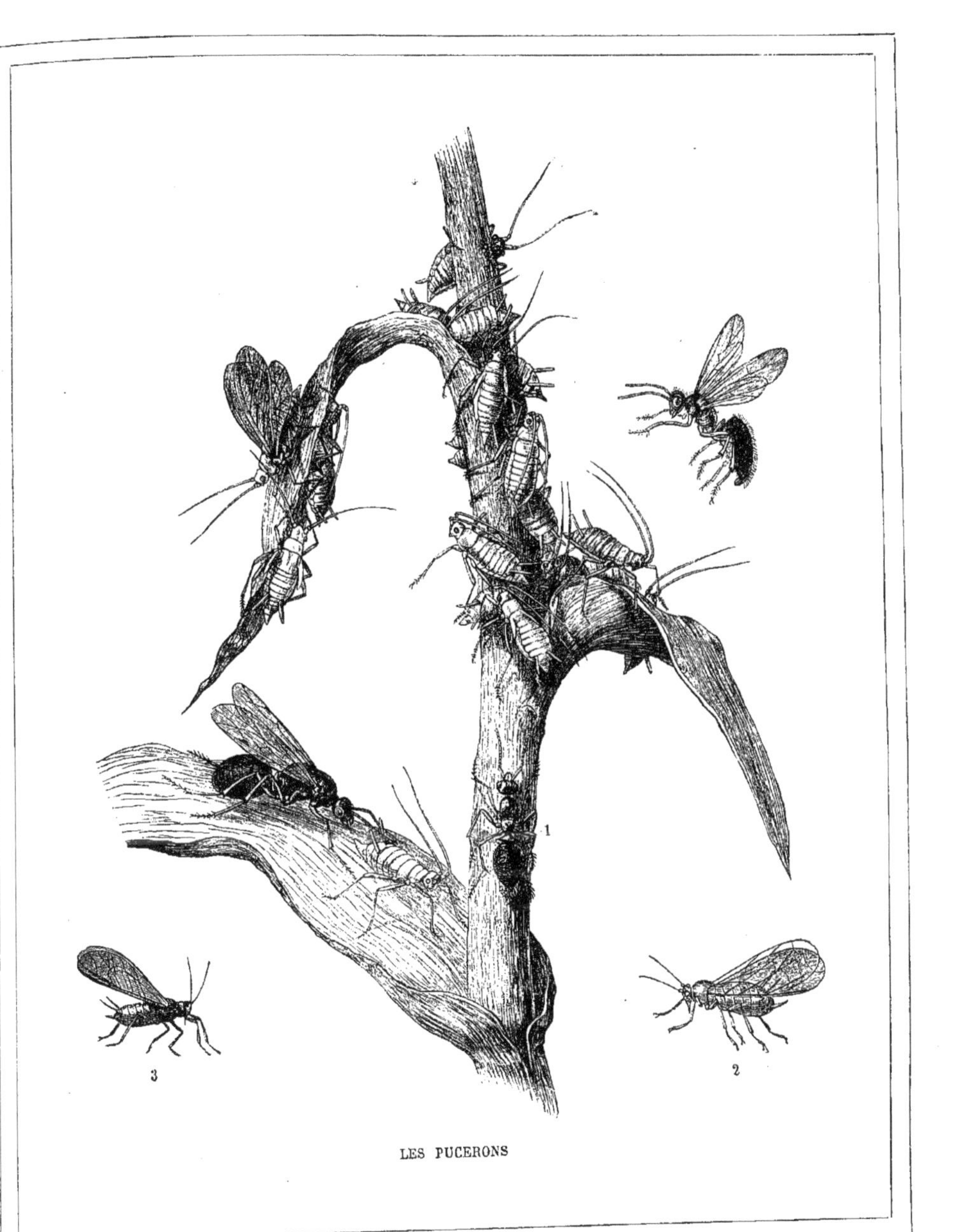

LES PUCERONS

XLIII. — LE PHYLLOXERA.

Classe des INSECTES. Ordre des HÉMIPTÈRES.

Il est, parmi nos ennemis, un insecte presque imperceptible, laide et malfaisante bestiole qu'il importe de connaître, car vous en entendrez beaucoup parler : le PHYLLOXERA. — Dans certains départements du midi de la France, où les *vignobles* plantés de belles vignes sur de vastes étendues produisent en abondance d'excellents vins, depuis quelques années on voit ces vignes languir, devenir *malades*, puis périr. Quand un *cep*, c'est-à-dire un pied de vigne devient malade, dès la première année ses feuilles sont moins larges qu'à l'ordinaire ; elles jaunissent de bonne heure, les grappes sont plus petites et moins nombreuses. L'année suivante, le mal a empiré ; le cep attaqué par la maladie ne porte presque plus de feuilles et produit à peine quelques grains de raisins ; ses racines pourrissent : enfin il meurt. Ceux qui l'entourent deviennent malades aussi : le mal gagne ; de proche en proche il s'étend. L'été, au milieu du beau vignoble vert et touffu, on voit comme une *tache* formée par le groupe des vignes malades, jaunes et dépouillées. La tache grandit sans cesse, d'année en année, et bientôt tout le vignoble est ravagé ; toutes les vignes périssent, et il n'y a plus qu'à les arracher. — La cause de ce désastre est l'animal dont je vais vous raconter l'histoire. Le *Phylloxera* est un très-petit insecte, une sorte de *puceron* qu'on voit à peine. Pour bien distinguer sa forme, ses organes, il faut absolument l'observer avec un de ces *verres grossissants* qu'on nomme *loupes*, et qui ont la propriété de faire paraître beaucoup plus gros les objets que l'on regarde au travers. On voit alors ces animaux tels qu'ils sont figurés sur nos dessins. Il y en a de deux sortes : les uns ont des ailes, les autres n'en ont pas. A l'automne, les phylloxeras ailés viennent en voltigeant pondre leurs œufs sur un cep. Les petits œufs, à peine visibles, sont collés sur la plante ; ils passent tout l'hiver sans éclore. Mais au printemps, à la chaleur du soleil justement quand les bourgeons de la vigne commencent à s'ouvrir, les œufs éclosent ; il en sort des phylloxeras sans ailes, qui ne mangent pas, mais qui produisent un grand nombre d'œufs, puis périssent. Ces nouveaux œufs, à leur tour, vont éclore ; les phylloxeras, qui en sortent très-nombreux, sont sans ailes aussi. Bien vite ils descendent le long du cep, entrent sous terre, et vont aux racines de la vigne. Voyez le dessin (n° 1), qui vous représente l'insecte destructeur ; son corps est ovale, mou ; il est pourvu de six pattes armées de petits crochets ; deux petites cornes ou *antennes* légères sont à sa tête : vous voyez ses yeux comme deux gros points noirs. L'autre dessin (n° 2) vous montre le même animal, mais vu en dessous : vous apercevez alors un long *suçoir* en forme d'aiguillon : c'est avec ce suçoir que l'insecte pique et épuise la plante. Les phylloxeras descendus le long de la tige, arrivés aux racines, s'y cramponnent, enfoncent leur suçoir dans la racine, et sucent la sève de la vigne. Comme ils pondent des œufs en grande quantité, et que ces œufs éclosent très-vite, en peu de temps ces insectes sont devenus si nombreux, que les racines en sont toutes couvertes : on les croirait saupoudrées d'un sable jaunâtre. Alors la racine, piquée, mordue, déchirée en mille endroits, se gonfle, s'enfle comme un membre malade ; enfin elle pourrit, et la vigne, ne pouvant plus se nourrir, languit, puis meurt. Ces affreux petits insectes, voyageant sur la terre ou sous la terre même, vont attaquer alors les racines des ceps voisins, et les faire périr de la même manière. Enfin, pour comble de malheur, il naît, vers l'automne, des phylloxeras plus grands que les autres et pourvus d'ailes. Ces ailes, très-petites d'abord (n° 4), croissent rapidement (n° 5) ; et alors l'insecte s'envole pour aller au loin déposer ses œufs sur d'autres vignes encore *saines*. — Vous n'imaginez pas quels ravages ont pu faire ces petites bêtes presque imperceptibles. Dans plusieurs départements, presque toutes les vignes ont péri ; dans d'autres, la moitié ; ailleurs le tiers ou le quart ; et chaque année le dommage va augmentant. On a essayé bien des moyens pour détruire cet insecte funeste ; aucun moyen n'a encore complètement réussi.

Racines de vigne atteintes par le phylloxera.

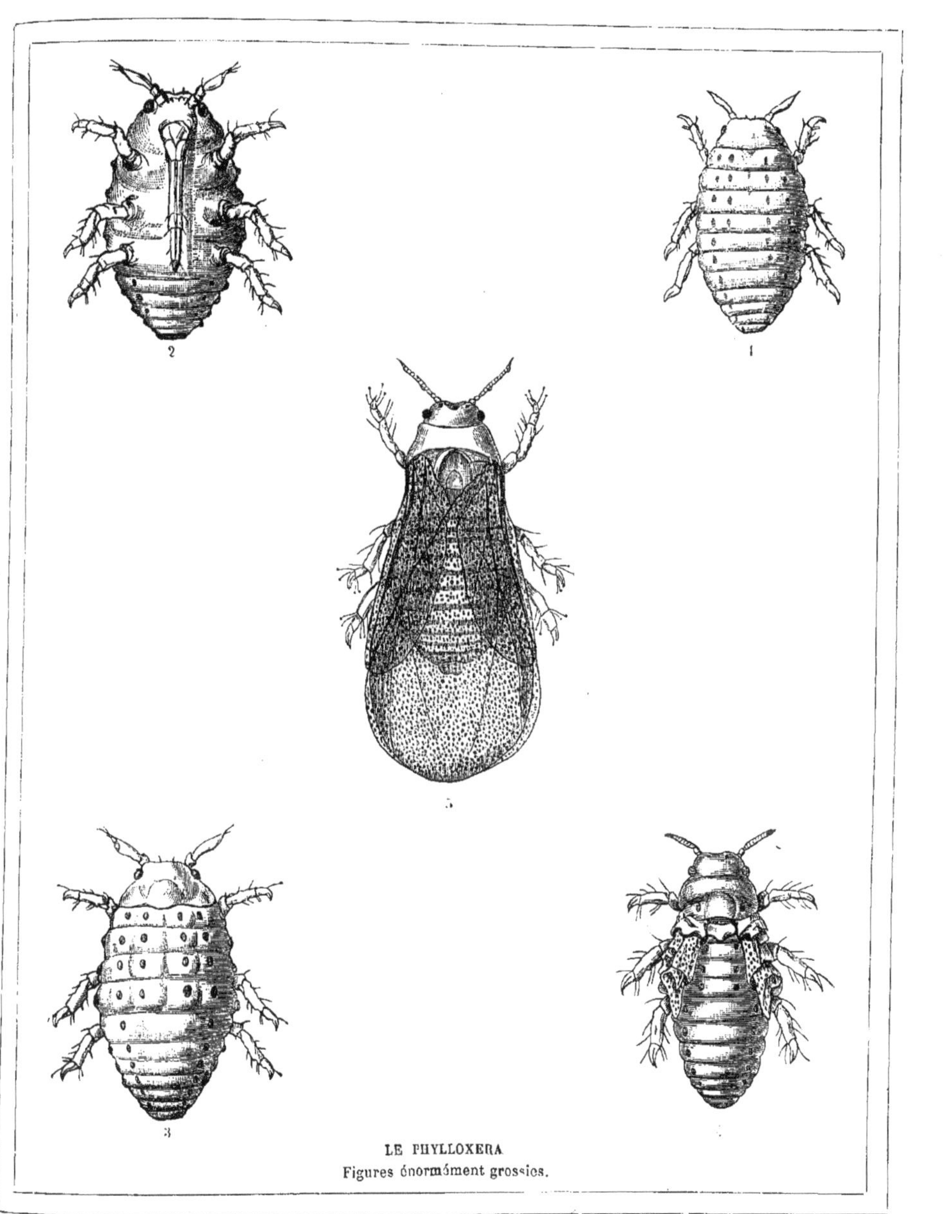

LE PHYLLOXERA
Figures énormément grossies.

XLIV. — LES ABEILLES

Classe des INSECTES. Ordre des HYMÉNOPTÈRES.

Les ABEILLES, qui nous fournissent le *miel* et la *cire*, doivent compter au premier rang parmi les insectes utiles : ces petits êtres industrieux, laborieux, sont doués d'un instinct admirable ; leurs travaux et leurs mœurs sont extrêmement intéressants à étudier. Elles vivent en *société* : les abeilles sauvages dans le creux de quelque tronc d'arbre, celles qu'on élève pour recueillir leurs produits dans de petites maisonnettes qu'on leur a préparées, et qu'on appelle des ruches. L'abeille a la forme d'une grosse mouche brune à *quatre ailes* légères et transparentes ; elle a six longues pattes grêles, deux minces *antennes* à la tête, comme deux cornes légères ; deux gros yeux à facettes ; une petite trompe, comme une sorte de tuyau flexible pour sucer le suc des fleurs. Dans chaque société il y a trois sortes d'abeilles : la *reine* ou *mère* (2), une seule dans chaque ruche ; les ouvrières (1) qui sont les plus nombreuses, et les *faux-bourdons* (3). La reine et les ouvrières portent, à la queue, un *aiguillon* qui fait des piqûres très-douloureuses ; les faux-bourdons sont dépourvus de cette arme naturelle. Les *ouvrières*, à elles seules, font tout le travail de la ruche. Elles vont, viennent, voltigent avec ardeur ; elles se posent sur les fleurs, elles sucent un peu de liqueur sucrée qu'il y a au fond des calices. De cette liqueur elles font leur miel. Elles recueillent aussi un peu de cette poussière jaunâtre qu'on appelle le *pollen* des fleurs ; enfin de leur propre corps suinte une matière blanchâtre qu'elles recueillent avec leurs pattes, et qui devient la cire. Avec cette cire les ouvrières construisent dans la ruche un admirable ouvrage : c'est un ensemble de petites chambrettes ou *cellules* accolées les unes aux autres, et d'une régularité de forme merveilleuse. Dans ces chambrettes elles déposent et mettent en réserve une partie du miel qu'elles ont sucé, et qu'elles *dégorgent* de leur trompe : c'est une provision de nourriture pour elles et pour leurs enfants. La *reine* de la ruche, plus grosse et plus forte, ne travaille pas ; les ouvrières la nourrissent de miel. Elle pond des œufs, qu'elle dépose dans chaque cellule. Les ouvrières alors mettent auprès des petits œufs une provision convenable de nourriture, une sorte de bouillie recueillie sur les fleurs. Bientôt une *larve* sort de l'œuf, toute semblable à un ver blanc, qui mange, grossit, se transforme d'abord en *nymphe*, c'est-à-dire en une sorte de mouche molle et blanchâtre. Peu à peu elle brunit ; son corps, ses ailes se raffermissent : devenue une abeille parfaite, elle ouvre sa cellule, sort, s'envole et va *butiner* sur les fleurs avec les autres. Les ouvrières construisent des cellules plus grandes où éclosent des *reines* ; celles-ci sont nourries avec une bouillie miellée plus fine, et plus abondante.

D'un autre côté, les abeilles nouvellement écloses deviennent bientôt tellement nombreuses qu'elles ne peuvent plus tenir dans la ruche. On voit alors une certaine quantité d'entre elles se réunir autour d'une reine, former une société à part, et s'en aller chercher une autre demeure : cette *colonie* d'abeilles est ce qu'on nomme un essaim. Les abeilles qui le forment se réunissent d'abord sur quelque branche d'arbre voisine de la ruche ; accrochées les unes aux autres, elles forment une sorte de grappe suspendue. On recueille alors l'essaim dans une ruche préparée à l'avance. — C'est vers la fin de l'été qu'on fait la récolte de la cire et du miel amassés dans les ruches.

Abeilles butinant sur les fleurs.

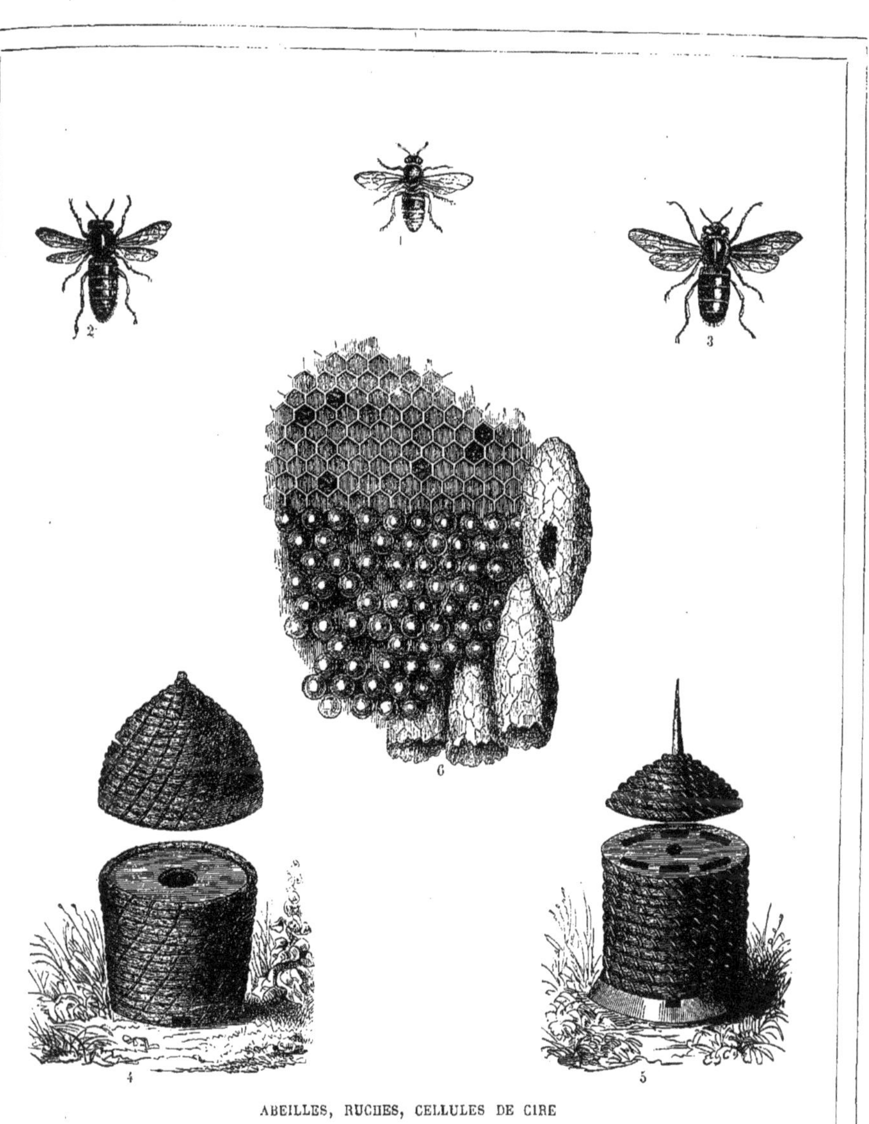

ABEILLES, RUCHES, CELLULES DE CIRE

XLV. — LE VER A SOIE

Classe des INSECTES. Ordre des LÉPIDOPTÈRES.

Parmi les *insectes* il en est un très-grand nombre qui nous sont nuisibles : très-peu nous sont utiles. De tous le plus précieux pour nous, c'est le VER A SOIE. L'animal auquel on a donné ce nom n'est pas réellement un ver : c'est une *chenille*, une laide chenille *fileuse*, qui se transforme en un épais et lourd *papillon nocturne*. Le ver à soie ne vivait pas autrefois en Europe ; il nous est venu de la Chine, où il était connu et utilisé dès les temps anciens. Ce petit animal ne saurait vivre en pleine liberté dans nos pays ; le climat est trop froid. On élève donc des vers à soie dans toute l'Europe méridionale et particulièrement dans nos départements du midi, en des établissements spéciaux qu'on appelle *magnaneries*, où on les fait éclore, les nourrit, et recueille leur *produit*. Les *œufs* de vers à soie sont appelés de la *graine* : et en effet ils ressemblent à de petites graines de millet un peu aplaties, de couleur blanche ou grise. La chaleur du soleil d'été ou celle d'un appartement suffit à les faire éclore au bout de quelques jours. Il en sort une petite chenille noirâtre, qui a trois ou quatre millimètres de longueur à peine (1) ; on lui offre pour nourriture des feuilles de mûrier fraîchement cueillies. La petite bête se met à manger aussitôt et grossit rapidement ; elle perd sa couleur noire et devient grise, puis blanche. Plus elle grossit, bien entendu, plus elle mange. En cinq *âges* successifs, qui pris ensemble font environ un mois, elle arrive à toute sa taille (2, 3, 4, 5). Pendant tout ce temps il a fallu lui fournir des feuilles de mûrier fraîches plusieurs fois par jour, enlever les feuilles flétries et rongées.

Dans ces magnaneries où l'on élève des milliers de vers à soie, leur entretien, ou, comme on le dit, leur *éducation* coûte beaucoup de peines, de soins et de précautions. A la fin du cinquième âge le ver à soie est une grosse et laide chenille blanche, molle et luisante, sans poils, de la longueur du doigt, et effroyablement vorace. Tout à coup l'animal cesse de manger ; on le voit lever la tête, se balancer ; il cherche un endroit commode pour construire son cocon. On lui offre alors des brindilles rameuses auxquelles il attache ses fils. Il y a, à l'intérieur du ver à soie, un petit réservoir, comme un boyau rempli d'un liquide épais et gluant. Ce liquide, c'est la matière qui formera la soie. Un petit conduit l'amène du réservoir intérieur vers une petite ouverture, un trou extrêmement fin situé sous la tête, près de la bouche. Quand notre chenille fileuse fait sortir par cette étroite ouverture une fine gouttelette du liquide gluant, qui se colle à quelqu'objet, cette matière s'étire, s'allonge en un fil extrêmement délié qui se durcit aussitôt à l'air et forme le brin de soie, plus fin qu'un cheveu. Le ver à soie entrelace d'abord quelques fils aux branches ; puis, faisant aller et venir sa tête, lentement et sans s'arrêter, toujours en tournant, toujours filant, il enroule son fil comme nous enroulons du fil en un peloton ; seulement, la différence, c'est que le ver à soie lui-même est à l'intérieur de ce peloton qu'il roule autour de lui. Bientôt on cesse de l'apercevoir. Le peloton de fil fin, soyeux et luisant, blanc ou jaune doré, c'est ce qu'on appelle le *cocon* (5,7). Son travail achevé, l'insecte demeure immobile ; son corps se gonfle et se raccourcit, sa vieille peau de chenille se ride et tombe. L'animal se trouve transformé en *chrysalide*, c'est-à-dire qu'il a la forme d'un petit poupon, étroitement emmailloté, et de couleur brune. C'est sa première *métamorphose*. Il reste quinze jours environ à cet état ; pendant ce temps, sous cette peau de la chrysalide, ses ailes, ses pattes, tous les organes du papillon se forment. Enfin il brise cette peau racornie ; le papillon se dégage : c'est la seconde métamorphose.

Le papillon, en sortant de la peau fendue de la chrysalide, perce son cocon en écartant les fils ; il sort ; il reste un instant immobile pour sécher ses ailes. La chenille rampante et vorace est devenue un papillon de la famille des nocturnes, blanchâtre, velu, épais, pas très beau... Ce papillon vole très-peu, le soir seulement, dans les pays où le ver à soie vit à l'état sauvage ; ceux qu'on élève chez nous ne volent même jamais ; ils marchent lentement, en secouant leurs ailes (5, 6). Au bout de quelques jours les papillons femelles pondent leurs petits œufs. Puis la vie de ces petits êtres est finie : ils meurent.

Quand on veut recueillir la soie pour la filer, on n'attend pas que l'animal ait achevé sa transformation et percé son cocon. Les cocons filés sont *dévidés* avec toutes sortes de précautions, dans des ateliers spéciaux ; plusieurs *brins* sont assemblés, puis tordus ensemble pour faire ces fils dont on *tisse* les étoffes de soie, si précieuses et si estimées. Un certain nombre de cocons seulement sont conservés, afin que leurs papillons éclosent, pondent leurs œufs sur des feuilles de papier où on les a déposés. Ces œufs doivent former la *graine*, qui fournira des vers à soie pour l'année suivante.

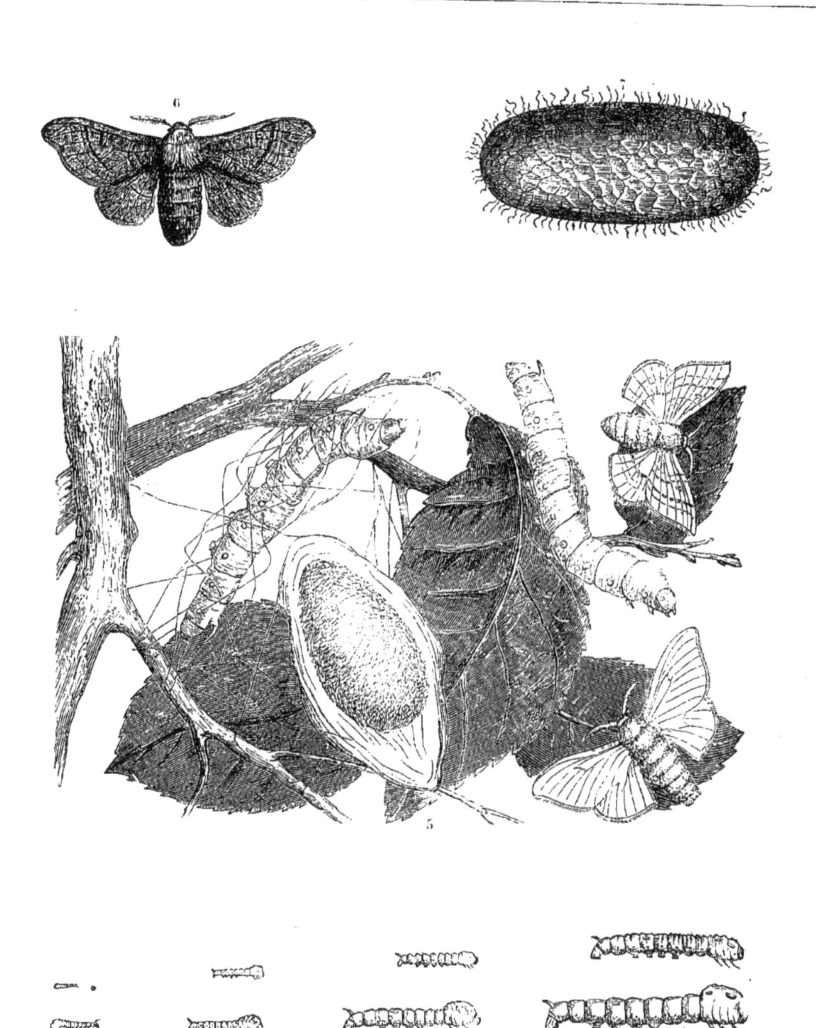

LE VER A SOIE, SES AGES ET SES TRANSFORMATIONS

XLVI. — CHENILLES ET PAPILLONS

Classe des INSECTES. Ordre des LÉPIDOPTÈRES.

Les PAPILLONS sont de beaux insectes à quatre ailes larges, ornées de charmants dessins et de vives couleurs, pourvus comme tous les insectes de six pattes grêles, de deux longues cornes légères nommées *antennes;* ils ont en outre leur bouche munie d'une petite trompe creuse. Ils vivent quelques jours seulement, voltigent sur les fleurs, s'ébattent dans l'air ; ils déposent leurs petits œufs, puis ils meurent. — Sous cette forme légère et aérienne, l'insecte ne mange pas, il suce seulement à l'aide de sa trompe un peu de suc miellé au fond des fleurs, et ne fait nul dommage. Mais avant d'être papillon, l'animal a été *chenille;* et sous la forme de chenille il était, au contraire, extrêmement vorace, souvent très-nuisible. Racontons en deux mots cette étrange métamorphose. De l'œuf que le papillon femelle a déposé sur quelque plante, et que la chaleur du soleil fait éclore, il sort un tout petit animal rampant, de forme allongée, sans ailes, avec des pattes très-courtes : c'est la *larve* du papillon qu'on nomme la *chenille.* La bestiole se met aussitôt à manger, à ronger les feuilles, les fruits, les bourgeons. Les chenilles sont très-différentes, suivant les espèces, extrêmement nombreuses. Les unes ont quelques millimètres de longueur à peine, les autres atteignent la longueur du doigt, grosses à proportion. Les unes ont la peau nue et lisse, les autres sont velues, pourvues de longs poils disposés par touffes. Un grand nombre sont ornées des plus vives couleurs. La chenille arrivée à toute sa croissance cesse de manger; sa peau se ride, se fend, on voit apparaître un petit animal sans pattes; presque immobile, qui semble emmailloté comme un poupon : sous cette forme l'animal est appelé *chrysalide.* Au bout de quelques jours la peau de la chrysalide se fend ; il en sort le petit être léger, gracieux, ailé, que vous connaissez tous. Il y a un très-grand nombre d'espèces de papillons, tous différents de taille, de couleurs, de parure. Les uns volent en plein jour, s'ébattent dans l'air au grand soleil, faisant briller les vives couleurs de leurs ailes : ce sont les *papillons diurnes*, les plus légers, les plus beaux. D'autres voltigent aux approches du soir : ce sont les *papillons crépusculaires.* Enfin les papillons de nuit ou *nocturnes* ne volent que la nuit ; ils sont de forme plus lourde, leurs ailes ont des couleurs blanchâtres, jaunes ou brunes seulement.

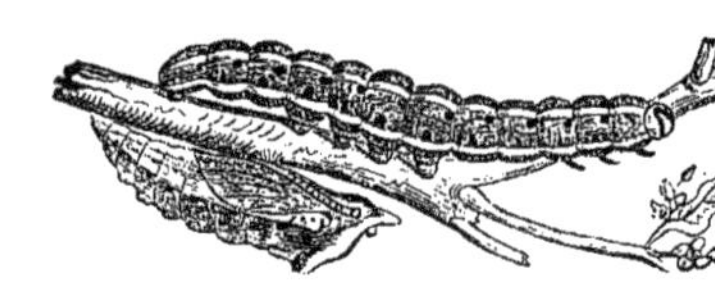

Papillon du chou, sa chenille et sa chrysalide.

Les *chenilles* d'où proviennent ces divers papillons sont toutes très-voraces. Chaque espèce vit de préférence sur certaines plantes, dont elle ronge le feuillage ou les fruits. Une seule chenille ne fait certainement pas une grande consommation ; quelques-unes dans un bois ou dans un jardin, cela ne s'aperçoit pas. Mais parfois ces petites bêtes deviennent extrêmement nombreuses ; et alors elles font de grands dégâts, de véritables désastres. Les unes attaquent, dépouillent et font périr les arbres des bois ; les autres ruinent les jardins et les potagers. D'autres ne vivent que sur les plantes sauvages ; mais certaines espèces surtout sont nuisibles. Parmi celles qui dévorent nos légumes il faut citer la *chenille du chou*, qui devient un papillon blanc, extrêmement commun tout l'été ; les chenilles de *livrées*, petits papillons de nuit ornés de raies bleues ; celles des *noctuelles* aux ailes délicatement brodées, celles des *orgyes* et des *liparis*, rongent nos arbres fruitiers.

Les chenilles qui causent le plus de dommage dans nos forêts sont toutes des chenilles de papillons crépusculaires ou nocturnes ; les unes attaquent les arbres à larges feuilles ; les autres les arbres verts à feuilles étroites, pins, sapins, et mélèzes. Parmi ces dernières la plus redoutable est la chenille du papillon appelé *Bombyx du pin ;* celle du bombyx *moine*, aux ailes singulièrement rayées, ne fait pas moins de ravages.

LE BOMBYX PINIVORE : PAPILLON, CHENILLE ET COCONS

XLVII. — LA PYRALE DE LA VIGNE

Classe des Insectes. Ordre des Lépidoptères.

La vigne est une de nos plantes les plus précieuses. Le vin, quand on en use avec modération, est une boisson excellente, qui réchauffe et ranime, donne de l'entrain et du courage au travail. Puis la culture de la vigne et la production du vin sont une industrie très-importante, qui fait vivre un grand nombre de personnes, vignerons, fabricants et commerçants : c'est la richesse de la France, surtout de nos départements de l'Est et du Midi, où il y a beaucoup de terres plantées de vignes, et qui produisent de très-bons vins. Or cette plante si utile a des ennemis bien dangereux, petits, mais terribles par leur nombre : des insectes surtout, qui nous causent beaucoup de dommage. Les *Altises*, insectes qui ressemblent à des hannetons, mais de plus petite taille, dévorent les bourgeons et empêchent les feuilles et les grappes de naître ; les *Eumolpes*, autres insectes de même famille, percent et rongent les feuilles. Un autre encore, le *Rhynchite*, sorte de *charançon* armé d'une longue trompe, dévore les feuilles et les roule en étui pour abriter ses œufs : tout cela fait beaucoup de tort dans une vigne, quand ces insectes sont nombreux. Mais ceux qui causent le plus de dommage, qui dévastent parfois toutes les vignes d'une vaste région, sont les *Pyrales* et les *Phylloxeras*. La Pyrale est un petit insecte à quatre ailes, de l'ordre des *Lépidoptères* ou papillons, de la famille des *Papillons nocturnes*. De l'œuf qu'a pondu le papillon sous une feuille de vigne, il sort une très-petite chenille presque imperceptible, qui file une *soie* excessivement légère, comme un fil d'araignée auquel elle se suspend ; ce petit animal s'enroule avec ce fil, en fait comme une sorte de *cocon*, ou, si vous voulez, de peloton, au milieu duquel il se met à l'abri. Bientôt la chenille sort de son abri pour aller ronger les feuilles et les grains de raisin ; elle mange sans cesse, grandit et grossit très-rapidement, et plus elle grossit, bien entendu, plus elle mange.

Pyrale à l'état de chenille.

Pyrale à l'état de papillon.

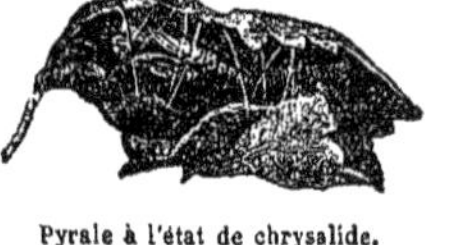
Pyrale à l'état de chrysalide.

Quand ces petites bêtes voraces sont nombreuses dans une vigne, tout est rongé, dévoré. Ni feuilles ni grappes : les *ceps* ont l'air d'être morts. Arrivée à toute sa grosseur, la chenille a trois centimètres de longueur ; elle est de couleur vert jaunâtre. Alors elle cesse de manger, entoure de ses fils une feuille qu'elle replie, s'y met à l'abri, et là, file un nouveau cocon ou peloton soyeux ; au bout de trois jours, immobile et engourdie, elle est changée en *chrysalide*. Enfin, quinze jours après, la peau racornie de la chrysalide se fend ; il en sort un petit papillon qui va voltigeant sur les ceps. Le papillon est fort léger, assez joli, d'une couleur jaune à reflets dorés ; ses ailes sont ornées de petites taches brunes et blanchâtres ; lorsqu'il ne vole pas il tient ses ailes abaissées, comme font les papillons de nuit, tandis que les papillons de jour tiennent les leurs relevées et appliquées l'une contre l'autre. Sa tête porte une petite trompe pour sucer la rosée sur les feuilles, et deux *antennes*, comme de petites cornes légères, minces comme des fils ténus. Pendant la chaleur du jour il demeure à l'abri du feuillage ; au coucher du soleil il voltige d'un cep à l'autre. C'est alors que les papillons femelles pondent sous les feuilles leurs petits œufs, qui, réunis en groupes nombreux, forment des taches, vertes d'abord, puis brunes, et dont sortiront bientôt des milliers de chenilles rongeuses.

On fait ce qu'on peut pour détruire ces insectes pernicieux. On enlève les feuilles où ils ont déposé leurs œufs, afin que, ces feuilles étant séchées et brûlées, les œufs soient détruits ; on brûle du soufre autour des ceps. On peut aussi, quand les vignes n'ont pas encore de feuilles, jeter de l'eau chaude sur les ceps pour *cuire* les œufs qui y ont été déposés, et qui y ont passé l'hiver pour éclore au printemps. Par bonheur pour nos vignes, il y a plusieurs espèces d'insectes ailés qui attaquent les chenilles des Pyrales, et les font périr par leur piqûre, en sorte qu'en certaines années celles-ci disparaissent presque complètement. Les petits oiseaux *insectivores* détruisent aussi beaucoup de ces bestioles malfaisantes : excellent service dont il faut leur être reconnaissant, et qui compense, et au delà, les quelques grains picotés par eux.

LA PYRALE DE LA VIGNE

LES MÉTAMORPHOSES DE LA PYRALE

XLVIII. — LES TAONS ET LES ŒSTRES

Classe des INSECTES. Ordre des DIPTÈRES.

Parmi les insectes, beaucoup sont inoffensifs, un grand nombre sont nuisibles à nos récoltes, à nos provisions; d'autres enfin s'attaquent à nos animaux domestiques ou à nous-mêmes. Ces derniers appartiennent presque tous à l'ordre des insectes *diptères*, c'est-à-dire à *deux ailes*. De ce groupe malfaisant font partie les *Moucherons* importuns, les *Mouches* qui gâtent nos viandes en y pondant leurs petits œufs, d'où sortent des *larves* voraces et dégoûtantes, semblables à de petits vers blancs; les *Cousins* et les *Moustiques*, si légers, imperceptibles presque, avides de notre sang, et qui troublent notre repos par leurs piqûres agaçantes. D'autres enfin, de plus forte taille, et plus cruels, se jettent sur nos bestiaux, les piquent, leur sucent le sang, les tourmentent de mille façons, les mettent en fureur, et parfois leur occasionnent de graves maladies. Souvent, en été, tandis que les troupeaux de bœufs et de vaches paissent tranquillement dans la prairie, tout à coup on voit ces paisibles animaux devenir inquiets et agités; ils bondissent, ils se battent les flancs de leur queue; ils sont saisis de frayeur et de colère. Ce qui met ainsi le désordre, qui disperse le troupeau, ce n'est pas un loup: c'est une simple mouche, qu'ils ont entendue bourdonner autour d'eux. Au seul bruit de ses ailes, nos pauvres bêtes ont reconnu l'ennemi: le TAON, l'ŒSTRE. Le taon du bœuf est une grosse mouche brune noirâtre, rayée et tachetée de jaune, qui a trois centimètres de longueur. Sa tête est armée d'un fort aiguillon, avec lequel il perce la peau épaisse du bœuf, pour sucer le sang comme avec une sorte de trompe: ils cherchent de préférence à

Œstre du cheval (femelle).

Asile frelon.

Chrysops.

piquer l'animal aux naseaux; une autre espèce de taon (*Chrysops*) s'attaque ordinairement au coin de l'œil. La pauvre bête piquée éprouve certainement une vive douleur: elle s'emporte, se roule furieuse et comme affolée, et se précipite vers la rivière ou l'étang, pour apaiser sa souffrance en se jetant à l'eau. Les mouches *Asiles*, aussi longues, mais plus minces et plus légères, ne sont pas moins cruelles pour nos bestiaux, qu'elles criblent de piqûres. Les *Œstres* ne se contentent pas de percer la peau de l'animal pour boire son sang; de plus, l'œstre femelle du bœuf introduit ses œufs dans le trou qu'elle a percé. Ces œufs éclosent; il en sort de petites larves rongeuses, semblables à des vers blanchâtres, qui vivent sous la peau de l'animal: à cet endroit se forme une petite bosse ou *tumeur* qui va grossissant. Enfin au bout de plusieurs mois la larve devenue assez grosse, perce la peau, sort et tombe sur le sol; elle s'enfonce dans la terre, et là, se *métamorphose*, c'est-à-dire se transforme graduellement en grosse mouche à deux ailes, qui sort de terre, s'envole, et ira à son tour vivre aux dépens de notre bétail. Une autre espèce d'œstre, plus petite, tourmente cruellement les chevaux et les met en fureur. Une grosse mouche brune, rougeâtre, appelée *céphalémie*, pique les moutons aux naseaux, y dépose ses œufs, et sa larve vit dans leurs narines, rongeant la peau et la chair; l'animal attaqué devient malade et dépérit.

Heureusement nos bestiaux ont des défenseurs. Et quels défenseurs? — Encore nos petits oiseaux. Beaucoup d'oiseaux insectivores chassent et happent au vol ces *bestioles* malfaisantes. La légère et gentille *bergeronnette* suit les troupeaux aux champs; elle va sautillant dans l'herbe autour des animaux paissants, ou se pose près d'eux sur un arbre, ou même se campe familièrement sur leur dos; Là, elle est en observation; et si quelque taon, quelque mouche importune vient bourdonner autour, elle s'élance pour la saisir et la dévorer. L'*étourneau*, le gai *sansonnet*, a les mêmes habitudes. Ce serait donc rendre un bien mauvais service à nos animaux domestiques que de ravir les nids et de détruire les couvées de leurs défenseurs naturels.

BŒUFS AU PATURAGE TOURMENTÉS PAR LES TAONS

XLIX. — LE SCORPION

Classe des Arachnides.

Un laid et dangereux animal, qu'il faut éviter avec soin, et détruire autant qu'on le peut, c'est le Scorpion. Il en est plusieurs espèces, dont deux habitent la France, mais vivent seulement dans les départements du midi. Le scorpion commun a six centimètres de longueur. La tête et le corps se tiennent, et semblent ne faire qu'un. Le corps allongé, aplati, est formé de plusieurs *anneaux*; la tête est couverte d'une sorte de plaque, comme une mince écaille ; sur cette tête, *six yeux*, disposés deux à deux, petits, rouges, brillant dans l'ombre. Des deux côtés du corps sont *quatre paires* de pattes grêles, terminées par un double crochet; avec ces huit pattes, l'animal marche en rampant sur le sol ; en outre, sa tête, près de la bouche, porte deux longues, fortes et larges *pinces* aplaties, avec lesquelles il peut saisir sa proie. Mais son arme vraiment redoutable, c'est sa queue, cette laide queue, longue, grêle, comme noueuse, qui se replie et se balance, se termine par un aiguillon aigu, avec lequel l'animal pique. La piqûre ne serait rien : mais cet aiguillon est une arme empoisonnée. Le *dard* est creux comme un tuyau, et percé de deux petits trous vers sa pointe; à sa *base* est un petit réservoir rempli de venin semblable à celui de la vipère ; et quand le scorpion enfonce son dard, une fine gouttelette de ce poison coule à travers le conduit et les trous de l'aiguillon dans la blessure, et envenime la plaie. Quand le scorpion blesse de son aiguillon un de ces insectes dont il fait sa nourriture, l'insecte piqué meurt à l'instant. Mais la bête venimeuse attaque aussi des animaux de plus grande taille, des hommes même. Si un homme est piqué par un scorpion, il ressent une douleur très-vive ; autour de la blessure, la chair enfle, rougit, devient brûlante ; la fièvre survient, on est fort malade, et parfois même

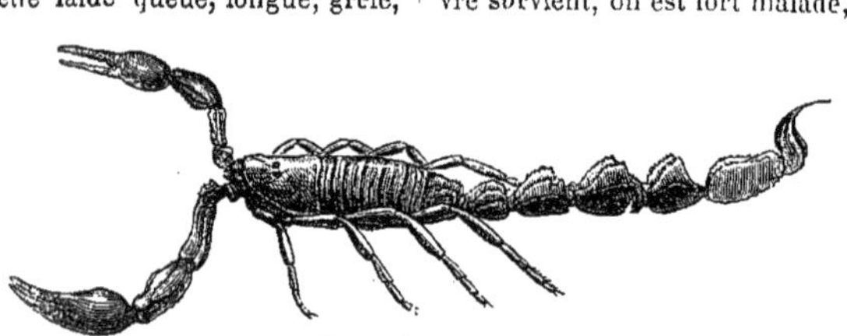

Le scorpion commun.

on meurt : cela est rare cependant. — Les scorpions sont des animaux farouches et nocturnes ; le jour ils se cachent sous les pierres et dans les endroits sombres, ils cherchent à se glisser dans les maisons, dans les caves ; la nuit, ils cherchent leur proie, marchant lentement sur leur huit pattes, les pinces tendues, la queue relevée, prête à frapper de son aiguillon. Les *scorpions* sont *insectivores* ; ils font surtout leur proie de moucherons, de sauterelles, de larves ; ils sont tellement féroces qu'ils se dévorent entre eux. — Le *scorpion roussâtre* qui vit sur les bords de la Méditerranée, aux environs de Montpellier, est plus venimeux encore que le scorpion commun, et ses piqûres sont plus dangereuses. En Afrique, notamment en Algérie, il y a d'énormes scorpions dont la piqûre est souvent mortelle. Le scorpion appartient à la classe des *arachnides*, ainsi nommée pour signifier que les animaux de cette classe ont certains rapports d'organisation avec les *araignées*. Les araignées aussi sont des bêtes venimeuses ; leur venin est dans les petits *crochets* qu'elles portent aux deux côtés de leur bouche, avec lesquels elles piquent les insectes dont elles font leur proie. Les araignées, malgré leur laideur dégoûtante, ne sont pas des animaux réellement nuisibles : les *faucheurs* aux longues pattes grêles, plus minces que des fils, les petites araignées des champs et des jardins, sont plutôt utiles, en ce qu'elles détruisent des insectes. Mais certaines grosses araignées de cave, qu'on nomme *lycoses*, sont moins inoffensives ; leur piqûre est très-douloureuse.

Quand un homme est piqué par un scorpion, il faut faire saigner la petite plaie, l'agrandir au besoin pour faire couler le sang, puis la laver avec un liquide brûlant qu'on nomme *ammoniaque* ou *alcali volatil*, et qui a la propriété de détruire l'effet de presque tous les venins. Pour la morsure d'une araignée de cave, il suffit d'en mettre quelques gouttes sur l'endroit piqué. Le même remède fait disparaître la douleur causée par l'aiguillon de l'abeille ou de la guêpe.

ARAIGNÉE

SCORPION

L. — LIMACES ET ESCARGOTS

Classe des MOLLUSQUES.

Ces petites bêtes voraces qui causent tant de dégât dans nos jardins, les *limaces* et les *escargots*, nous offrent une occasion d'observer l'*organisation* curieuse et la manière de vivre de toute une nombreuse classe d'animaux qu'on appelle *Mollusques*. — Examinons la grosse LIMACE (3) jaune rougeâtre, commune dans nos champs. Son corps est de forme allongée, arrondi en dessus, plat en dessous, *mou*, gluant, froid au toucher. Le dos de l'animal est couvert de petites *stries* ou rayures ; en avant vous apercevez comme un capuchon de peau épaisse et molle. De dessous ce capuchon s'avance la tête, petite à proportion du corps, et pourvue de quatre petites cornes molles et flexibles, demi-transparentes; deux plus longues en haut, deux plus courtes en bas. Observez avec attention ces organes singuliers qu'on appelle les *tentacules*. A l'extrémité renflée en boule des deux tentacules *supérieurs*, voyez-vous de petits points noirs ? ce sont les yeux de la limace : cet étonnant animal porte ses yeux au bout de ses cornes ! Mais avec ces yeux-là elle ne voit pas très-clair; aussi avance-t-elle toujours en tâtonnant, comme ferait un aveugle, avec ses quatre tentacules, qui sont comme quatre petits doigts pour toucher ce qu'il y a devant elle. Ces organes sont extrêmement sensibles ; à peine ont-ils touché un brin d'herbe, qu'ils se replient. Si on inquiète la limace, elle fait rentrer ses tentacules comme un doigt de gant qu'on retournerait en dedans; puis elle cache sa tête en l'enfonçant sous son capuchon; tout son corps se ramasse et se raccourcit en se gonflant. — Elle rampe en allongeant et raccourcissant successivement son corps. Avec une telle façon d'aller on ne saurait courir : aussi la limace avance-t-elle très-lentement, en glissant sur le sol, et laissant derrière elle une trace gluante, qui, en se desséchant, marque le chemin suivi par l'animal comme d'un long ruban brillant et nacré. — Les limaces habitent de préférence les lieux humides ; elles se tiennent sous la terre ou sous l'herbe pendant la chaleur du jour ; elles sortent vers le soir. On les voit surtout se mettre en route après la pluie. Il y a plusieurs espèces de limaces ; certaines petites limaces grises, lisses et non striées, sont extrêmement communes dans les jardins; ces petites bêtes rongent les fruits, les bourgeons des arbres, les laitues, les choux dans les potagers. Elles pondent un grand nombre de petits œufs, qui éclosent au bout de quelques jours, en sorte qu'elles deviennent, en certaines années surtout, très-nombreuses. — Maintenant imaginez une limace qui porte sur son dos une sorte de coquille roulée en *spirale*, comme une maison dans laquelle l'animal peut rentrer tout entier à volonté : vous avez l'ESCARGOT, appelé *hélice* par les naturalistes. Pour la forme de son corps, ses tentacules, sa manière de marcher et de se nourrir, l'escargot ressemble à la limace. Mais sa coquille est une chose à part, qu'il faut examiner. Cette enveloppe dure qui le protège, est fabriquée par l'animal lui même. C'est comme une croûte épaisse et résistante qui se forme sur sa peau, se durcit à mesure : la maison grandit en même temps que le propriétaire. Cette coquille est souvent fort jolie, de couleurs diverses suivant les espèces, ornée de bandes, de raies, tachetée ou tigrée. Il y a disons-nous plusieurs espèces d'escargots, différents de couleur et aussi de taille. L'*hélice chagrinée* (1), l'hélice *vigneronne* (2), qui vivent dans les vignes, sont des plus grosses; certaines personnes, surtout dans le Midi, mangent ces sortes d'escargots en les préparant de diverses manières. L'*hélice splendide*, jaune doré, rayée de brun, est plus petite. Toutes ces espèces sont très-communes, trop communes malheureusement. Les escargots, aussi bien que les limaces, sont des animaux très-nuisibles, qui causent de grands dommages dans les jardins, les vergers et les vignes. On les détruit autant qu'on le peut, dans les petits jardins ; mais comment en débarasser les champs et les vignes? Le mieux est d'épargner et de protéger les animaux qui leur font la chasse, les taupes, les hérissons, les musaraignes, les crapauds, les grenouilles. Les hérons, les cigognes, et beaucoup d'autres oiseaux en détruisent aussi un très-grand nombre : service par lequel ils méritent notre protection.

Hélice splendide.

Limace grise des jardins.

LIMACE ET ESCARGOTS

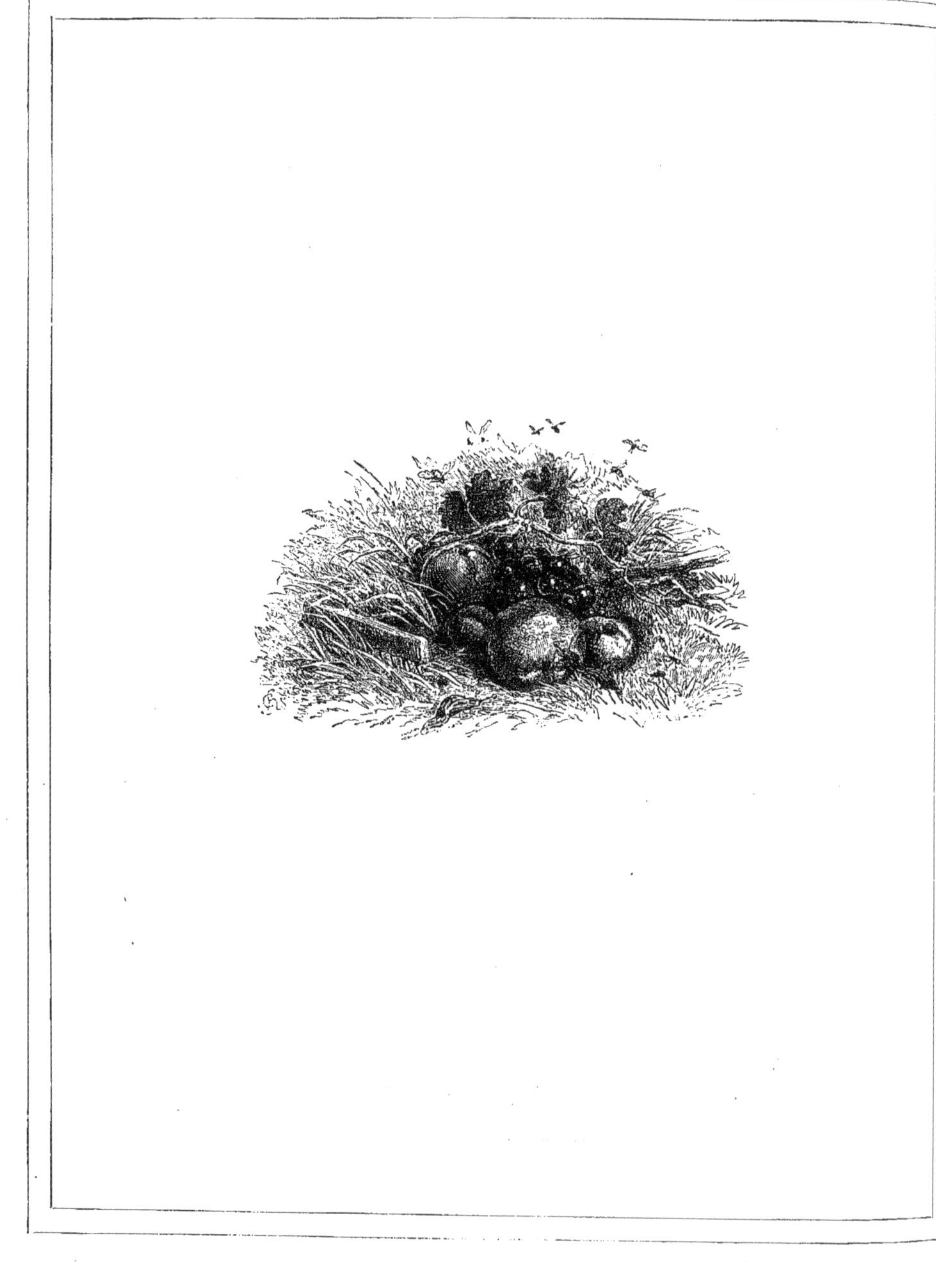

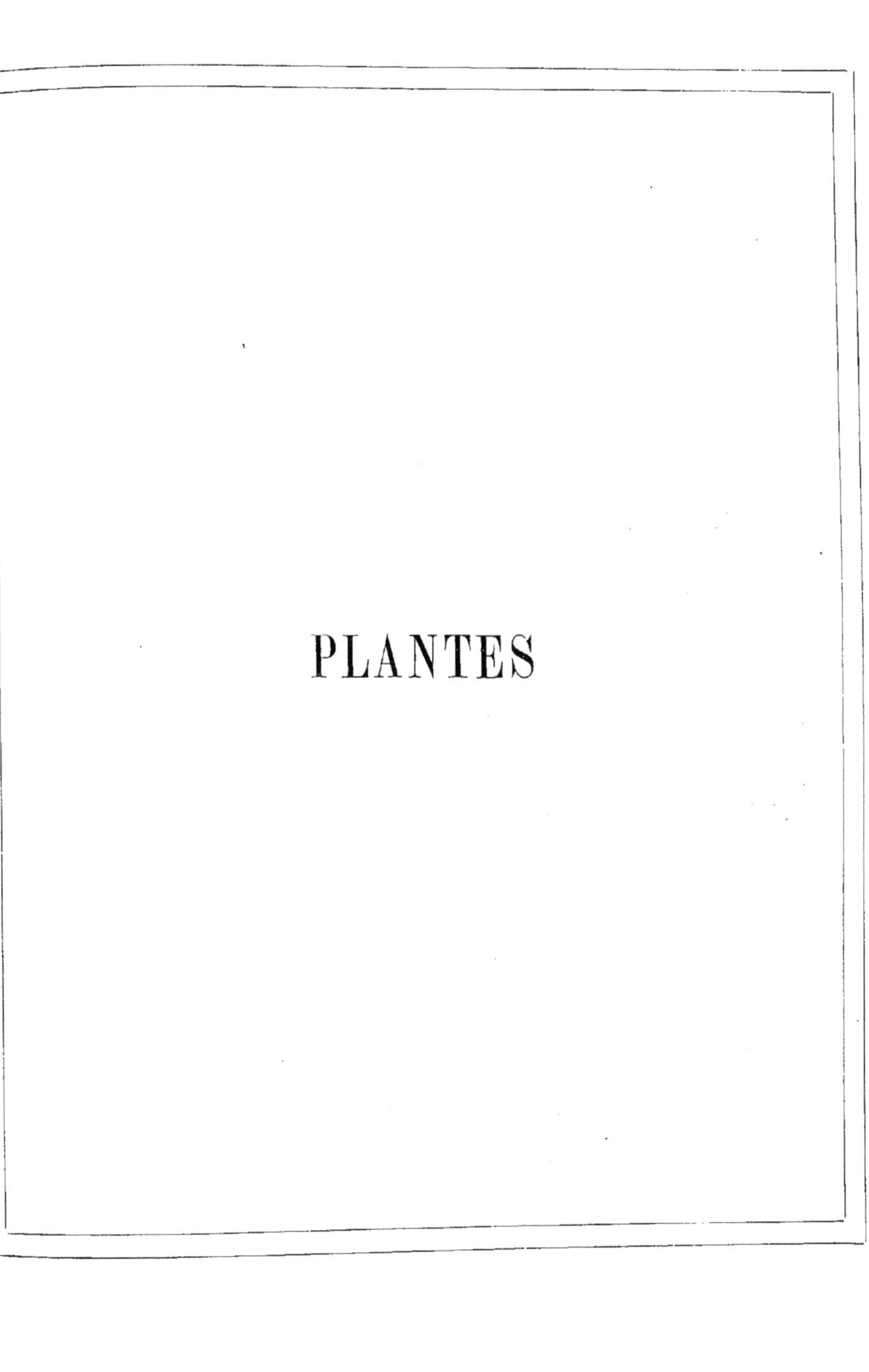

PLANTES

I. — LE CHÊNE

Famille des AMENTACÉES.

Quel bel arbre que le chêne de nos forêts! comme il est grand et fier, comme son tronc est puissant, ses branches robustes ; comme son feuillage, d'un vert clair au printemps, d'un vert sombre à l'automne, est frais et touffu ! Il a cent ans, deux cents ans peut être ; il n'en est que plus fort et plus vivant. Et pourtant cet arbre immense est né d'un gland gros comme le doigt. Toutes les plantes naissent d'une graine ; très-petites d'abord, elles croissent plus ou moins suivant leur espèce. Il faut donc bien qu'elles prennent quelque part les *matières* qui forment leurs tiges, leurs feuillages, leurs fleurs et leurs fruits. — Elles les prennent à la terre, par leurs racines, qui boivent l'eau et les sucs ; mais bien plus encore à l'*air*, par le moyen de leurs feuilles, qui *respirent*, c'est-à-dire aspirent, *absorbent* des *atomes*, des parcelles infiniment petites de matière qui flottent dans l'air. Ces atomes errants, librement flottants, sont absolument invisibles, tant ils sont petits ; ils ne troublent aucunement la transparence de l'air. La plante les absorbe, les boit pour ainsi dire, les fait passer dans sa *sève* ; puis elle en forme son bois, son feuillage : c'est sa nourriture en un mot. Rassemblés alors par milliers de milliards, pressés les uns contre les autres, ces atomes forment la masse compacte plus ou moins grande et parfaitement visible de la plante. Pour tout végétal il en est ainsi ; mais on y pense avec plus d'étonnement quand on est en face d'un arbre énorme, tel qu'un beau et grand chêne, et qu'on se dit : « cette masse énorme de matière, lourde, opaque et dure, cela vient pour une grande partie, de l'air, si léger et si transparent ! »

Le bel arbre qui nous a donné occasion de faire ces réflexions est un des plus communs et en même temps des plus utiles de nos arbres *forestiers*. Le chêne ordinaire a les racines très-grosses et profondément enfoncées sous le sol ; son tronc, formé d'un bois très-dur est recouvert d'une écorce très-épaisse, brune, fendillée et crevassée à la surface. Ses jeunes pousses de l'année, molles encore, ont seules leur écorce mince et lisse, verte ou rougissante. Les feuilles sont d'une seule pièce, dentelées seulement à leur contour de larges échancrures arrondies. Le chêne porte au printemps des fleurs, petites, verdâtres, peu apparentes. Ces fleurs sont de deux sortes : les fleurs *mâles* et les fleurs *femelles*. Les fleurs mâles disposées en *chatons*, c'est-à-dire en petites grappes grêles et retombantes, ont un *calyce* en forme d'étoile à cinq pointes entourant un groupe de grêles *étamines*. Les fleurs femelles, qui portent les fruits sont plus petites encore et moins visibles, groupées en grappes très-courtes de trois ou quatre fleurs seulement, et semblables à de très-petits bourgeons. En y regardant avec attention vous verrez, au milieu de ce bourgeon, comme un petit œuf verdâtre surmonté de trois cornes recourbées : c'est le *pistil* qui, en grossissant, deviendra le *fruit* du chêne : le gland. Arrivé à toute sa grosseur, le gland, gros comme un dé à coudre, a sa *base* entourée d'une sorte de coupe verdâtre qu'on nomme *cupule*. Les glands du chêne commun ont un goût âpre, et ne peuvent servir qu'à la nourriture du bétail ; d'autres espèces produisent des glands doux qui peuvent servir d'aliment. Mais la principale utilité du chêne c'est son bois, qui est dur, fort, très-durable. L'écorce du chêne, hachée en petits morceaux, est le *tan* dont on se sert pour *tanner* les peaux et les convertir en *cuir*.

Glands. — Fleurs mâles et fleurs femelles du Chêne.

Le *chêne-liége*, commun dans nos départements du midi, a son écorce extrêmement épaisse, légère, molle, élastique : c'est le *liége* dont on fait les bouchons. On détache cette écorce par grandes plaques sur le tronc de l'arbre, auquel cette opération, faite avec soin, ne nuit aucunement.

LE CHÊNE

II. — LE CHATAIGNIER.

Famille des AMENTACÉES.

Un de nos arbres les plus beaux et en même temps les plus utiles, c'est le châtaignier, dont les fruits sont une excellente nourriture, et dont le bois, presque aussi résistant que celui du chêne, sert à faire des charpentes, des planchers, des cloisons, des meubles. — Le châtaignier croît assez vite; son tronc, régulièrement arrondi, est couvert d'une écorce rude sillonnée de fentes profondes, et porte de fortes branches et de nombreux rameaux. Les feuilles, portées sur un *pétiole* (petit pied) assez court, sont ovales, allongées, terminées en pointe et dentées sur les bords en dents de scie; fermes, d'un vert foncé, fraîches et luisantes. Au printemps le châtaignier porte ses fleurs, qui sont peu apparentes (1); comme le chêne, le hêtre, le peuplier et beaucoup de nos grands arbres *forestiers*, il a deux sortes de fleurs; les *fleurs mâles* et les fleurs *femelles*. Les premières sont disposées en *chatons*, c'est-à-dire en longues grappes grêles, ressemblant à des épis serrés. Une de ces fleurs mâles (2) est représentée ici huit ou dix fois plus grande que nature, afin que vous en distinguiez mieux les parties : elle se compose seulement d'un *calyce* ou petite coupe dentée de cinq dents, entourant une gerbe *d'étamines* qui portent sur leurs *filets* grêles de petites têtes ou *anthères* jaune doré. Quand toutes ces fleurs sont épanouies, le chaton forme une élégante houppe velue, d'un blond doré. Les fleurs mâles ne portent pas de fruits; les fleurs *femelles*, qui portent les fruits sont plus petites encore. Voyez-vous, à la *base* du *chaton*, c'est-à-dire au pied de la grappe de fleurs à étamines, deux ou trois petites touffes verdâtres, semblables à des bourgeons? Ce sont des groupes composés chacun de trois fleurs femelles, qui sortent du milieu de la rosette touffue d'écailles verdâtres, ainsi que le montre le dessin (3) huit ou dix fois plus grand que nature. Chacune de ces fleurs prise à part ressemble à une bouteille allongée, très-petite, surmontée d'une gerbe de six minces filets. C'est ce qu'on nomme le *pistil*. La partie inférieure, renflée, de cette sorte de bouteille, est l'*ovaire* qui contient les graines, et qui, en mûrissant, deviendra le fruit. Bientôt le chaton de fleurs mâles se flétrit et tombe : les fleurs femelles au contraire, ne tombent pas; leur *ovaire* grossit rapidement. La petite touffe écailleuse qui les entoure se change graduellement en une enveloppe épaisse, dure, toute hérissée de pointes aiguës, en sorte qu'il est difficile d'y toucher sans se piquer les doigts. Au milieu de cette rude enveloppe sont cachés deux ou trois *fruits*, quelquefois un seul. Le fruit, qui est la châtaigne, blanchâtre et mou d'abord, devient, en grossissant, ferme et de couleur brune. Il est recouvert d'une peau épaisse, tenace, brune et lisse au dehors, cotonneuse au dedans, et formé à l'intérieur d'une graine assez grosse, *farineuse* et succulente. Dans les contrées arides et rocailleuses du centre de la France, où le blé est peu cultivé, la châtaigne rôtie sous la cendre ou sur la braise, ou bouillie dans l'eau, forme une bonne partie de la nourriture des habitants. — Le châtaignier peut vivre plusieurs siècles, s'accroissant toujours; celui que représente notre gravure, est surtout célèbre par son âge et par sa taille énorme.

Châtaignier : feuilles et chatons; fleurs mâles et femelles (grossies), fruits.

VIEUX CHATAIGNIER SUR LES PENTES DE L'ETNA

III. — LE HÈTRE — LE CHARME

Famille des AMENTACÉES.

Avec le chêne et l'orme, le HÊTRE et le CHARME font la beauté de nos forêts. Le hêtre surtout se rapproche du chêne. C'est un grand arbre, robuste ; son tronc s'élance presque droit depuis le pied jusqu'à la cîme ; ses grosses et fortes branches prennent naissance à une grande hauteur déjà, et couvrent un large espace. Les feuilles sont moyennes, ovales, terminées en pointe, très-légèrement dentées sur les bords ou plutôt festonnées de sinuosités arrondies. Le *pétiole* (petit pied) qui porte la feuille, et la *nervure* principale qui est comme la continuation du pétiole à travers la partie élargie (limbe) de la feuille, sont velus. Le hêtre fleurit en avril ; il porte deux sortes de fleurs, comme la plupart des arbres de la même famille. Les fleurs dites *fleurs mâles* (1) naissent par petites touffes comme des glands étalés, suspendus à des *pédoncules* (petits pieds) grêles, velus, flexibles, courbés vers la terre. Chaque fleur mâle se compose d'une petite coupe verte, dentelée de plusieurs dents longues et pointues, hérissée de longs poils, et d'un faisceau d'*étamines* dont les longs filets grêles portent des *anthères* (petites têtes) aplaties. Les fleurs femelles, au contraire, sont portées sur des pédoncules courts et droits, renfermées par petits groupes de deux ou trois dans les replis de deux petites feuilles vertes, que l'on nomme *bractées*, et dont la surface est toute hérissée de poils. Chaque fleur femelle se compose d'une sorte de petite bouteille à trois côtes, qui est l'*ovaire*, surmontée de trois filaments tortueux. Les fleurs mâles se détachent bientôt, et tombent. Les fleurs femelles ne tombent pas : leurs ovaires épaississent et deviennent les fruits ; les *bractées* qui les entourent croissent, durcissent, et forment autour des fruits mûrs une rude enveloppe hérissée. Le fruit du hêtre est appelé *faîne* ; il rappelle beaucoup la *châtaigne* par sa structure, mais il est beaucoup plus petit, et de forme triangulaire. Sous son écorce brune, lisse et forte, est contenue une graine blanchâtre, farineuse et huileuse. Les enfants se plaisent à recueillir les faînes tombées sur l'herbe, aux pieds des hêtres ; ils mangent la graine, qui est d'un goût agréable : dans certains pays même on en fait une sorte de pain. Les graines broyées et fortement pressées au moyen d'un *pressoir*, laissant couler un suc huileux, qui, recueilli et purifié, devient l'huile de faînes, bonne pour la table et pour l'éclairage. Mais la principale utilité de ce bel arbre, c'est son bois, qui est fort et durable. — Le *charme* est de taille plus petite ; son tronc est rond et lisse, son écorce mince et grise, ses branches souvent tortueuses. Ses feuilles sont d'un vert plus foncé, et finement dentelées en scie sur les bords ; il donne un ombrage sombre et frais. Ses fleurs mâles sont disposées non pas en touffes, mais en *chatons*, semblables à de petites queues pendantes ; elles sont formées d'*étamines* groupées (5), protégées par de minces écailles. Les fleurs femelles forment aussi un chaton grêle, allongé, hérissé de pointes (2). Ces fleurs contiennent un petit *pistil* en forme de bouteille, entouré de minces écailles ou *bractées*. La petite bouteille croît, devient le fruit qui contient la graine ; les bractées croissent aussi, et la grappe de fruits pendants jaunit et mûrit (3). On fait avec le *charme*, dans nos jardins, des abris que l'on nomme *charmilles*. — Les *coudriers*, dont vous connaissez bien les fruits, appelés *noisettes*, ressemblent beaucoup aux charmes ; mais leurs feuilles sont plus grandes. Leurs chatons pendants de fleurs mâles sont tout semblables à ceux du charme ; leurs fleurs femelles, formées chacune d'un *pistil*, dont l'ovaire est surmonté de deux longs filaments, sont renfermées dans une enveloppe serrée de bractées qui offre l'aspect d'un bourgeon. Lorsque ces ovaires grossissant deviennent les fruits, les bractées grandissent aussi, entourant les *noisettes* d'une jolie collerette verte dentelée.

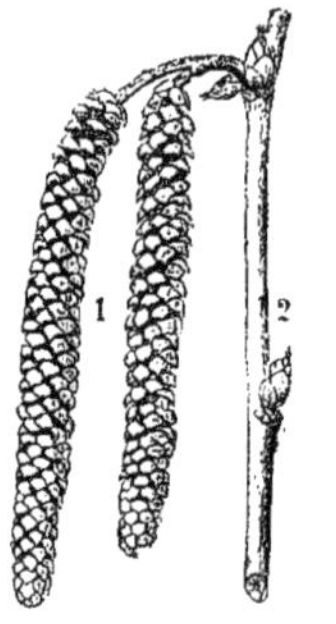

1 2

Chatons de fleurs mâles (1) et groupes de fleurs femelles (2) du Coudrier (grandeur naturelle).

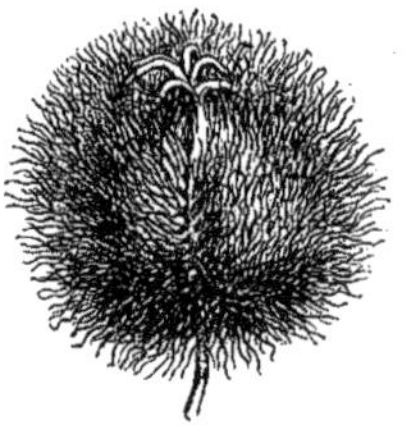

Faînes ou fruits du Hêtre dans leur enveloppe hérissée.

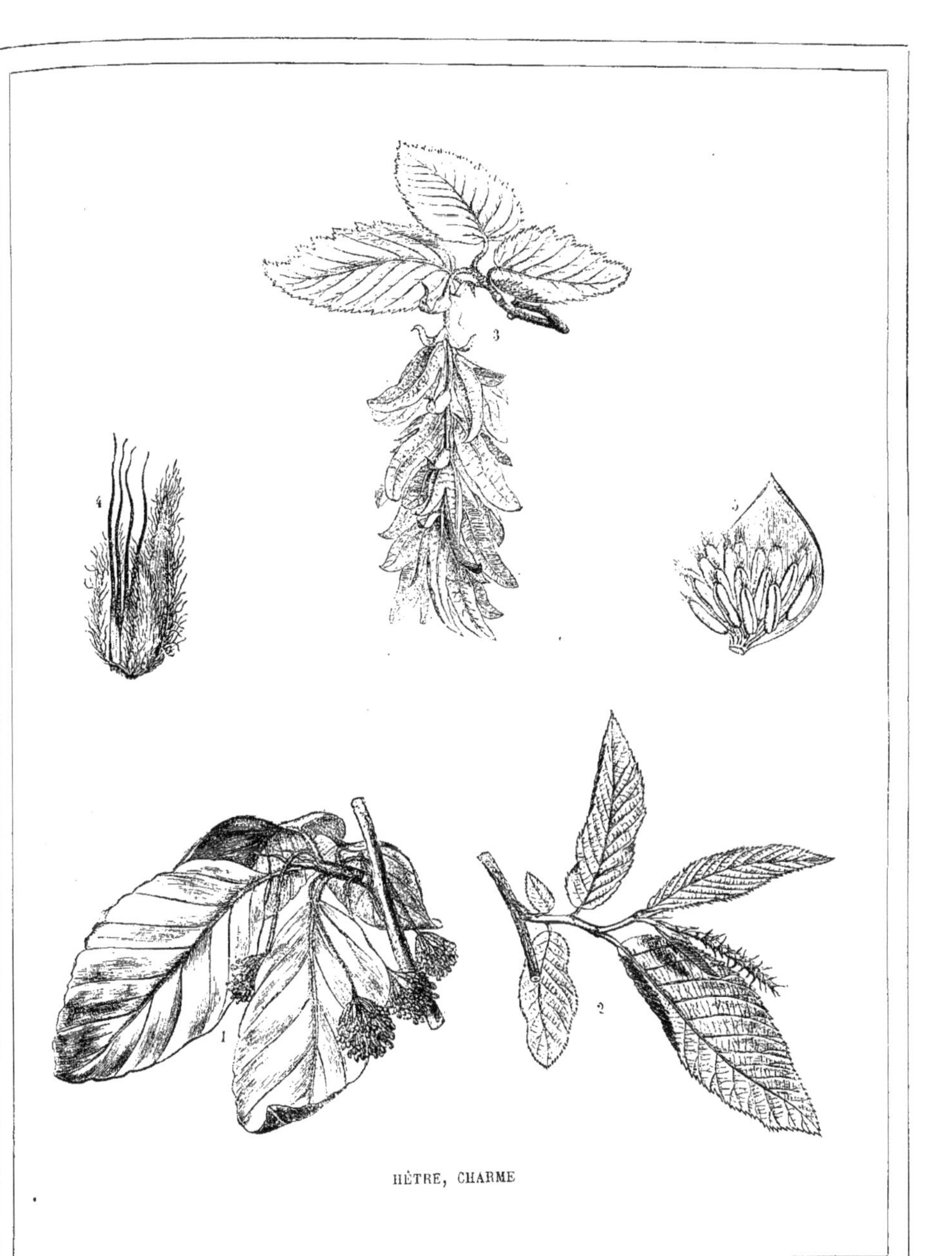

HÈTRE, CHARME

IV. — L'AUNE — LE BOULEAU

Famille des Bétulinées

Voici deux arbres de même famille, organisés absolument de même : pour tout ce qui est essentiel, ils se ressemblent ; pour l'aspect, ils sont tout différents. Ils n'ont ni le même *port* (apparence) ni les mêmes habitudes. Ce sont, si vous voulez, deux frères ; mais deux frères qui n'ont pas la même physionomie. N'est-ce pas chose curieuse ? — Au fond des fraîches vallées, le long du cours des eaux se plaisent les Aunes, grands et beaux arbres touffus, au feuillage vert sombre; souvent leurs grandes branches étendues se rejoignant d'un côté à l'autre forment au-dessus du ruisseau comme une voûte, sous laquelle l'ombre est épaisse et froide. L'Aune a le tronc épais, et porte des branches nombreuses ; ses jeunes rameaux sont vigoureux, mais *liants*, c'est-à-dire flexibles. Ses feuilles sont ovales, légèrement dentelées sur leurs bords, portées sur des *pétioles* (petits pieds) courts, d'un beau vert foncé, luisant et frais en dessus, en dessous d'un vert plus pâle ; les jeunes feuilles, à l'extrémité des rameaux ont leur surface enduite d'une sorte de *vernis naturel*, comme une gomme qui colle aux doigts. Comme le châtaignier, comme le chêne, le peuplier, le saule, auxquels il ressemble beaucoup, l'aune porte deux sortes de fleurs, disposées en épis serrés que l'on nomme *chatons*. Dès le mois de février, lorsque l'arbre n'a pas encore revêtu son feuillage, on voit s'ouvrir les bourgeons, les chatons croître et s'épanouir. Le chaton *mâle*, composé de fleurs *mâles*, c'est-à-dire pourvues d'étamines seulement, ressemble à une petite queue pendante, ou si voulez, à une grosse chenille ronde... Il est formé d'une multitude de petites écailles, qui abritent des groupes serrés d'étamines, dont les petites têtes rosées sortent de dessous les écailles. Ces sortes de fleurs ne portent pas de fruits. Le chaton de fleurs *femelles*, c'est-à-dire de fleurs qui portent les fruits, est ovale, large, et dressé au lieu d'être retombant ; il rappelle par sa forme une petite pomme de pin. Ce groupe de fleurs est formé d'écailles assez larges, sous chacune desquelles il y a deux fleurs ; mais chacune de ces fleurs ne consiste qu'en un *pistil*, renflé en forme de petite bouteille par le bas, et fourchu vers le haut. La petite bouteille renflée du pistil est l'*ovaire*; c'est elle qui, grossissant, devient le fruit. Ce fruit a la forme d'une graine aplatie. — Une autre espèce d'*Aune* a les feuilles en forme de cœur et les graines bordées d'une sorte d'aile. — Or, voici le Bouleau qui, vous disais-je, est organisé de même que l'aune. Il porte aussi des fleurs sans corolle, disposées en chatons mâles et femelles, et toutes semblables à ceux de l'aune. Mais celui-ci est un arbre mince, élancé, au tronc couvert d'une écorce blanche et lisse qui s'enlève par petits rouleaux; ses branches sont minces, ses rameaux extrêmement grêles, retombants ; son feuillage est léger, clair ; ses feuilles, assez petites, ovales, d'un vert vif en dessus, pâle en dessous, suspendues à des pétioles minces, bruissent au moindre souffle et flottent comme une chevelure que le vent soulève. Au lieu de se plaire au bord des eaux, il croît de préférence sur les collines, même jusqu'à une grande hauteur sur les pentes des montagnes, près des glaciers : il craint peu le froid, et malgré son air frêle, il résiste aux tempêtes ; pourtant il ne fleurit qu'en avril. — Ces deux arbres sont parmi les plus beaux et les plus utiles de nos forêts. Leur bois est surtout employé pour le chauffage.

Feuilles naissantes du Bouleau.

Chatons du Bouleau

L'AULNE

V. — LE PEUPLIER — LE SAULE

Famille des AMENTACÉES.

Dans les prairies, au bord des rivières et des ruisseaux, deux beaux arbres surtout se plaisent, très-différents d'aspect, et pourtant de même famille : les SAULES et les PEUPLIERS. Examinons d'abord les saules. Il en est plusieurs espèces; la plus commune est le *saule blanc*, dont les feuilles ont un reflet gris argenté. Le saule, quand on le laisse croître, devient un grand arbre, dont le tronc vigoureux s'élève tout droit; mais ses branches et ses rameaux un peu flexibles se penchent gracieusement. Ses rameaux sont longs, un peu grêles, d'une jolie couleur verte. Ses feuilles, longues, étroites, pointues, sont d'un gris verdâtre, lisses en dessus, en dessous velues et comme veloutées, presque blanches. Le saule porte deux sortes de fleurs, disposées en longs épis que l'on nomme *chatons* (3, 4); ces chatons sortent de leurs bourgeons dès le commencement du printemps, avant même que l'arbre soit couvert de feuilles : les enfants des champs les comparent à des chenilles poilues ou à des queues de renard. Les fleurs qui les composent sont petites, sans *corolles*, peu brillantes. La fleur à *étamines*, dite fleur *mâle* (1), consiste tout simplement en deux *étamines*, dont les longs filets grêles portent de petites têtes ou *anthères* dorées ou rougissantes, protégées par une petite écaille grisâtre en forme de feuille pointue; le chaton de fleurs mâles (3) est tout velouté de gerbes d'étamines pressées. La fleur femelle (2) est formée d'une sorte de petite bouteille allongée, qui est le *pistil*, portée sur un petit pied grêle, et pourvue d'une écaille; son extrémité se termine en une crête fourchue. Le pistil en grossissant devient un petit fruit contenant les graines de la plante. — Mais lorsqu'on veut avoir des saules, on ne songe pas à semer ces graines; il est bien plus simple d'arracher un jeune rameau de l'arbre et de le planter en terre : le saule est si *vivace* que la *bouture* ainsi plantée prend racine et croît rapidement. — On laisse rarement, dans nos campagnes, le saule croître librement; on coupe l'arbre à une certaine hauteur; il s'en élance des rameaux nombreux, qui forment une grosse tête touffue. Une variété du saule blanc a ses jeunes rameaux jaunes et extrêmement flexibles : c'est l'*osier*, dont on se sert pour faire des corbeilles et autres ouvrages de même sorte. On le cultive dans des lieux humides qu'on nomme *oseraies*. Les souches, coupées au ras du sol, fournissent de longs jets minces; conservés avec leur écorce, ils servent à faire des liens pour attacher les arbres aux espaliers. — Le *saule vert* a les feuilles plus larges et d'un vert plus foncé; le *saule pleureur* se distingue par ses rameaux longs et grêles, qui pendent tristement et flottent au vent comme une chevelure dénouée.

Peupliers d'Italie.

Le peuplier a ses feuilles beaucoup plus larges, en forme de cœur, et portées sur de plus longs pétioles (petits pieds). Il y a aussi dans nos prairies plusieurs espèces différentes de peupliers. Le *peuplier blanc de Hollande*, joli arbre très-élégant, droit, élevé, régulier, a ses feuilles d'un vert très-pâle en dessus, blanches en dessous. Le *peuplier d'Italie* a son tronc très-élancé, très-long; ses rameaux, serrés autour, montent presque verticalement, en sorte que l'arbre lui-même se tient mince et droit comme un I majuscule.... Son feuillage est d'un joli vert vif. Le peuplier *tremble*, dont les feuilles s'agitent au plus petit souffle, est commun dans nos forêts. On plante auprès des rivières des *rideaux*, c'est-à-dire des rangs serrés de peupliers, qui sont un abri contre le vent. Les fleurs des peupliers sont de deux sortes et disposées en *chatons*, comme celles des saules. Le bois du peuplier est blanc, tendre, peu durable : on l'emploi à faire des caisses légères; celui du saule, trop mou, sert à peu d'usages.

LE SAULE

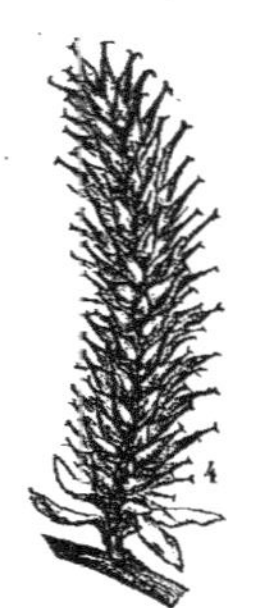

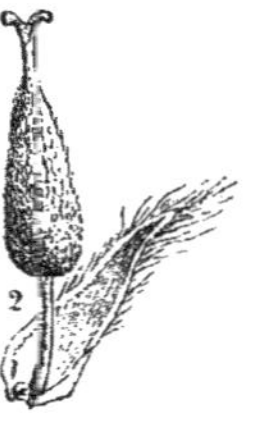

VI. — LE MURIER — L'ORME

Famille des ULMACÉES.

Dans nos départements du midi de la France on plante un très-grand nombre de MURIERS, dont les feuilles servent à la nourriture des vers à soie. Le mûrier blanc est un bel arbre, au gros tronc robuste, aux fortes branches. Les rameaux portent de larges feuilles d'un vert vif, échancrées en forme de cœur, pointues à l'extrémité, dentelées en dents de scie sur leurs bords, rudes au toucher, portées sur des pétioles (petits pieds) courts (2). De même que la plupart de nos grands arbres, le mûrier porte des fleurs petites, peu apparentes et sans beauté Comme celles du chêne, du châtaignier, du bouleau, du saule, elles naissent disposées par petites grappes ou épis, qu'on nomme *chatons;* il y en a de deux sortes. Les fleurs mâles sont formées seulement de quatre étamines, dont les *anthères* (petites têtes) sont portées sur des filets aplatis en forme de rubans, et protégées par quatre minces écailles pointues : mais pour voir ces détails il faut y regarder de près. car ces fleurettes sont très-petites. Le *chaton* des fleurs mâles est une grappe légère : les fleurs *femelles*, au contraire, celles qui produisent les fruits, forment un groupe serré, arrondi en boule. (3) Chacune de ces fleurs est formée d'une boule verte surmontée de deux légers plumeaux : c'est le *pistil;* la petite boule verte est l'*ovaire.* C'est elle qui, grossissant et mûrissant, devient demi-transparente et jaunâtre, molle, pleine d'un jus sucré, acide et frais. Le *chaton* s'est transformé en un fruit, ou plutôt en un groupe très-serré de petits fruits, qui est la *mûre* (4). Le mûrier blanc est ainsi nommé à cause de la couleur blanchâtre de ses fruits mûrs; il y a une autre espèce, appelée *mûrier noir*, parce que ses fruits, verts d'abord, puis rouge vif, finissent par devenir d'un violet foncé presque noir; le jus qui en coule si on les écrase est rouge comme du sang. La *mûre noire* est un fruit agréable et sucré, comme la mûre blanche. Les mûriers ouvrent leurs bourgeons en avril; en mai, ils sont couverts de jeunes feuilles. Alors ouvrières et paysannes de Provence partent dès l'aube du jour pour la *murieraie*, et vont faire leur cueillette; elles détachent les feuilles avec précaution, et les entassent dans des sacs de toile blanche qu'un cerceau tient ouvert, afin qu'elles ne soient point foulées; puis elles les portent aux *magnaneries*, c'est-à-dire aux lieux où l'on élève les vers à soie. Les vers à soie viennent d'éclore ; on leur donne à manger les feuilles les plus petites et les plus tendres ; quand ils auront grandi, on les nourrira de feuilles devenues déjà plus grandes et plus fortes. Le mûrier est pour ces régions un arbre précieux; l'élevage des vers à soie, la fabrication du fil et des étoffes de soie, sont une des grandes industries du pays. — L'ORME, de même famille que le mûrier, est un des beaux arbres de nos forêts ; on le plante souvent sur nos promenades pour donner de l'ombrage aux passants, à cause de son feuillage d'un beau vert sombre, touffu et résistant. Les feuilles de l'orme ont à peu près la forme de celles du mûrier (1), mais elles sont plus petites. Ses fleurs naissent avant le feuillage, disposées en petits groupes arrondis ; elles sont d'une seule espèce, chacune contenant à la fois une gerbe d'étamines dont les *anthères* sont d'une jolie couleur rosée, et un pistil en forme de petite bouteille à goulot surmonté de trois petites cornes. Le pistil devient le *fruit*, qui a une forme particulière : figurez-vous une petite graine aplatie qu'on aurait collée entre deux petits disques ovales de papier mince... Cette bordure qui s'étend autour de la graine forme une sorte d'aile. Les fruits ainsi pourvus d'un aile sont appelés *samarres*; lorsque le vent détache le fruit mûr de la branche, il le fait voltiger, l'emporte et le sème au loin. — L'orme nous est surtout utile par son bois, qui est résistant et durable, et que l'on emploie à toutes sortes d'ouvrages de menuiserie.

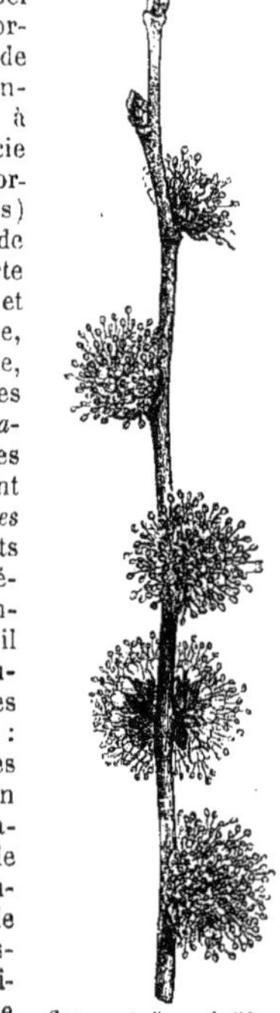

Groupes de fleurs de l'Orme.

Samarre de l'Orme.

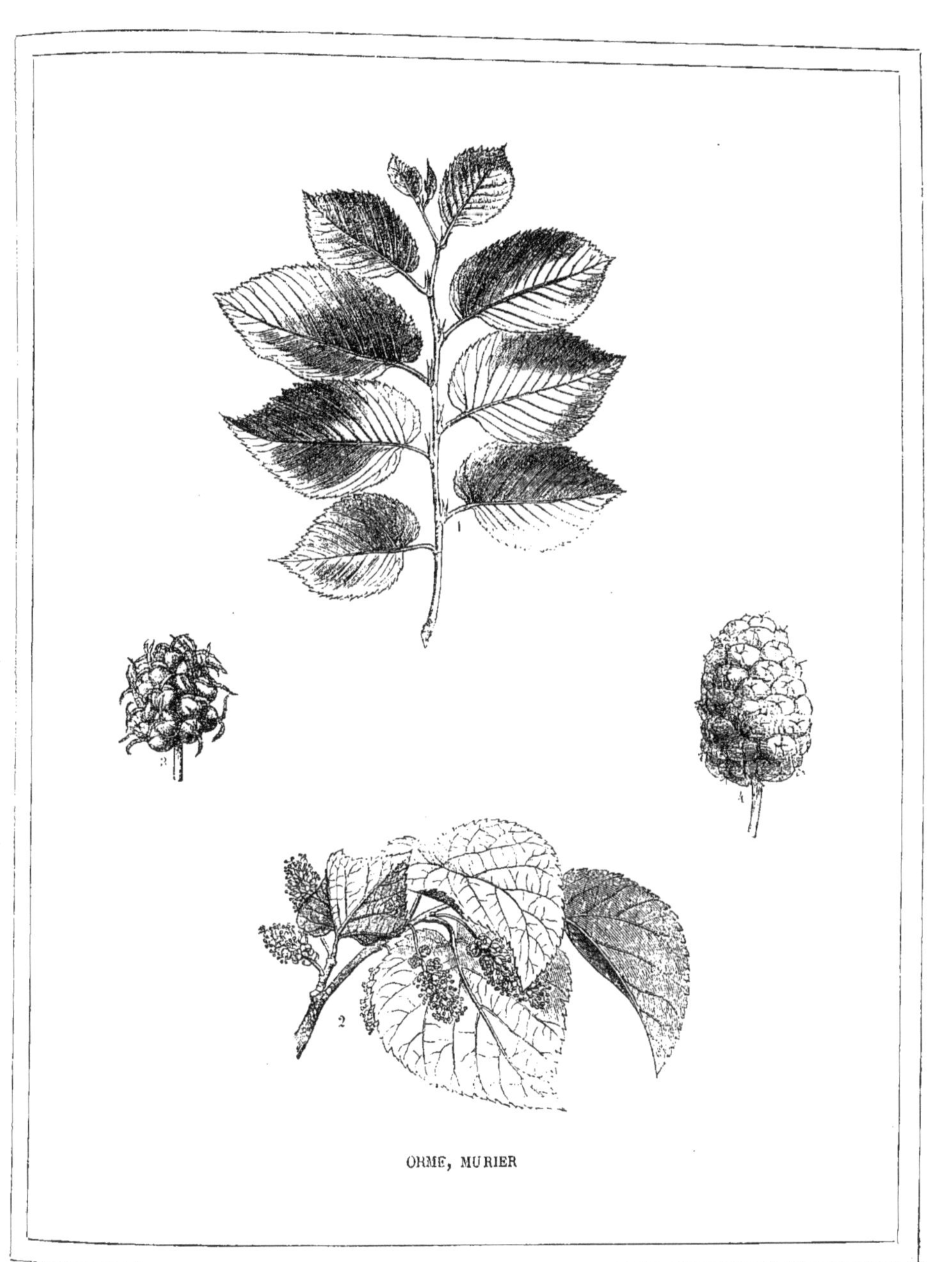

ORME, MURIER

VII. — LE FIGUIER

Famille des Ulmacées.

Le Figuier est un bel arbre qui nous vient des contrées de l'Orient ; mais il y a plus de deux mille ans qu'il est *naturalisé* dans nos climats. Il est commun surtout en Grèce, en Italie, dans les départements du Midi de la France ; il croît dans les jardins, près des maisons. Il aime un sol pierreux ; mais c'est un arbre frileux, et une forte gelée peut le faire périr. Son tronc a l'écorce grise, assez lisse ; ses branches tortueuses portent des rameaux tendres, pleins de moelle. Les feuilles du figuier(2) sont très-larges, dentelées, divisées en cinq *lobes* ou grandes dentelures, portées sur des *pétioles* (pieds) longs et arrondis. Ces feuilles ressemblent aux feuilles de vigne ; mais elles sont plus grandes, plus épaisses, et d'un vert très-foncé, lisses en dessus, rudes en dessous. Le bois et l'écorce du figuier contiennent un suc blanchâtre, âcre et malsain, qui coule comme des gouttes de lait lorsqu'on coupe un rameau ou qu'on blesse l'écorce de l'arbre. Le bois du figuier est fragile : et il est bon de s'en rappeler, quand on monte dans l'arbre pour cueillir les figues ; des branches qui paraissent fortes et assez grosses peuvent rompre tout-à-coup et précipiter sur le sol le grimpeur imprudent... Mais les *figues* offrent quelque chose de tout particulier, et de curieux à examiner. Dès la première saison, avant même que les bourgeons s'ouvrent et laissent se développer leurs feuilles, on voit sur les rameaux de très-petites figues (1) qui déjà ont à peu près la forme qu'elles garderont en grandissant, c'est-à-dire la forme d'une poire. Cela semble étonnant : « des fruits qui naissent sur les branches et qui ne proviennent pas de fleurs... » — C'est que la figue n'est pas exactement ce que nous devons appeler le *fruit* de l'arbre.

Ce bouton verdâtre en forme de poire et qui va grossissant, est une sorte de sac, de bouteille, si vous aimez mieux, qui sous son enveloppe verte contient, tout d'abord, les *fleurs*... Ces fleurs ainsi enfermées ne sont pas visibles ; et voilà pourquoi au premier coup d'œil on pourrait croire que le figuier n'a pas de fleurs. Mais nous ne perdons pas beaucoup à ne pas les voir, car elles ne sont aucunement belles... Si vous voulez les observer, il vous suffira de couper en deux une figue déjà un peu grosse, mais encore verte et ferme sous les doigts (3). Vous verrez alors les petites fleurs, en grand nombre, serrées les unes contre les autres : quelques-unes (4) portent déjà comme un petit noyau, qui deviendra plus tard la graine. L'enveloppe épaisse qui les contient se nomme le *réceptacle*. Or voilà que dans ces petites fleurs se forment, puis mûrissent les véritables fruits, en façon de petites bouteilles, très-molles, pleines d'un suc épais et sucré, et contenant de petites graines ; ces fruits serrés les uns contre les autres et collés par le suc gluant sont la partie que nous mangeons ; nous rejetons ordinairement le réceptacle vert, à moins que lui-même aussi, en mûrissant complètement, ne soit devenu tendre, juteux et sucré. Une figue, ce n'est donc pas à proprement parler, *un* fruit ; c'est un groupe de fruits contenus dans une enveloppe. — La figue est douce et rafraîchissante. On peut faire sécher les figues, soit au soleil, soit dans une sorte de four ; elles s'aplatissent alors et deviennent plus fermes extrêmement sucrées ; on peut le conserver pour les servir à l'hiver sur nos tables. — Une autre plante de même famille, qui ressemble par son organisation au figuier, et plus encore à l'orme de nos campagnes, c'est le *Micocoulier*, bel arbre commun dans nos départements du Midi. Son tronc est élancé, son feuillage d'un beau vert frais ; ses feuilles sont petites et rappellent celles de l'orme ou du charme ; elles sont ovales, terminées en pointe et portées sur de minces *pétioles*. La fleur du micocoulier est formée d'un *calyce* de cinq *sépales* en forme d'écailles vertes creusées en cuiller ; de cinq étamines à grosses *anthères* (têtes) portées sur de courts filets, et d'un *pistil* en forme de bouteille ovale surmontée de deux longues lanières velues. La partie du pistil renflée en forme de bouteille est l'*ovaire*, qui, grossissant et mûrissant, deviendra le fruit. Le fruit du micocoulier est arrondi presque en boule, et ressemble un peu à une cerise. Les enfants le mangent volontiers et lui trouvent un goût sucré assez agréable. Le Micocoulier de Provence est un arbre très-utile. On en fait des haies autour des jardins et des vergers ; son feuillage sert à la nourriture du bétail, et ses graines, pressées fortement, laissent couler une huile excellente pour l'éclairage. Son bois dur, compacte, presque incorruptible, sert à faire des meubles, des boîtes et surtout des instruments de musique.

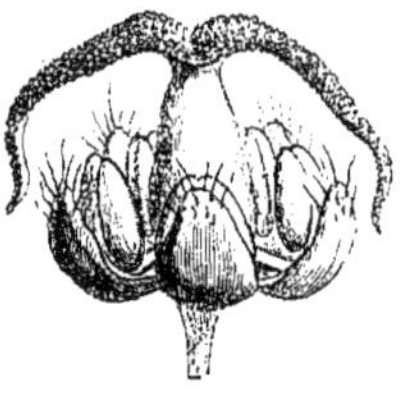

Fleur du Micocoulier.

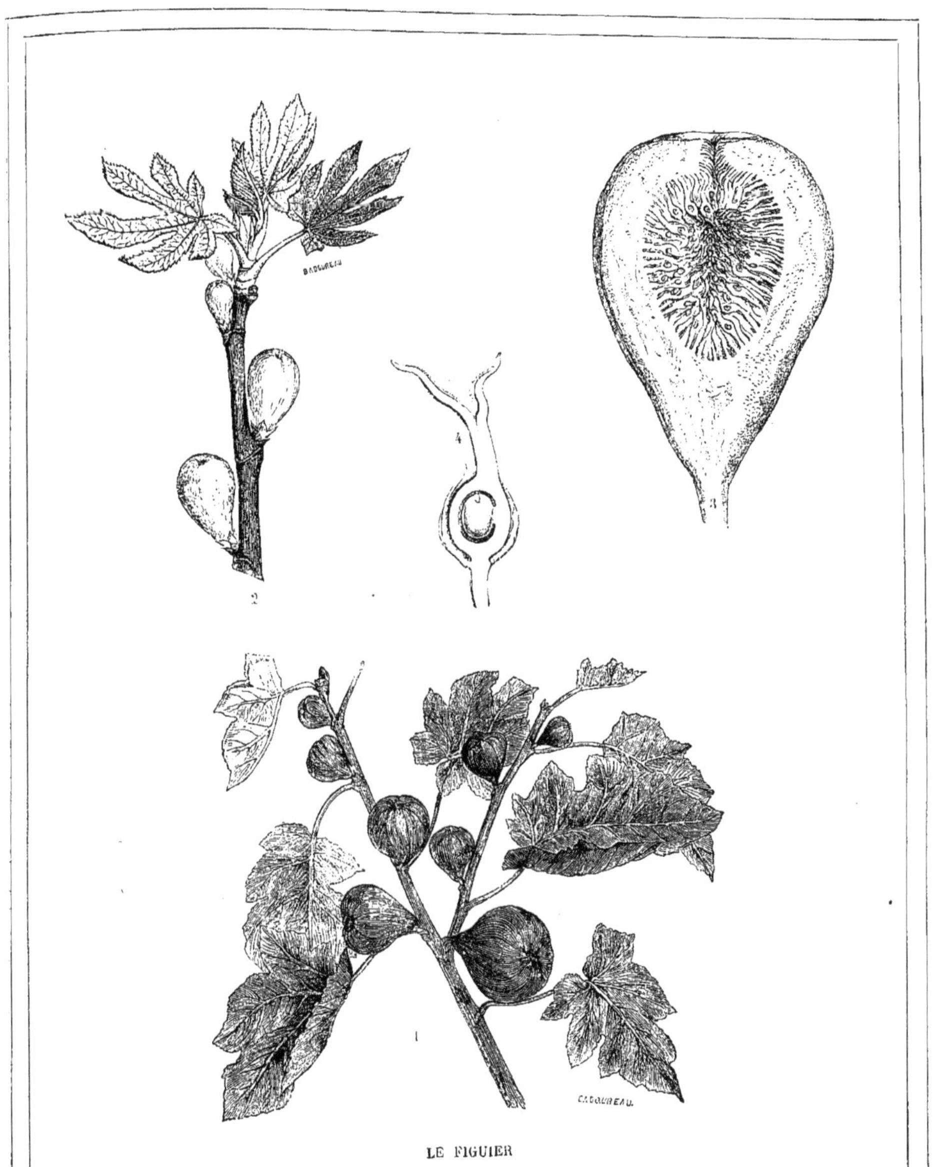

LE FIGUIER

VIII. — LE CHANVRE

Famille des ULMACÉES.

On nomme plante *textiles*, c'est-à-dire propres à la fabrication des tissus, certains végétaux qui nous fournissent de quoi fabriquer des fils et des étoffes. Pour qu'une plante soit une plante *textile*, il faut que sa tige ou ses feuilles, ou quelqu'autre partie du végétal, contienne des *fibres* (c'est-à-dire des filaments) longues, flexibles, assez tenaces ; que l'on puisse détacher ces fibres les unes des autres pour les tordre ensuite ensemble afin d'en former des fils. Beaucoup de végétaux sont assez filamenteux pour qu'on puisse en utiliser les fibres. Dans nos pays, deux *plantes textiles* sont surtout cultivées : le *lin* et le *chanvre*.

Le CHANVRE est une plante *annuelle*, c'est-à-dire achevant sa vie dans le cours d'une seule année ; sa tige est mince et frêle, très-longue, et s'élève très-droite ; elle porte d'élégantes feuilles et d'un beau vert. Ces feuilles portées sur un petiole (petit pied) grêle, sont composées de cinq longues dents qui sont comme autant de petites feuilles (folioles) réunies sur le même pied, disposées en éventail, ou si vous voulez, comme les doigts d'une main ouverte. Mais la plante que nous examinons a quelque chose de particulier; c'est que tous les *pieds de chanvre*, quoique de même espèce, ne sont pas semblables ; il y en a de deux sortes. Le chanvre, comme beaucoup d'autres végétaux, a deux sortes de fleurs : des fleurs *mâles* et des fleurs *femelles*, que nous apprendrons tout à l'heure à distinguer ; mais dans la plupart des végétaux qui ont ainsi deux sortes de fleurs, ces fleurs sont portées sur la même tige ; or, dans le chanvre, il y a des pieds qui ne portent que des fleurs mâles et qu'on appelle par cette raison pieds de chanvre mâles (1) ; les autres ne portent que des fleurs femelles, et sont appelés pieds femelles (2). On les distingue facilement à l'œil, dans le champ, quand la plante est en fleur ; au reste pieds mâles et pieds femelles, toujours mêlés, ont absolument le même usage. Les fleurs du chanvre par elles-mêmes ne sont ni grandes ni brillantes et n'attirent pas le regard. Les fleurs mâles sont groupées à l'extrémité de la tige et de ses rameaux en grappes légères et élégantes, dressées comme des épis (3). Chacune de ces fleurettes (5) est composée d'un *calyce* en façon de collerette étoilée, formée de cinq *sépales* ou petites feuilles, et porte cinq de ces petits organes qu'on appelle *étamines*. Ces fleurs mâles ne portent pas de fruits ; leurs étamines laissent seulement échapper une fine poussière dont il serait trop long d'expliquer ici l'utilité. Les fleurs femelles moins jolies encore, naissent par petites touffes entremêlées de feuilles (4) ; chacune a un calyce peu visible, formé de deux petites écailles verdâtres, et contient un *pistil* semblable à une graine mince, terminée par deux plumettes légères (6) : ce sont elles qui portent les *graines*. Les plumettes du pistil tombent ; sa petite graine grossit et devient le grain de *chènevis*, arrondi (7), de couleur grise et recouvert d'une enveloppe écailleuse, que l'on donne souvent pour nourriture aux oiseaux élevés en cage. Cette graine, broyée en farine et pressée fortement, laisse couler un liquide gras, qui est l'*huile de chènevis*, employée à divers usages, et surtout à l'éclairage. Mais la partie la plus utile de la plante, c'est la tige, dont l'écorce contient les fibres textiles. Le chanvre ayant donné sa graine, on l'arrache, on le fait sécher ; lorsqu'on le bat sur l'aire, ses feuilles se détachent, les graines tombent ; on les recueille. Les tiges, liées par gerbes, sont alors plongées dans l'eau d'un ruisseau ou d'une mare, où elles restent plusieurs jours. Cette opération qu'on nomme *rouissage* a pour but de décoller les filaments, afin de pouvoir les séparer plus facilement : le chanvre roui répand une odeur très-désagréable. Le rouissage achevé, on fait sécher les tiges, puis on les bat à l'aide d'une machine de bois qui les écrase. La partie intérieure de la tige, qui est comme une sorte de moëlle, se brise et se disperse ; les fibres minces de l'ecorce, tenaces et flexibles, se détachent comme des fils fins et soyeux. Ces fibres convenablement nettoyés, forment la *filasse* de chanvre qui, filée au *fuseau*, au rouet ou à la machine, se transforme en fils, dont on fait des toiles fortes et solides. Avec de gros fils de chanvre tordus ensemble, on fait les *ficelles*, les *cordes* et les *câbles*. Le chanvre est donc une plante très-utile ; mais en même temps c'est une *plante dangereuse*, car toutes ses parties, excepté la graine, contiennent une substance qui est un violent poison.

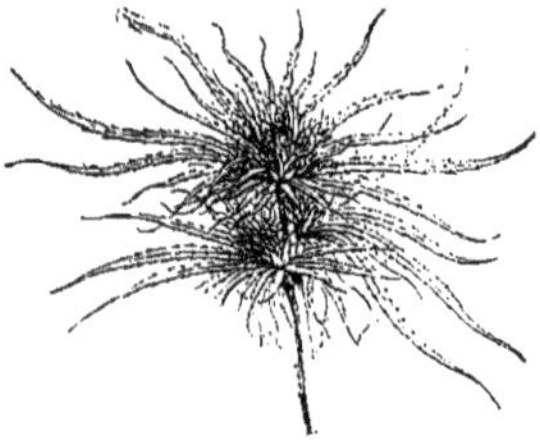

Groupe de fleurs femelles du chanvre.

LE CHANVRE

IX. — LE HOUBLON

Famille des Ulmacées.

Dans les pays du nord où la vigne, faute de chaleur, ne peut mûrir ses raisins, où le vin, qu'il faut faire venir de loin, est rare et cher, on tâche d'y suppléer en fabriquant diverses boissons fermentées qui peuvent en tenir lieu. L'une des plus importantes de ces boissons, c'est la *bière*, que l'on fabrique avec de l'eau, de l'*orge germée* et du houblon. Le houblon est une plante grimpante qui croît surtout dans les lieux humides et ombragés. La tige du houblon est mince, ronde, rougeâtre, rude au toucher ; elle s'enroule autour des troncs et des branches, ou des supports qu'on lui offre, comme font celles des capucines, des liserons ou des haricots. La feuille du houblon est d'un vert foncé, découpée à la manière d'une feuille de vigne, c'est à dire formant cinq grands *lobes* (le plus grand au milieu), dont les bords sont dentelés en dents de scie; cette feuille ainsi que celle de la vigne est portée sur un pied ou *pétiole*. Comme plusieurs autres plantes, comme le *chanvre* par exemple, avec lequel il a quelques traits de ressemblance, le houblon porte deux sortes de fleurs, qui n'attirent pas beaucoup le regard. Celles qu'on appelle les *fleurs mâles* sont minces, frêles, disposées en petites grappes fort grêles ; elles sont représentées ici (4) trois ou quatre fois plus grandes qu'elles ne sont en réalité. Elles sont formées d'un léger *calyce* à cinq *sépales*, et de cinq *étamines* portant sur des filets courts et grêles des *anthères* minces, très-larges à proportion. Les *fleurs femelles* ont un tout autre aspect. Elles sont disposées par groupes, en forme de gros épis, ou si vous aimez mieux, en forme de pomme de pin ou de pomme de mélèze : c'est ce qu'on appelle le *cône* du houblon (5). Chaque fleur femelle se compose d'une seule *écaille* mince et verte, abritant un petit *ovaire* surmonté de deux petites plumettes. Cet ovaire, arrondi et aplati, c'est ce qui deviendra le fruit. Le fruit mûr a l'aspect d'une graine aplatie, terminée par une sorte d'*aile*, mince, légère, demi-transparente, et tout à fait semblable pour l'aspect à une aile d'insecte.

Grappe de fleurs mâles.

Graine pourvue de son aile.

Le *cône*, en mûrissant, grossit et jaunit un peu (6). Lorsqu'on écarte ces minces et larges écailles qui le forment, on voit collés à ces écailles de petits grains épars, d'une couleur jaune dorée magnifique, semblables à des grains de sable. Si vous portez à votre bouche une de ces écailles détachées, semée de grains jaunes, vous trouvez à ces grains une saveur extrêmement amère. C'est par cette substance amère, nommée *lupuline*, que le houblon est utile ; c'est à cause d'elle qu'on le cultive. Elle est très-saine ; on fait avec les cônes du houblon une tisane amère et fortifiante. Il y a des houblons sauvages, qui croissent dans les lieux humides et abrités, le long des ruisseaux, grimpent aux arbres et jettent de branche en branche leurs belles guirlandes touffues. Mais on cultive aussi la plante dans de vastes *houblonnières*, établies sur des terrains humides, près des eaux courantes. On donne pour support à la plante grimpante des pieux solidement enfoncés, qu'elle revêt de son feuillage frais et sombre. On recueille les *cônes* à mesure qu'ils mûrissent, et on les fait sécher un peu, pour les envoyer aux *brasseries*.

Les opérations de la fabrication de la bière sont extrêmement intéressantes. On fait tout d'abord tremper les grains d'orge dans l'eau ; puis, lorsque ces grains commencent à se gonfler et à se ramollir, on les étend sur un plancher : ils ne tardent pas à germer. Quand le germe a atteint une longueur à peu près égale à celle du grain lui-même, on fait sécher l'orge sur un *séchoir*, puis on le moud sous des meules, non pour le réduire en fine farine, mais pour le broyer à demi seulement. Avec la matière ainsi traitée, qu'on nomme *malt*, on prépare dans d'immenses cuves, avec de l'eau très-chaude, presque bouillante, une sorte d'*infusion*, ou si vous voulez, de *tisane* d'*orge germée*, qu'on nomme *moût*. Cette infusion a un goût sucré agréable ; elle peut fermenter comme le vin ou le cidre. Mais si on n'y ajoutait rien autre chose, cette liqueur se gâterait; en très-peu de jours elle deviendrait aigre. C'est pour éviter cet inconvénient qu'on jette dans la cuve une quantité suffisante de cônes de houblon, à demi effeuillés: puis on fait bouillir le liquide. La substance jaune amère qu'ils contiennent et qui se dissout dans le *moût*, a la propriété d'empêcher la liqueur fermentée d'aigrir ; en même temps elle lui donne une amertume franche, parfumée et agréable. La bière refroidie est recueillie dans des tonneaux, puis enfin mise en bouteille.

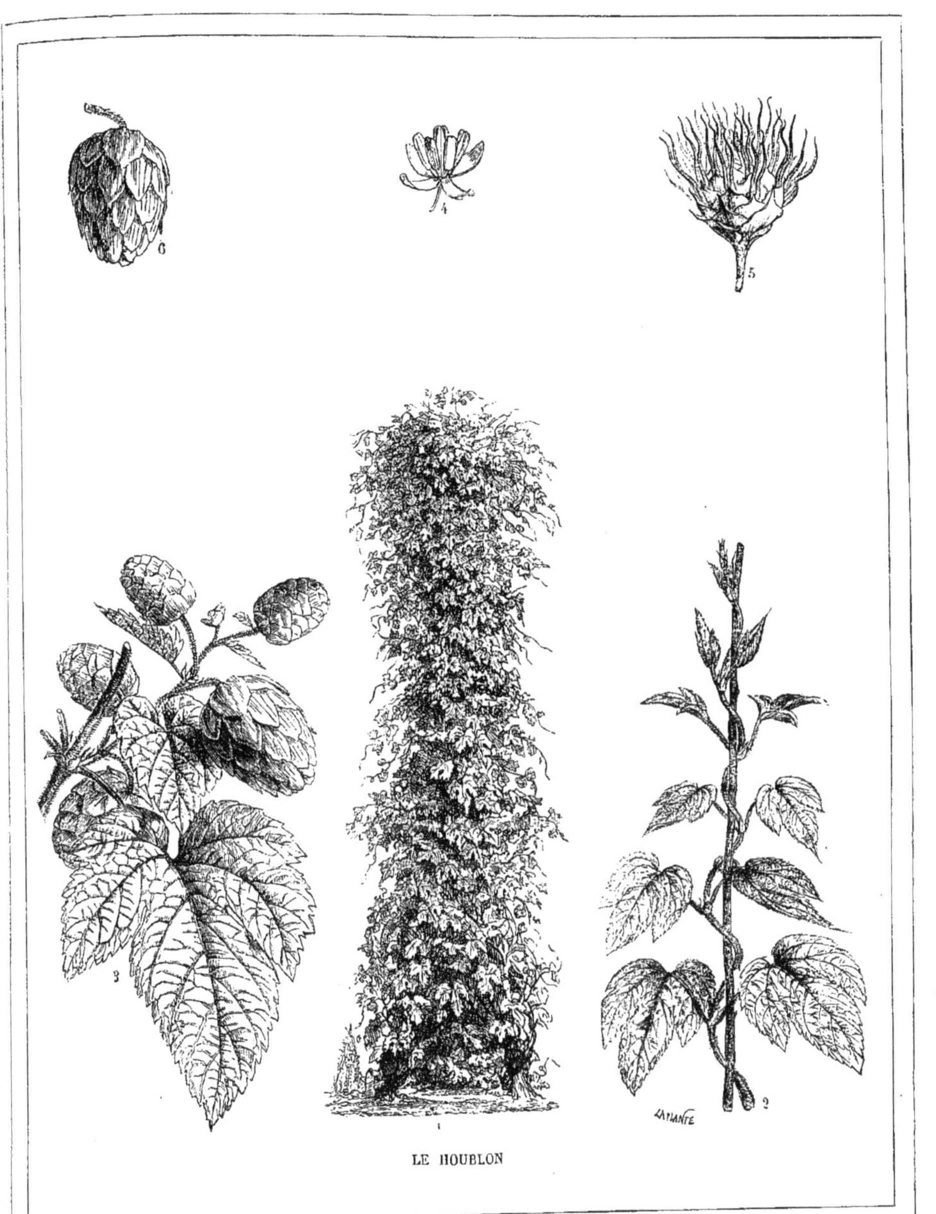

LE HOUBLON

X. — L'ÉPURGE — LE RÉVEIL-MATIN — LE BUIS

Famille des EUPHORBIACÉES.

Les *Euphorbes* sont des plantes dangereuses, au suc âcre, malfaisant, laiteux et de couleur blanche ou jaunâtre. Examinons une espèce commune dans nos campagnes aux lieux incultes. L'ÉPURGE est une assez jolie herbe au feuillage frais, qui s'élève parfois jusqu'à un mètre de hauteur. Ses tiges sont rondes, lisses, molles ; ses feuilles, tendres, lisses, allongées et sans dentelures, sont portées sur de courts *pétioles* (pieds). Ses rameaux se terminent par de jolis bouquets touffus de jeunes feuilles de couleur jaunâtre. Ses fleurs, très-singulières, sont peu visibles (1). A demi cachées entre des *bractées*, petites feuilles courtes, sans pétioles, elles consistent en un groupe *d'étamines* portant leurs *anthères* aplaties sur de courts filets grêles ; du milieu de ce groupe s'élève une tige qui se recourbe en forme de crosse, et porte une petite boule verte rayée de côtes saillantes rappelant celles du melon, surmontée de trois crossettes recourbées : c'est le *pistil;* la petite boule, qui est l'*ovaire*, grossit et devient le fruit. Mais ce qui aide surtout à distinguer cette plante, c'est que si l'on brise une de ses tiges, il en sort une liqueur laiteuse extrêmement âcre, d'une saveur brûlante, et qui est un poison. Le RÉVEIL-MATIN ressemble beaucoup à l'épurge; mais cette plante est de taille plus petite. Ses tiges sont molles, lisses, souvent rosées ; ses feuilles sont petites, molles, ovales, arrondies à l'extrémité; les feuilles qui croissent aux extrémités des rameaux et les bractées qui environnent les fleurs, semblables à celles de l'épurge, mais plus petites, sont d'un vert presque jaune. Cette plante, ainsi que le *tithymale*, qui lui ressemble très-fort, est un poison violent. La *mercuriale*, herbe aux tiges molles et vertes, aux feuilles dentelées sur le bords, envahit les cultures négligées : elle est bien moins âcre et moins nuisible queles espèces précédentes. Cette plante (2,4) porte deux sortes de fleurs, les *fleurs mâles* et les *fleurs femelles*, qui naissent non pas sur le même pied, mais sur des pieds différents. Les fleurs mâles, (3) très-petites, contenant un groupe d'étamines, naissent par minces épis : les fleurs femelles montrent une petite boule (5) verte, velue, surmontée de deux crochets : c'est le *pistil*, dont l'ovaire devient le fruit. — Le BUIS croît à l'état sauvage en buissons verdoyants et touffus sur les pentes des collines. Ses fleurs sont aussi de deux sortes ; mais les fleurs mâles à étamines, et les fleurs femelles à pistils naissent sur le même pied ; ses feuilles ovales, lisses, d'un vert frais et foncé, ne tombent pas à l'hiver. On en fait des bordures dans nos jardins. Le bois du tronc et des racines du buis est extrêmement fin et dur; on l'emploie à de nombreux usages. — Enfin le *ricin*, aux grandes feuilles découpées, aux bouquets élégants de fleurs verdâtres, cultivé dans le midi de la France appartient encore à la famille des *Euphorbiacées*. Ses fleurs mâles avec leurs gerbes d'étamines, et les fleurs femelles avec leurs ovaires en boule, sont réunies dans les mêmes grappes. De ses graines fortement pressées on extrait une huile épaisse que l'on nomme *huile de ricin*. Ces deux dernières plantes sont donc des plantes utiles; néanmoins leur suc est âcre, amer et malfaisant.

Le Buis.

ÉPURGE, MERCURIALE, RICIN

XI. — LE SARRASIN

Famille des POLYGONÉES.

A l'été, les campagnes de la Bretagne sont toutes parfumées de l'odeur des SARRASINS en fleur. Les champs, couverts de leurs petites grappes blanches, sont comme d'immenses bouquets odorants; les abeilles, par milliers, y bourdonnent et recueillent un miel abondant. La plante précieuse qu'on appelle *sarrasin* (1) est de petite taille; elle atteint rarement un mètre de hauteur. Sa tige est ronde, verdâtre ou rougeâtre, molle et fragile; ses feuilles larges, de forme presque *triangulaire*, sont portées sur un *pétiole* ou petit pied, et, chose que les *botanistes* remarquent avec soin, à l'endroit où le pétiole tient à la tige, il y a une collerette verte, qui enveloppe celle-ci comme d'une sorte de petit cornet. Ces feuilles sont tendres, et peuvent être mangées absolument comme celles des épinards. La tige porte plusieurs branches, qui se terminent par d'élégantes grappes de fleurs. Ces fleurs sont blanches, assez petites, comme vous le voyez sur le dessin (2) qui représente leurs grappes de grandeur naturelle. Un autre dessin vous figure la même fleur quatre ou cinq fois plus grande qu'elle n'est en réalité, afin que vous en distinguiez mieux les diverses parties (3). C'est une fleur étoilée, formée de cinq *sépales* blancs, dont l'ensemble est le *calyce;* la seconde enveloppe de la fleur, que l'on appelle *corolle*, n'existe pas, dans le sarrasin. Au dedans, un groupe de six à neuf *étamines*, dont les *anthères* (petites têtes) sont portées sur de minces filets. Au centre enfin, le pistil, en forme de bouteille, se termine par trois petites dentelures. La fleur se fane vite; le pistil grossit, et sa partie inférieure renflée, qui se nomme l'*ovaire*, devient le *fruit*. Ce fruit est une simple graine, grise brunâtre, d'une forme curieuse: en haut, il se termine en pointe aiguë (fig. 4, fruit grossi); et sur les côtés, il est aplati sur trois *pans* et bordé de trois petites côtes saillantes; en sorte que, si l'on coupe le fruit en travers, sa *coupe* figure un triangle (5).

A mesure qu'une fleur tombe, de nouveaux boutons épanouissent. Enfin quand toutes les fleurs sont passées et tous les fruits mûrs, la vie de la plante est finie; sa tige se flétrit, ses feuilles jaunissent et rougissent. On arrache alors le *sarrasin:* on lie les pieds en petites gerbes, que l'on plante debout et qu'on laisse aussi sécher quelques jours. Puis la plante sèche est portée sur l'aire, on la *bat* comme le blé, à l'aide d'un fléau; la graine se détache, on la recueille et la nettoie. Cette graine, broyée dans un petit moulin, semblable à un moulin à café, produit une farine grise, dont on peut faire des bouillies, des galettes minces et dorées. Dans les pays où la terre trop maigre produit peu de blé, on cultive le sarrasin; on mange beaucoup de ces bouillies et de ces galettes, qui sont très-nourrissantes, et qui remplacent en partie le pain; c'est pourquoi le sarrasin est souvent appelé *blé noir* (à cause de la couleur gris-brun de ses graines), quoique cette plante ne ressemble aucunement au blé.

Une autre plante utile, de même famille que le sarrasin, c'est l'*oseille*, dont les feuilles ont un goût acide agréable, et servent à *relever* la saveur de certains mets. L'oseille (6) a ses feuilles plus allongées et plus épaisses que celles du sarrasin, pourvues aussi d'une collerette à leur pied. Quand la plante *monte à graine*, sa tige, ronde, molle, rayée suivant sa longueur de petites cannelures, est de couleur verte ou rougissante; elle porte des grappes allongées de fleurs peu apparentes, et de très-petites graines semblables de forme au *blé noir*, luisantes et brunes, foncées de couleur. Quand les fleurs sont passées, la grappe de fruits devient d'un beau rouge foncé, et c'est justement alors qu'elle semble fleurie. L'oseille sauvage est plus petite et d'un goût plus aigre encore que celle que l'on cultive dans nos jardins. L'*épinard*, dont on mange les feuilles, appartient aussi à la même famille. Sa tige est plus frêle; ses feuilles triangulaires se terminent en trois pointes aiguës. Ses fleurs sont petites et peu visibles.

L'Épinard.

LE SARRASIN, L'OSEILLE

XII. — LA BETTERAVE

Famille des CHÉNOPODÉES.

Autrefois le sucre était presqu'exclusivement fourni par la *canne à sucre*, plante qui a l'aspect du roseau, et ne vit que dans les pays chauds. Maintenant la plus grande partie du sucre que nous consommons est le produit d'une plante de notre pays, la *betterave*, plante qui a en même temps beaucoup d'autres usages. La betterave est un végétal à racine *pivotante*, c'est-à-dire à racine principale forte et épaisse, s'enfonçant toute droite en terre, et terminée en pointe, comme la pointe d'un piquet, d'un *pivot*. Cette racine est tout à fait semblable à celle de la carotte, du navet, de la rave ; mais elle atteint une taille bien plus forte. Lorsque la graine est levée, et que la jeune plante commence à étaler ses premières feuilles, elle a à peu près l'aspect d'un *radis*, tel qu'on le sert sur nos tables ; c'est-à-dire que sa racine pivotante, encore petite, est surmontée d'un bouquet de feuilles qui naissent au ras de terre (1). La plante croît rapidement, en conservant à peu près le même aspect ; sa racine grossit énormément, ses feuilles deviennent très-longues et très-larges, d'un beau vert foncé, frais et vif; elles sont ovales, très-peu dentelées sur les bords, et portées sur un fort pétiole (pied de la feuille). On peut dès ce moment cueillir, à mesure qu'elles se développent, une partie des feuilles de la plante : ces feuilles servent à la nourriture du bétail. — Quand la racine a atteint toute sa grosseur, on l'arrache (2) ; cette racine molle, de couleur blanche, rose ou rouge foncé suivant les variétés, tendre comme un fruit mûr est toute gonflée d'un jus sucré. Les racines de betterave peuvent être conservées pour la nourriture des bestiaux à l'étable ; certaine variété à chair rouge, à sève plus sucrée et d'un goût plus fin, à demi desséchée au four, est un aliment d'un goût agréable. Mais une grande partie des racines, destinée à faire du sucre, est envoyée aux fabriques. Là, ces racines, convenablement lavées, sont *rapées* à l'aide d'une machine qui les réduit en une sorte de bouillie ; puis cette bouillie, très-fortement pressée, laisse couler le jus sucré, que l'on recueille, que l'on filtre et *clarifie* avec soin. Ce jus clarifié n'est pour ainsi dire que de l'eau sucrée, pour en retirer le sucre qu'elle contient, il suffi de faire évaporer l'eau. Pour cela, le jus est chauffé, cuit, avec certaines précautions nécessaires, dans de vastes chaudières ; l'eau s'évapore, et le jus, de plus en plus *concentré*, se transforme en un sirop épais. On le laisse refroidir, et la plus grande partie du sucre contenu dans le jus de la plante *cristallise*, c'est-à-dire se sépare du liquide sous la forme de petits grains assez semblables à des grains de sel ; une autre partie de la matière sucrée reste liquide : c'est ce qu'on nomme la mélasse. Le sucre ainsi fabriqué est de couleur jaunâtre ; pour qu'il ait la belle couleur blanche et le goût fin de notre excellent sucre blanc, il faut qu'il soit *raffiné :* c'est une opération qu'il serait trop long de décrire en détail, mais qui en somme consiste à dissoudre le sucre dans l'eau, et à le faire *cuire* une seconde fois, et cristalliser de nouveau. Si on n'arrache pas la plante au moment où la racine est arrivée à toute sa grosseur, elle *monte à graine* ; c'est-à-dire que du milieu de cette grosse touffe de feuilles étalées au ras de terre il sort une tige qui s'allonge très-rapidement, et pousse un grand nombre de rameaux grêles. Cette tige et ces rameaux portent des feuilles semblables à celles du pied, mais beaucoup plus petites (3) ; enfin ils se terminent par de longs jets élancés, entourés de boutons petits et nombreux, disposés en groupes autour de la tige, qui s'épanouissent les uns après les autres. Les fleurs sont peu remarquables ; elle sont représentées ici (5) quatre fois plus grandes qu'elles ne sont en effet, afin de rendre plus visible les détails de leur forme. Vous apercevez d'abord un *calyce* en forme de rosette, formé de cinq pièces arrondies et creusées en cuiller, appelées *sépales ;* puis cinq *étamines*, portant sur de courts filets (petits pieds) leurs petites têtes grêles ; enfin, au centre, le *pistil*, qui a la forme d'un bouton aplati. Le *calyce* de la fleur ne tombe pas ; il se replie seulement sur le *pistil*, qui grossissant et mûrissant devient le fruit. Chacun de ces petits fruits, disposés en groupes serrés (4) contient une seule graine, petite, arrondie, de couleur foncée, et portant une sorte de corne. On laisse ainsi chaque année un certain nombre de betteraves *monter* et produire leurs fleurs, afin de recueillir les graines, pour les semer l'année suivante.

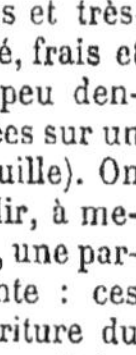

Groupes de fleurs de la Betterave.

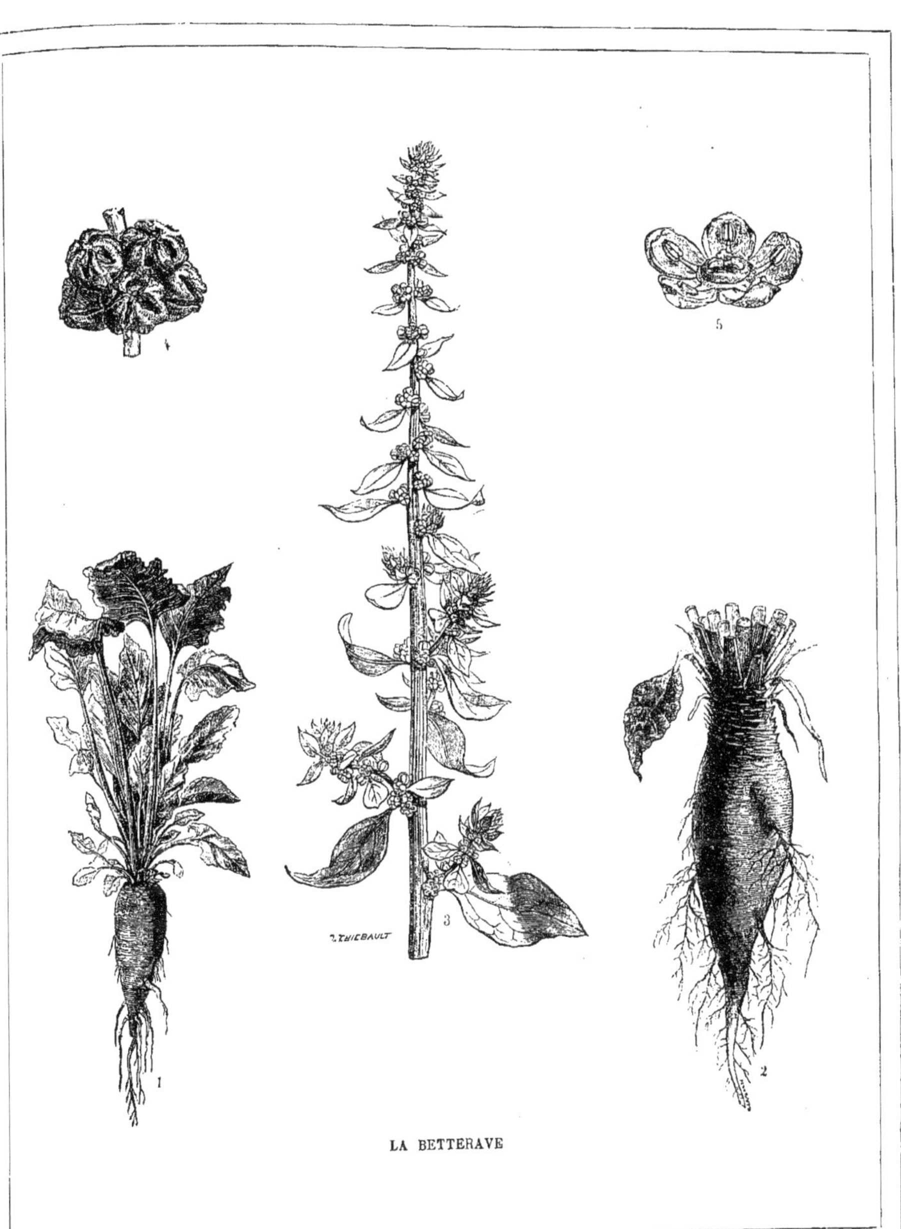

LA BETTERAVE

XIII. — ARTICHAUT — CHICORÉE — SOUCI

Famille des COMPOSÉES.

Voyez cette jolie tête dorée du SOUCI : une resplendissante couronne d'un jaune orangé pur et vif; au-dessous une sorte de collerette verdâtre, dentelée (5). Qu'est-ce que cela? — « C'est, direz-vous, une fleur. C'est la fleur du souci. Voilà la corolle dorée, et le calice vert... il me semble ! » — Oui, cela semble. Et pourtant vous vous êtes trompés. Bien d'autres se sont ainsi trompés, au premier coup d'œil. Or, mes enfants, la science ne se fait pas avec des « il me semble... » Il faut observer de près, vérifier. Et alors voici ce qu'on reconnaît : la jolie tête dorée du souci n'est pas *une fleur*. — Qu'est-ce donc? — C'est un *groupe de fleurs*.

Il y a une famille nombreuse et intéressante de plantes dont les fleurs sont disposées par groupes très-serrés, formant des *têtes* ou *capitules* que l'on prend du premier coup d'œil pour de simples fleurs. Nous allons prendre, pour l'examiner, une de ces plantes, choisie parmi les plus utiles, et en même temps celle dont il nous sera plus commode d'observer la structure : l'ARTICHAUT. — L'artichaut est une très-grande herbe, à grosse tige molle, d'un gris verdâtre, *cannelée*, c'est-à-dire rayée dans le sens de la longueur. Il a de très-longues feuilles, profondément dentelées à grandes dentelures des deux côtés de la *nervure principale*, sorte de côte épaisse qui occupe le milieu de la feuille; elles sont d'un gris un peu verdâtre, et comme veloutées. Chaque tige se termine par une grosse tête grise, formée d'*écailles* ou petites feuilles pointues, raides, très-serrées (1), qui ressemble à un énorme bourgeon. Puis cette touffe écailleuse s'ouvre, et l'on voit sortir une gerbe fournie et étalée, toute étoilée de petites étoiles d'un violet bleuâtre, fort jolies (2). En regardant de près on s'aperçoit qu'il y a là tout un groupe nombreux de fleurons (petites fleurs). Chacun de ces *fleurons* (3), pris à part, est une fleur complète et parfaite. Vous voyez un long tuyau blanchâtre, terminé par une sorte d'étoile étalée à cinq pointes, de couleur violette : c'est la *corolle* de la petite fleur. Tout autour une collerette de petits poils raides; au dedans il y a un groupe serré d'*étamines*. Enfin au centre est un long filament blanchâtre, fourchu à son extrémité, et tenant par le bas à une sorte de graine ovale, placée sous la touffe de poils : c'est le *pistil*. Les fleurs se flétrissent; le long filament du pistil tombe ; il reste la petite graine qui mûrit et devient le *fruit*, couronné de la touffe de poils étalée (4). La *tête* s'ouvrant tout à fait, les graines se détachent, et le vent, frappant les touffes de poils, les emporte au loin et les sème. Le gros bourgeon que nous avons observé, et qui renfermait le groupe de fleurs, est un *involucre*, et les feuilles raides qui le forment sont appelées *bractées*. Ce que nous servons sur nos tables, c'est la *tête*, le *capitule* non encore épanoui : nous mangeons la partie tendre des bractées, et l'espèce de plateau rond, épais et tendre qui porte les fleurs. — Cet examen de l'artichaut va nous rendre facile à comprendre la structure des autres *fleurs composées*. Revenons au *souci* (5) : au centre, vous voyez, lorsque le capitule s'épanouit, de petits boutons jaunes arrondis, comme de petites têtes d'épingle rondes, très-pressés les uns contre les autres : ces boutons s'ouvriront bientôt ; chacun deviendra un *fleuron*, une fleur toute petite, mais complète, semblable à celle de l'artichaut (6). Autour, vous observez une couronne rayonnante : c'est un cercle de petites fleurs, qui, au lieu d'être arrondies de forme, ont poussé d'un seul côté une longue dentelure de leur corolle (7) : on les appelle des *demi-fleurons*. Au-dessous, la collerette verte est l'*involucre* formé de bractées. Le *souci* sert à assaisonner les salades; mais voici une plante plus utile : la CHICORÉE. C'est une herbe à tige frêle, à petites feuilles dentelées. Ses *capitules* sont formés seulement de *demi-fleurons*, semblables à ceux qui font la couronne étalée du souci; ils sont de couleur bleue : au-dessous, une involucre de bractées. Le *feuillage* de la *chicorée* cultivée nous fournit une salade ; ses racines épaisses coupées par morceaux et grillées, sont employées en guise de café. La chicorée sauvage sert à préparer une tisane rafraîchissante; ses tiges et ses feuilles sont une nourriture pour les bestiaux.

Rameau fleuri de Chicorée

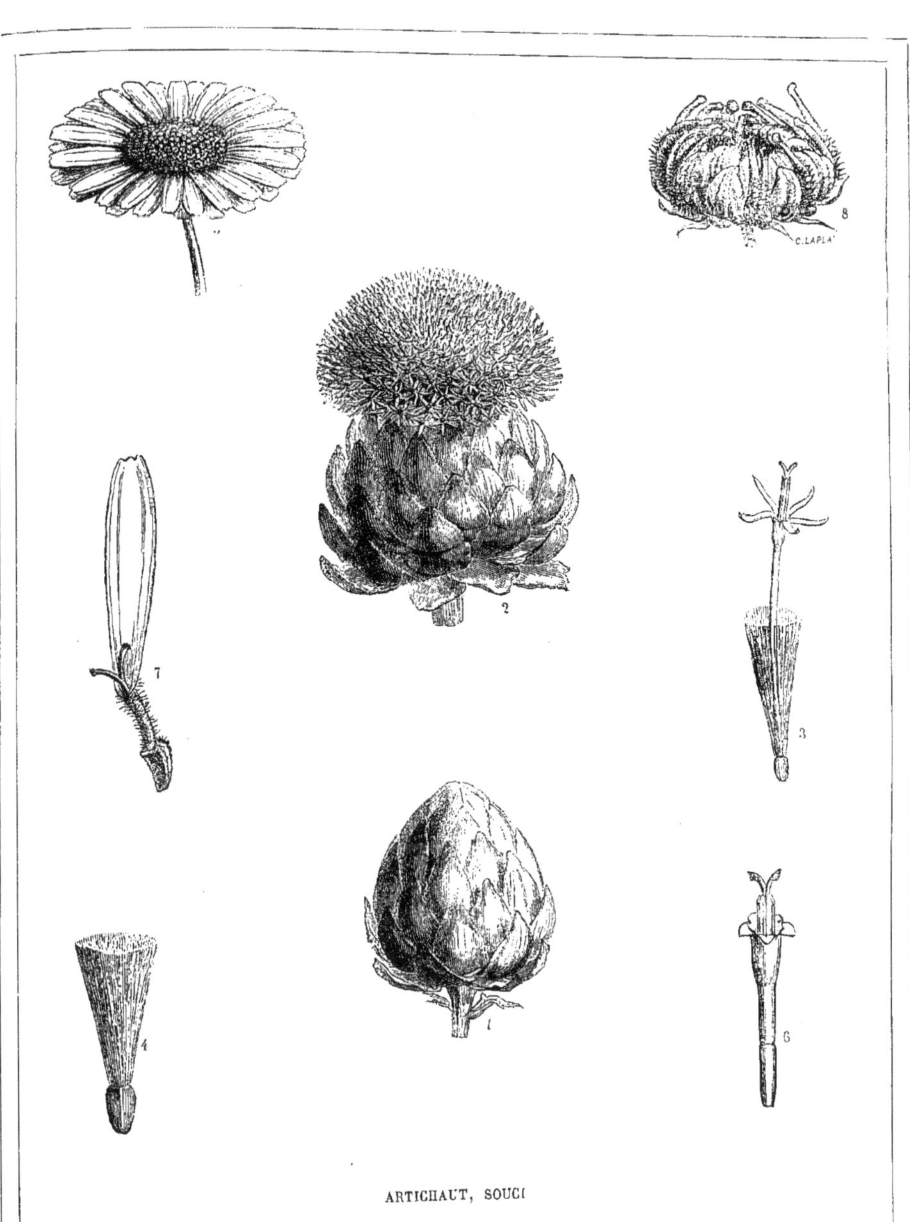

ARTICHAUT, SOUCI

XIV. — LA BELLADONE — LA DOUCE-AMÈRE — LA MORELLE NOIRE

Famille des SOLANÉES.

Parmi les plantes *vénéneuses*, trop communes dans nos campagnes, il n'en est pas de plus dangereuse que la BELLADONE, qui croît dans les lieux déserts, frais et ombreux, à la lisière des bois. La belladone est une assez jolie plante ; elle forme des buissons larges et touffus, d'une belle et vive verdure (1). Sa tige est verdâtre, assez molle; ses rameaux verts, tendres et fragiles, portent des feuilles assez grandes, lisses et fraîches, ovales, terminées en pointe, tenant au rameau par de courts *pétioles* (pieds), et des fleurs solitaires (non groupées), élégantes de forme, mais d'une couleur terne et triste. La fleur est pourvue d'une jolie collerette de cinq *sépales* ou petites feuilles pointues, (2) soudées entre elles, et dont l'ensemble est le *calyce* ; la corolle a la forme d'une clochette, dentelée de cinq pointes à son bord évasé ; sa couleur est d'un pourpre brun sans éclat, et comme rouillé. A l'interieur on aperçoit cinq *étamines*, dont les *anthères* sont portées sur de minces filets soudés à la corolle. Au centre est le *pistil*, formé d'un *ovaire* arrondi en forme d'œuf et surmonté d'un *style* ou petite tige dressée qui est comme le battant de la clochette. La corolle tombe avec les étamines, le style se détache ; l'ovaire, avec les *ovules* ou petits œufs blancs qu'il contient, grossit, s'arrondit en boule et devient le fruit, qui renferme les graines. Ce fruit, vert d'abord, ferme et lisse, devient en mûrissant rougeâtre, puis violet foncé presque noir : c'est une *baie* (3) molle et juteuse, qui a la grosseur et l'aspect d'une petite cerise noire, toujours entourée de la large collerette verte du calice. Il faut se donner garde de toucher à ce fruit, qui est un poison mortel, comme tout le reste de la plante.

Morelle Douce-amère.

— Une autre plante de même famille la MORELLE DOUCE-AMÈRE, est ainsi nommée parce qu'elle a une saveur douce d'abord, puis mêlée d'amertume. C'est une plante beaucoup plus frêle que la belladone, et qui grimpe en s'entrelaçant aux buissons. Les feuilles sont remarquables : ovales et pointues, elles ont au bas, près du pétiole, deux longues dents étroites. Ses fleurs ressemblent un peu à celles de la belladone, et mieux encore à celles de la pomme de terre ; elles sont de forme étoilée, et de jolie couleur violet foncé ; elles naissent par petits bouquets élégants. Ses fruits semblables à de petits œufs, verts d'abord, deviennent d'un beau rouge lorsqu'ils sont mûrs. (4) La MORELLE NOIRE diffère peu de la *douce-amère* ; mais ses feuilles sont seulement dentelées à leur contour ; ses fleurs sont blanches, et ses fruits mûrs sont de couleur foncée, presque noire. Ces deux dernières plantes sont âcres et malfaisantes, mais beaucoup moins dangereuses que la terrible *belladone*. Observons encore que ces plantes, qui sont des poisons, sont en même temps de précieux remèdes pour certaines maladies.

BELLADONE, DOUCE-AMÈRE

XV. — LA POMME DE TERRE OU PARMENTIÈRE

Famille des SOLANÉES.

La plante que nous appelons vulgairement *pomme de terre* et dont le vrai nom est PARMENTIÈRE, est une de nos plantes *alimentaires* les plus précieuses. C'est une grande *herbe*, touffue et vigoureuse. Sa tige, verte, assez molle et facile à briser, n'est pas arrondie mais anguleuse; elle a, dans le sens de la longueur, des *côtes* saillantes. Elle porte de grandes feuilles dont le *limbe*, c'est-à-dire la partie aplatie et mince est *divisé* de dentelures très-profondes, en sorte que la feuille paraît *composée* de plusieurs petites feuilles ou *folioles* disposées des deux côtés d'un *pétiole* (pied) commun. La tige se termine par plusieurs rameaux grêles qui portent les boutons, puis les fleurs et les fruits. En regardant la fleur en dessous, vous apercevez le *calyce*, en forme de petite coupe verdatre, très-étalé, peu profond, et dentelé de cinq dents. La corolle, blanche jaunâtre ou rosée, suivant les variétés, forme une élégante collerette, légère et frêle, un peu chiffonnée, et à cinq pointes comme le calyce. Elle se tient toute d'une pièce. — Au centre de cette collerette vous apercevez un groupe serré de cinq étamines, réunies en faisceau : chacune porte sur un petit filet très-court une sorte de double cornet qui est l'*anthère*. Enfin au centre est le *pistil*, qui a la forme d'un flacon à col très-allongé. La partie large est l'*ovaire*, ainsi appelé parce qu'il contient, déjà à demi-formés, des *ovules*, espèces de petits œufs blancs qui en grossissant et murissant, deviendront les graines de la plante. La corolle se fane vite et tombe; l'ovaire grossit, prend la forme d'une boule et devient le *fruit*. Ce fruit vert d'abord, puis de couleur violacée et sombre, est mou, gonflé de suc : il contient les graines, mûres alors, et qui pourraient être semées pour reproduire la plante.

Pistil coupé.

Tubercule de la pomme de terre.

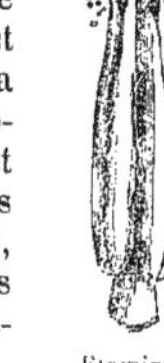

Etamine

La partie que nous mangeons et que vous connaissez tous sous le nom de *pomme de terre* n'est donc aucunement le *fruit* de la plante. Elle se forme et croît sous terre, parmi les racines. La partie de la tige qui est enfoncée en terre produit des *rameaux*, ou si vous voulez, des *coulants* semblables à ceux du fraisier, qui s'allongent, non pas sur la terre, mais dessous. Ces sortes de coulants souterrains portent des espèces de petites feuilles qui ne se développent pas, puis, vers leur extrémité, des *bourgeons*. Ces jets de la plante ressemblent, il est vrai, à des racines ; mais ce ne sont pas réellement des racines, puisque les racines ne portent pas de feuilles ni de bourgeons. Or voici que l'extrémité de ces coulants, là où est le groupe de bourgeons, se renfle, grossit, forme ce qu'on appelle un *tubercule*. Qu'est-ce que ce tubercule? C'est une masse de matière alimentaire que la plante amasse autour de ses bourgeons. La plante-mère leur fait une provision de nourriture pour plus tard, quand ils en auront besoin, quand ils se développeront, lorsqu'elle sera morte... En effet, cette provision amassée, la fin de la saison est arrivée, la plante périt, ses feuilles, ses *tubercules* restent dans la terre; l'année suivante, les petits bourgeons commenceront à germer : ils croîtront, en dépensant tout d'abord leur provision de nourriture ; puis bientôt, poussant des racines et des feuilles, ils s'alimenteront par eux-mêmes. — Au moment où la tige se flétrit, on l'arrache, et on déterre les *tubercules :* lorsque nous mangeons des pommes de terre, nous employons donc à notre usage la provision de nourriture que la plante avait amassée pour ses rejetons. Les fruits et le tubercule même contiennent une substance dangereuse, que la cuisson détruit. Le précieux végétal est originaire d'Amérique ; lorsqu'il fut connu en Europe, on en fit d'abord peu de cas, et ses tubercules furent employés à la nourriture des bestiaux. C'est depuis un siècle seulement qu'on a compris les avantages que la pomme de terre offre pour notre alimentation, la ressource qu'elle forme pour les années où le blé est rare et le pain cher. — Une plante de même famille, la *tomate*, est cultivée pour ses fruits, qui sont gros, tendres et de couleur rouge à leur maturité ; la chair molle de ces fruits sert à préparer certains mets. Mais il faut avoir soin de rejeter les graines, qui sont vénéneuses.

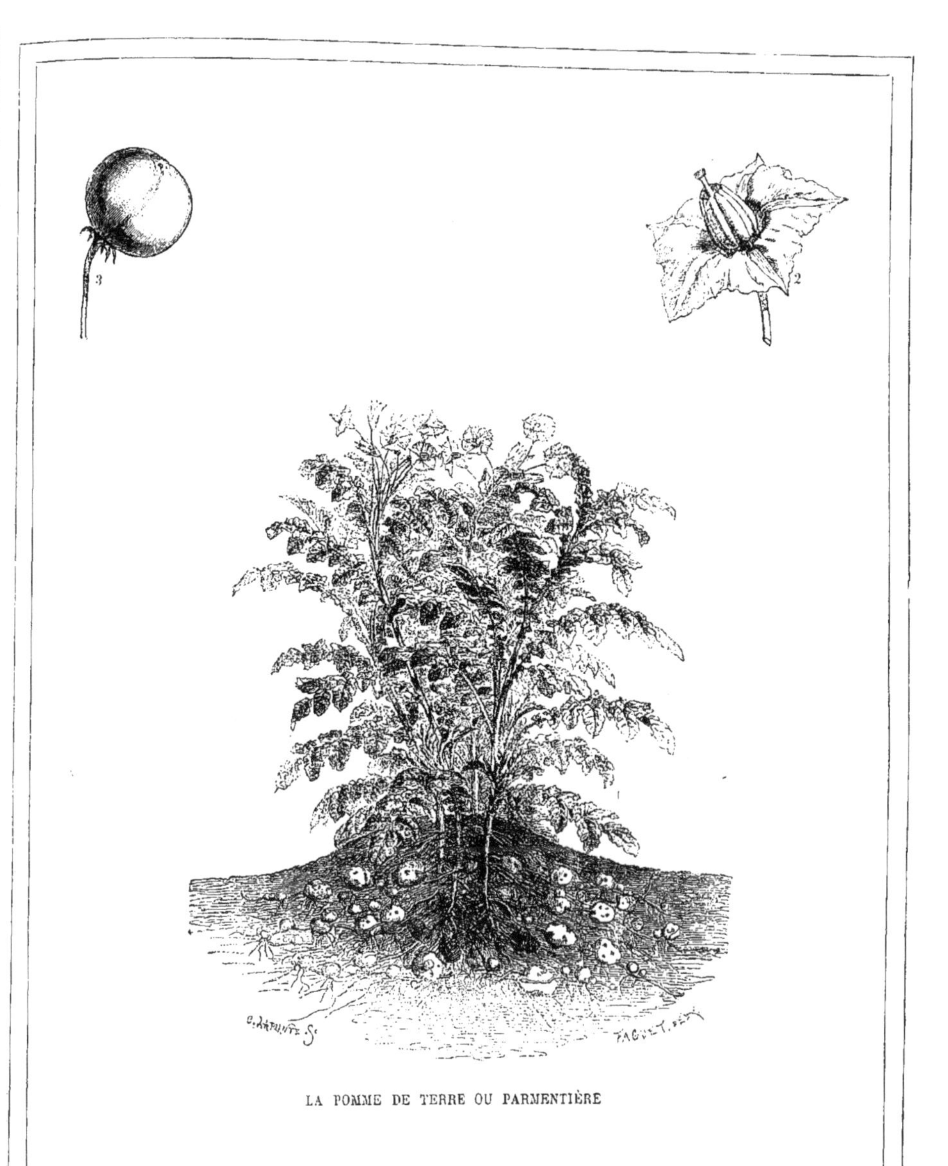

LA POMME DE TERRE OU PARMENTIÈRE

XVI. — LA JUSQUIAME — LA POMME ÉPINEUSE

Famille des Solanées.

Dans les lieux sauvages et arides, parmi les ruines, on rencontre souvent une plante d'aspect triste, avec un feuillage terne, des fleurs sans éclat d'une couleur fausse et pâle. Cette plante forme, à peu de hauteur au-dessus du sol, un maigre buisson; ses feuilles, assez grandes, sont d'un vert grisâtre, découpées, comme déchirées en dentelures profondes, laissant des *lobes* étroits et terminés en pointe. A l'été, du milieu de la touffe on voit s'élever la tige allongée, qui porte les boutons et les fleurs, puis les fruits. Les fleurs, serrées contre la tige, figurent une sorte de long épi, d'un aspect tout particulier. La tige, au lieu de s'élever toute droite, se recourbe en forme de crosse; les fleurs sont disposées, non pas tout autour, mais sur deux rangs seulement, d'un seul côté de la tige; et à l'opposé des fleurs, de l'autre côté, naissent des feuilles plus petites que celles du pied de la plante, découpées en dentelures étroites et pendantes, que l'on nomme *bractées*. Cette disposition remarquable des fleurs suffirait déjà pour reconnaître la plante. Examinez la fleur : elle se compose d'un *calyce* vert grisâtre en forme de coupe profonde, dentelé à son bord de cinq pointes; d'une *corolle* en entonnoir étroit, évasée un peu au bord et pourvue de cinq dentelures; remarquez cette couleur pâle, terne mêlée de jaune et de brun. A l'intérieur de l'entonnoir sont cinq *étamines*, et au centre un *pistil* en forme de bouteille surmontée d'une petite tige grêle qui est le *style*. La partie renflée en bouteille, l'*ovaire*, grossit lorsque la corolle flétrie est tombée ; elle devient le *fruit*, caché au fond de la coupe dentelée du calyce. Ce fruit, verdâtre d'abord, puis de couleur brune, ressemble à une petite marmite, dont le couvercle arrondi se détache et s'ouvre, lorsque les graines qu'il contient sont mûres, afin de les laisser échapper ; ces graines sont petites et nombreuses. Cette plante, qu'il faut vous exercer à reconnaître d'après sa description, c'est la pâle et dangereuse Jusquiame : comme la *belladone*, elle est un poison violent et en même temps un remède utile en certaines maladies.
— Mais le Datura, vulgairement appelé *pomme épineuse*, de même famille aussi, est plus redoutable encore. (1) Les feuilles de celle-ci sont larges, profondément découpées de dentelures pointues, lisses, d'un beau vert foncé, frais et vif. Ses fleurs sont de forme très-allongée : leur *calyce*, étroit et profond, est dentelé de cinq pointes; la *corolle* qui ressemble à un étroit cornet blanc, dentelé au bord de cinq pointes aussi, plissé, s'évase un peu en se déplissant lorsque la fleur s'épanouit : on dirait une fleur du liseron blanc des champs entr'ouverte seulement. A l'intérieur cinq longues *étamines*; un *pistil* en forme de petite bouteille ronde, surmontée d'un long *style*. La fleur tombée, la bouteille du pistil, qui est l'ovaire, grossit énormément : elle prend l'aspect d'une boule toute hérissée de pointes, rappelant le fruit du marronnier. C'est la forme de son fruit qui a fait donner à cette plante le nom de *pomme épineuse*. Ce fruit se fend, lorsqu'il est mûr, pour laisser échapper les graines qu'il contient. Une plante de même famille, la *Mandragore* aux grandes feuilles frisées étalées sur le sol, aux fleurs étoilées, à la racine *pivotante* en forme de navet, velue, souvent fourchue et tortueuse, est commune aux lieux arides et parmi les décombres, dans nos départements du midi : c'est encore un poison redoutable.

Fruit ouvert de la Jusquiame.

Tige fleurie de la Jusquiame.

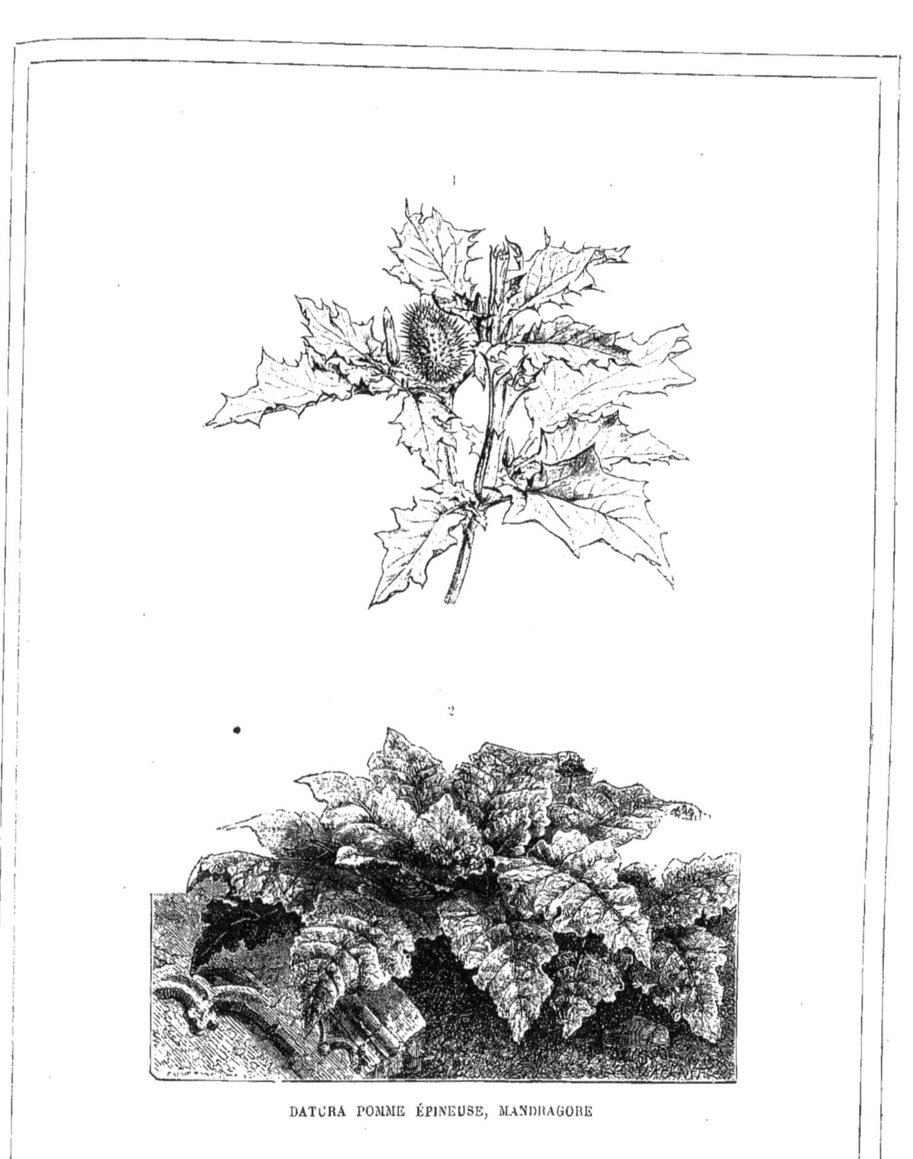

DATURA POMME ÉPINEUSE, MANDRAGORE

XVII. — LE TABAC

Famille des Solanées.

Le Tabac est une assez grande et belle plante qui nous vient d'Amérique, et qu'on cultive en France dans plusieurs départements. La plante, quand on la laisse *monter à graine* (1), atteint à peu près la taille d'un homme. Sa racine est grosse et s'enfonce en terre comme un *pivot* ; la tige est forte, verte, et porte de très-longues et très-larges feuilles, épaisses, raides, d'un vert foncé, non dentelées ni découpées, mais ovales et terminées en pointe : la tige et les feuilles sont un peu poilues vers le haut; la tige porte de nombreux rameaux qui se chargent de fleurs (2). Ces fleurs sont assez élégantes ; elles sont de couleur jaunâtre au milieu, rosées sur le bord. A leur *base* (bas) vous voyez comme une petite coupe verte profonde, dentelée de cinq pointes : c'est le *calyce*. Au dessus, la corolle en forme d'entonnoir, allongée par le bas, évasée vers le haut, est dentelée aussi de cinq pointes. Si vous fendez l'entonnoir pour regarder au dedans, vous apercevez les têtes ou *anthères* de cinq *étamines*, dont les filets (petits fils portant les anthères) sont collés encore le long du tuyau.

Fleur du tabac.

Enfin, tout au milieu vous voyez le *pistil*, de forme allongée, renflé au bas, aminci dans sa longueur, et terminé par trois petites pointes. La partie renflée au bas du pistil est *l'ovaire*, c'est-à-dire la petite boîte qui, en grossissant, lorsque la corolle flétrie sera tombée, deviendra le *fruit* contenant les graines. Ces graines sont extrêmement petites et semblables à des grains de sable noir ou brun. — Il y a plusieurs espèces de *tabac*, mais elles diffèrent peu les unes des autres. Une espèce sauvage, à fleurs plus petites, à feuilles plus arrondies, est commune dans nos pays (3), surtout dans les régions montagneuses.

Fruit du tabac s'ouvrant pour répandre ses graines.

Le tabac est une plante dangereuse, un poison très-violent : toute la plante a un suc âcre, brûlant et amer, désagréable et fétide. Le tabac est en même temps un excellent remède dans certaines maladies. Vous savez quel usage ou plutôt quel abus déraisonnable on en fait. Les feuilles du tabac broyées, réduites en poudre et un peu *fermentées* (c'est-à-dire commençant un peu à pourrir...) forment le tabac à priser : cette vilaine poudre noire, qui picote les yeux et le nez, et dont certaines personnes se bourrent les narines ; habitude désagréable et malpropre, qui rend l'haleine puante. Les mêmes feuilles séchées et roulées forment les cigares ; hachées menu, elles se brûlent dans les pipes : c'est le *tabac à fumer*. Ce sont les sauvages d'Amérique, disons-le en passant, qui ont imaginé cette coutume singulière de se remplir la bouche de fumée : des gens civilisés ont trouvé bon de les imiter, et voilà que l'habitude est prise. Quand on use modérément du tabac, quand on fume peu, il n'y a pas de très-grands inconvénients : l'haleine prend une odeur particulière, désagréable surtout pour les femmes et les personnes qui n'ont pas l'habitude de fumer ; les vêtements aussi sont imprégnés de l'odeur du tabac. En compensation, on a le plaisir de voir son argent s'en aller tout doucement en une légère fumée... Car le tabac coûte fort cher : ceux qui fument peu en *consomment* ou *consument*, — on peut dire cette fois l'un ou l'autre, — pour 15 ou 25 centimes par jour : au bout d'un an, cela fait 50 francs ou 100 francs, qu'on pourrait employer plus utilement ailleurs. Quand on fume trop, cela devient un véritable vice ; les fumeurs qui abusent du tabac finissent souvent par se donner des maladies de cerveau très-graves. Il en est qui deviennent presque imbéciles... car le tabac est un poison *narcotique*, c'est-à-dire endormant, abrutissant. Si au lieu de *brûler* le tabac pour en respirer seulement la fumée, — ce qui détruit une grande partie des substances malfaisantes qu'il renferme, on en mâchait ou avalait une certaine quantité, ou si l'on en buvait le jus dans de l'eau ou dans quelque liqueur — le poison alors ferait son effet tout de suite ; on en mourrait en peu d'instants, avec des souffrances terribles.

Ainsi vous êtes avertis. Le mieux de beaucoup, et à tous les égards, c'est de ne se servir jamais de tabac en aucune manière, sinon comme remède, si le médecin l'ordonne.

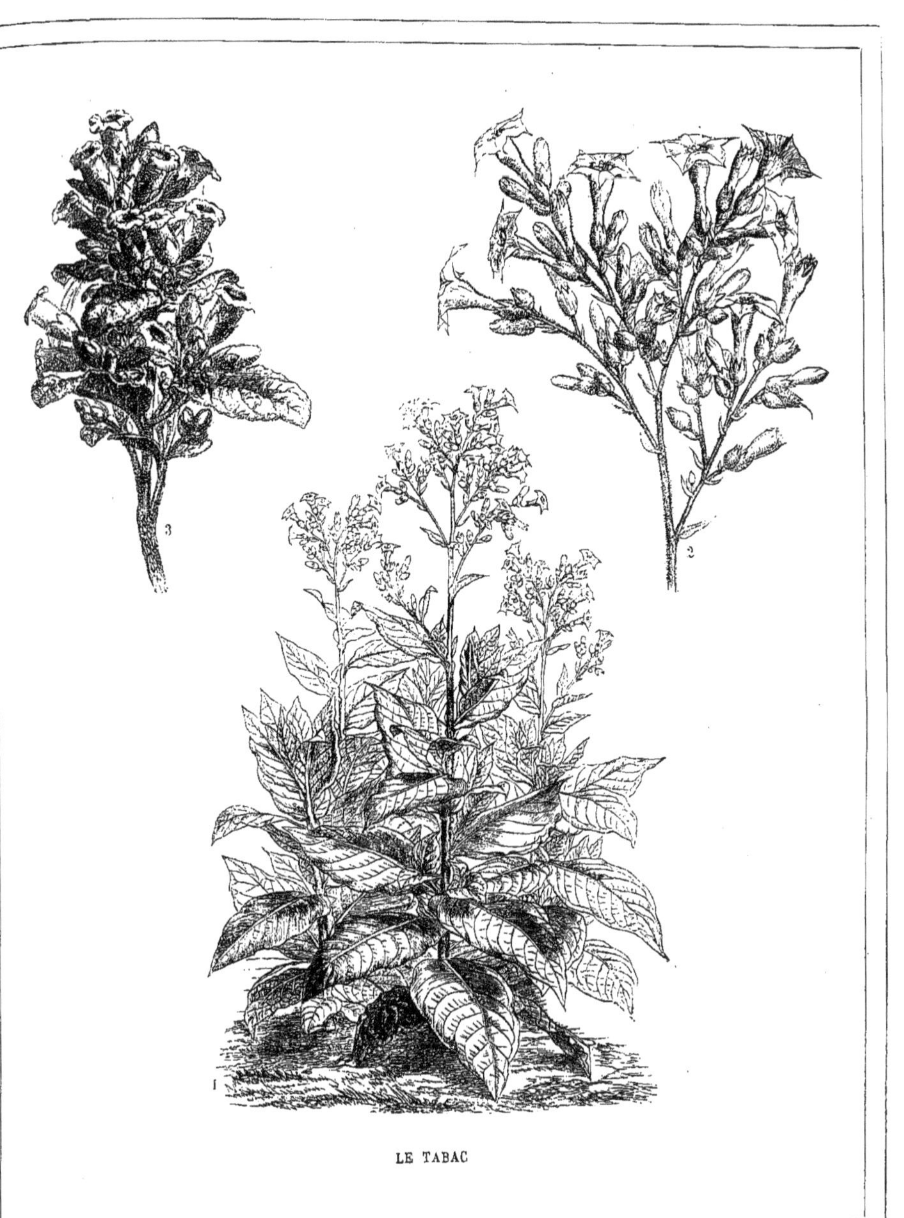

LE TABAC

XVIII. — LA DIGITALE

Famille des SCROFULARIÉES.

Le long des talus des champs et dans les lieux incultes croît une jolie plante, tout l'été fleurie, qui porte de longs épis dressés de fleurs pourprées, gracieusement retombantes. Cette plante si élégante il faut apprendre à la reconnaître, parce qu'elle est fort commune dans nos campagnes, et extrêmement dangereuse : encore un poison mortel. La DIGITALE forme au printemps de belles touffes de larges feuilles étalées au ras du sol, d'un vert foncé frais et agréable, ovales, allongées, terminées en pointe, un peu rudes au toucher. Vers les mois de mai ou de juin on voit se dresser, du milieu de ces touffes verdoyantes, de longues tiges rondes, vertes, velues, légèrement recourbées à leur extrémité, qui atteignent souvent plus d'un mètre de hauteur et sont pourvues sur toute leur longueur de boutons verdâtres, d'où éclosent bientôt de nombreuses fleurs (1) : ces sortes d'épis élancés ont ceci de remarquable qu'ils sont garnis de fleurs d'un côté seulement. Ces fleurs ont la forme de clochettes, ou de capuchons ; ou plutôt ils ressemblent à des dés à coudre : ce qui a fait donner son nom à la plante entière ; car ce nom de *digitale* signifie *dé*.

Chaque fleur est suspendue à un petit *pédoncule* (pied) court, retombant, recourbé ; elle est pourvue d'une collerette de cinq petites feuilles vertes, pointues : ce sont les *sépales* dont l'ensemble est le *calyce*. Ces sépales sont séparés ; la *corolle*, au contraire, se tient d'une seule pièce. Cette clochette, dont le bord est festonné de cinq découpures peu profondes, arrondies, est de couleur rose pourprée à l'extérieur, pourprée aussi et parsemée de petites taches foncées à l'intérieur (2). Une telle fleur est très-facile à reconnaître. Si vous regardez à l'intérieur de la corolle, vous apercevez quatre *étamines*, deux longues, deux plus courtes, dont les minces filets blancs ou rosés, recourbés en crochet à leur extrémité, portent des *anthères* ou petites têtes appliquées contre la paroi de la clochette. Enfin, tout au centre, le *pistil*, qui a la forme d'une petite bouteille ventrue, verdâtre, terminée par un filet mince. La petite bouteille est l'*ovaire* ; et le filet qui la surmonte et figure comme le battant de la clochette, est le *style*. Bientôt la corolle se détache et tombe tout d'une pièce, emportant avec elle les étamines ; le style se flétrit. L'ovaire grossit, devient le fruit de la plante, en forme de petite boîte ovale, au milieu de la collerette de sépales. Ce fruit, vert d'abord, jaunit en mûrissant ; sa mince paroi finit par se fendre au milieu et s'ouvrir en deux parties, pour laisser échapper les petites graines brunâtres qu'il contient. On cultive aussi dans nos jardins, en outre de ces magnifiques *digitales pourprées*, des variétés à fleurs rose pâle, blanches ou jaune très-clair, non moins dangereuses.

Une plante fort commune aussi, qui croît sur les débris, au sommet des vieilles murailles, enfonçant ses racines entre les pierres disjointes, rappelle un peu par son aspect, par la couleur de ses fleurs la redoutable *digitale* : c'est le *muflier*, appartenant à la famille des *personnées*, c'est-à-dire des plantes à fleurs en forme de masques grimaçants, de gueules, de mufles d'animaux. Et véritablement les fleurs bizarres et la plante dont nous parlons rappellent tout de suite à l'esprit un mufle d'animal. Le *calyce* est formé de cinq *sépales* verts inégaux ; la corolle, en forme de sac, se termine par deux lèvres bizarrement taillées (3), et qui se tiennent fermées : si vous les entr'ouvrez un peu, la fleur ressemble mieux encore à une gueule, dont on aperçoit l'intérieur, comme un gosier... Puis vous voyez au fond quatre étamines, et un pistil assez semblable à celui de la digitale. La corolle est le plus souvent d'une belle couleur pourpre , le bord des lèvres souvent jaunâtre ou blanchâtre ou tacheté ; mais il y a des espèces roses, blanches ou jaune clair, à lèvres blanches ou jaunes. Ces jolies fleurs naissent disposées en longs épis autour d'une tige haut dressée ; la plante qui les porte a ses feuilles plus petites, plus étroites surtout et plus pointues que celles de la digitale, lisses et d'un vert foncé. — Enfin, dans la famille des *convolvulacées*, famille *alliée* pour ainsi dire à celles des *personnées* et des *scrofulariées*, il faut citer le charmant *liseron*, la plante grimpante si commune dans nos champs, et dont certaines variétés ornent nos jardins et nos fenêtres. Sa tige s'enroule autour des troncs ou des branches des arbres, autour des treilles ou des fils tendus qu'on lui donne pour appui (4) : elle porte de belles et longues feuilles échancrées en cœur, et les gracieuses fleurs en entonnoir (5), si frêles et si délicates, si vite fanées, que vous avez admirées. Les grands liserons grimpants de nos haies ont des fleurs de couleur blanche ; certaines espèces cultivées dans nos jardins en portent qui sont ornées des nuances les plus vives du bleu, du violet, du rose. Or, il est bon d'être averti que ces jolies plantes, les liserons et les mufliers, ont un suc âcre et malfaisant, et qu'il faut éviter d'en porter les feuilles ou les tiges à la bouche.

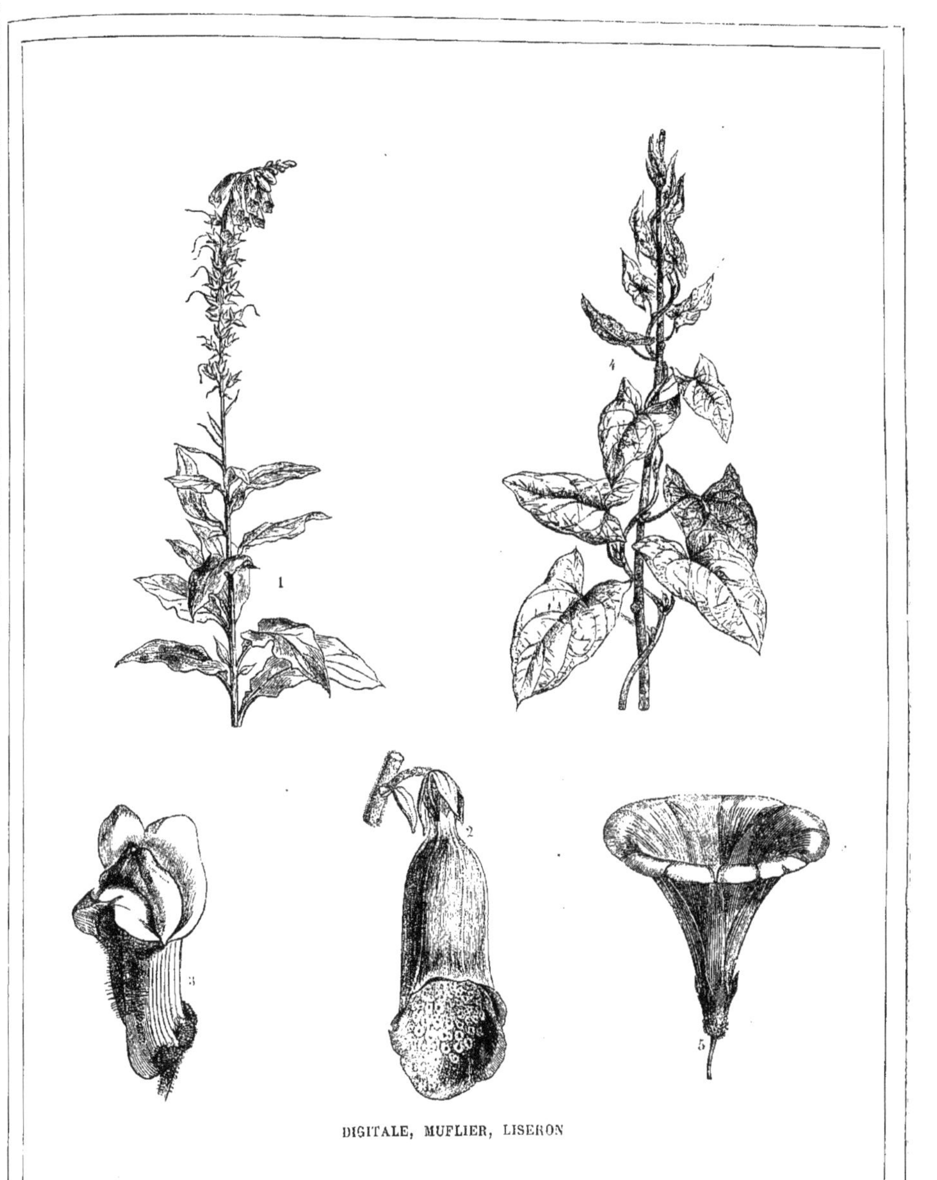

DIGITALE, MUFLIER, LISERON

XIX. — LE THYM — LA MENTHE — LA SAUGE

Famille des LABIÉES.

On a donné le nom de *labiées*, d'un mot latin qui signifie *lèvre*, à une intéressante et nombreuse famille de plantes, presque toutes jolies et délicates, bienfaisantes et parfumées, pour exprimer que les fleurs de ces plantes rappellent plus ou moins une petite gueule ouverte, avec deux lèvres... Examinons, la fleur de la SAUGE (2). Sur le petit *pédoncule* (pied) court et velu qui la porte, vous voyez d'abord un *calyce* en forme de coupe profonde, un peu velu, denté de plusieurs fines dentelures, et en même temps comme fendu en deux lèvres entr'ouvertes. De ce calyce sort la corolle, qui est d'une forme singulière. Elle se tient toute d'une pièce, et figure assez bien, comme nous le disions, une petite gueule largement ouverte, avec deux lèvres. La lèvre supérieure est creusée en nacelle et recourbée ; la lèvre inférieure, plus étalée, se creuse en façon de cuiller. Au-dessous des lèvres une sorte de sac profond représente le gosier... Dans la sauge ordinaire de nos champs, cette corolle est d'une belle couleur bleue un peu violacée. A l'intérieur, sous l'abri de la lèvre supérieure, on remarque deux *étamines*, qui portent chacune une *anthère* (ou petite tête) au bout d'un long filet grêle bizarrement replié et fourchu ; on voit s'avancer en dessous de cette lèvre l'extrémité fourchue aussi et roulée en deux crossettes d'un long filet recourbé, qui est le *style* du *pistil;* l'autre partie du pistil, l'*ovaire*, qui occupe le fond de la fleur, est une sorte de boîte à quatre compartiments distincts, rappelant une salière de table à quatre godets, pourvus de leurs couvercles... La fleur tombée, l'ovaire grossissant devient le fruit, qui contient quatre graines dans ses quatre *logettes*. La plante qui porte ces curieuses fleurs est une herbe à tige verte et molle, velue, presque carrée ; ses feuilles sont ovales, terminées en pointe, légèrement dentelées sur les bords, rudes au toucher, portées sur de courts *pétioles* (pieds).

Nous avons décrit de préférence la *sauge* comme *type*, c'est-à-dire comme modèle des plantes de la famille des labiées, parce que ses fleurs offrent la forme de gueule bien caractérisée. — Le THYM (1) est une plante petite, d'aspect frêle, d'une teinte grisâtre. Sa tige est mince, dure, ses petits rameaux extrêmement grêles et fragiles, ses feuilles, très-petites, minces, étroites, pointues, sans dentelures, et d'un vert grisâtre. Les fleurs naissent vers l'extrémité des rameaux, disposées par petits groupes à l'*aisselle* des feuilles, c'est-à-dire aux endroits où les feuilles s'attachent à la tige. La fleur du thym (6) est petite, de couleur violacée et pâle. Elle est construite sur le même modèle que celle de la sauge; mais la forme de gueule est beaucoup moins distincte. Le calyce (4) est en coupe profonde, avec cinq pointes aiguës; la corolle a cinq dentelures inégales, dont deux réunies forment la lèvre supérieure, les trois autres figurent la lèvre inférieure. Le thym a quatre étamines, non pas deux seulement; le *style* fourchu de son *pistil* s'allonge bien au-delà des lèvres de la fleur. Si on fend en deux la corolle pour la dérouler (7), on voit comment les *filets* des étamines sont soudées à la corolle même ; au contraire, le *style* est planté sur l'*ovaire*, la boîte aux quatre *ovules* (petits œufs) qui occupe le fond de la fleur et deviendra un fruit à quatre logettes, contenant quatre graines. Le *serpolet* ressemble beaucoup au thym ; mais ses petites tiges qui se traînent à terre portent des feuilles un peu plus larges, ovales et d'un vert plus vif ; sa verdure fraîche et ses jolis bouquets de fleurettes lilas qui répandent une odeur embaumée, forment comme un tapis velouté sur les terrains rocailleux des collines. — La MENTHE ressemble à la sauge par ses tiges carrées, ses feuilles d'un vert frais, velues, ovales, plus ou moins allongées, selon les diverses espèces, finement dentelées sur les bords et arrondies ou terminées en pointe ; mais ses fleurs, blanchâtres, rosées, lilas ou violacées, se rapprochent davantage de celles du *thym ;* leur corolle porte cinq divisions presque égales, deux pour la lèvre supérieure, trois pour la lèvre inférieure. La *menthe poivrée* est l'espèce qui répand la plus forte odeur. La *mélisse*, le *romarin*, le *basilic*, sont des labiées très-odorantes, qui se rapprochent des menthes et du thym. Enfin il faut citer la *lavande*, dont le parfum est extrêmement délicat et agréable. Cette gentille plante aux feuilles longues, très-étroites, sans dentelures, terminées en pointe, forme de petits buissons de couleur gris verdâtre d'où s'élèvent de longues tiges fort grêles, raides, dressées, carrées, grises, qui portent à leur extrémité un épi élégant de petites fleurs très-serrées, semblables à celles du thym, d'une jolie couleur violette. — Toutes ces plantes odorantes servent à parfumer certains mets ; leurs tiges et leurs feuilles desséchées, mises dans les coffres, donnent au linge une odeur agréable, et préservent les étoffes de laines des *teignes* qui les dévorent. — Le *lamier* blanc (3,5) est une autre labiée commune dans nos champs, semblable à la menthe, mais presque dépourvue d'odeur.

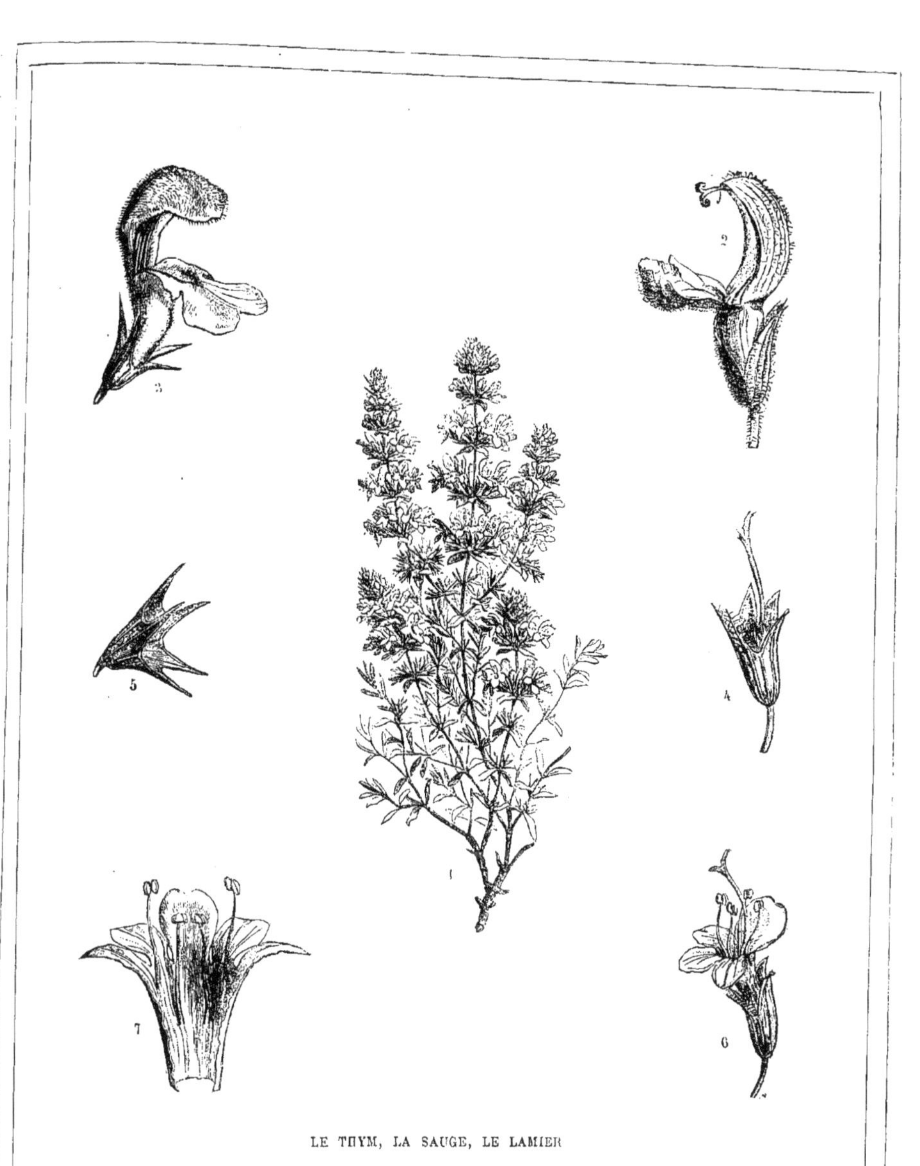

LE THYM, LA SAUGE, LE LAMIER

XX. — L'OLIVIER

Famille des Oléinées.

L'olivier est un arbre de moyenne taille, au tronc souvent rabougri, aux branches tortueuses, d'aspect un peu triste, parce que son feuillage est d'un vert grisâtre, comme s'il était poudré de poussière. Ses feuilles sont petites, maigres, oblongues, terminées en pointe, portées sur des pétioles (petits pieds) très-courts ; lisses en dessus, rudes en dessous et comme écailleuses, de couleur vert gris presque blanc. Ses rameaux grêles portent de petites fleurs peu apparentes, disposées en grappes peu fournies, qui ont beaucoup de rapport dans leur structure avec celles des jasmins et des lilas, mais beaucoup moins jolies. Chacune de ces fleurs porte une corolle à quatre *pétales* soudés ensemble à leur partie inférieure, en sorte que la corolle se détache tout d'une pièce. Au centre *deux* étamines seulement, entourant un *pistil* renflé à sa partie inférieure : ce renflement en forme d'œuf, très-petit, c'est l'*ovaire ;* la fleur tombée, l'ovaire grossit et devient le fruit. Le fruit de l'olivier, appelé *olive*, est verdâtre, en forme d'œuf allongé, de la grosseur du doigt à peu près. Sa chair verdâtre, ferme d'abord, au goût âpre et amer, devient plus tendre lorsque l'olive est mûre ; le fruit est alors d'un vert très-foncé, presque noir. Au milieu est un *noyau*, très-dur, et que nous pouvons comparer au noyau de la cerise ; mais il est de forme plus allongée. La chair du fruit contient en abondance une substance huileuse qui fait la principale utilité de l'arbre. — L'olivier est un végétal frileux, qui appartient aux climats doux et chauds. Il n'est cultivé en France que dans les régions voisines de la Méditerranée, dans les départements du Languedoc et de la Provence. Il se plaît surtout au bord de la mer ; il vit très-bien dans les plaines et les vallées, mais il préfère les lieux arides, les collines rocailleuses. — L'olivier a été choisi pour être le symbole de la *paix*, parce que son huile servait à panser les blessures faites par les armes : ainsi la paix guérit les maux que fait la guerre.

Les olives sont cueillies encore vertes ou à maturité. Les olives vertes sont d'abord trempées dans une sorte de *lessive* qui leur ôte leur amertume ; puis on les conserve dans de l'eau fortement salée. C'est ainsi qu'on les prépare pour l'usage de nos cuisines. Mais dans les pays du Midi on mange aussi les olives mûres après les avoir fait simplement tremper dans l'eau pure pendant quelque temps. La plus grande partie des olives cueillies sert à la préparation de l'*huile d'olive*. — Les fruits sont un peu écrasés : on doit éviter de briser le noyau ; puis on les presse, doucement d'abord, ensuite fortement, à l'aide d'un *pressoir* convenablement disposé. L'huile qui coule la première est la plus pure et la plus fine ; elle est réservée pour la préparation des aliments ; c'est l'*huile d'olive* que nous mettons dans les salades. La meilleure est fournie par les arbres qui vivent sur les terrains rocailleux. L'huile que l'on obtient ensuite, et qui ne coule que par une forte pression, est de qualité moindre ; on l'emploie pour la fabrication du savon. L'huile d'olive ayant un prix élevé, l'arbre précieux qui la fournit est une richesse inestimable pour nos départements du Midi.

Rameau d'olivier portant fleurs et fruits.

VIEUX OLIVIERS EN PROVENCE

XXI. — LE MELON

Famille des CUCURBITACÉES.

Le MELON commun est une plante d'assez grande dimension, mais *rampante :* c'est-à-dire dont la tige se traîne à terre. Cette tige, qui atteint quelquefois une grande longueur, est molle, verte, flexible, couverte de petits poils raides. Elle porte de larges et rudes feuilles dont le contour à peu près arrondi est dentelé de dentelures peu profondes ; ces feuilles, velues aussi, surtout en dessous, sont portées sur de gros *pétioles* (pieds des feuilles) et pourvues de fortes *nervures* (vulgairement côtes de la feuille) saillantes et rameuses : de distance en distance s'allongent des *vrilles*, c'est-à-dire des filets minces et tortueux, qui s'enroulent en tire-bouchon, et à l'aide desquels la plante s'accroche à tout ce qui l'entoure. Sur la tige croissent deux sortes de fleurs, faciles à distinguer. La fleur mâle a la forme d'une coupe évasée, dentelée sur ses bords. Sa corolle, très-mince et très-frêle, de couleur blanche ou jaune, suivant les espèces, est formée de cinq larges pétales soudés ensemble par leur partie inférieure, et dont la partie supérieure, libre (c'est-à-dire non soudée), forme les dentelures de la fleur. Cette corolle est soutenue en dessous par un calice vert et velu, dont les cinq *sépales* (petites feuilles) forment cinq dents aiguës. Les fleurs femelles se reconnaissent à ce que le pied qui les porte, renflé au-dessous, figure une sorte de bouteille en forme d'œuf, verte et velue, dont les cinq dentelures évasées du calice figurent le goulot, tandis que la corolle, qui s'étale au-dessus, rappelle un entonnoir.... Cette sorte de bouteille ovale, c'est *l'ovaire*, qui renferme les petites graines encore incomplètement formées (ovules), et qui deviendra le fruit. La fleur dure peu de temps. La corolle étant flétrie, l'*ovaire* commence à grossir; il croît rapidement: en même temps il s'y forme dans le sens de la longueur, des sillons qui marquent ce qu'on appelle les *côtes* du melon. Le fruit arrivé à toute sa grosseur dépasse le volume de la tête d'un homme. Cessant de croître, il mûrit ; à la place de sa couleur verte, il prend une teinte jaune orangé, qui se montre d'abord par petites taches, puis gagne toute la surface. Pour arriver à maturité le melon a besoin de beaucoup de chaleur. Dans les pays où les étés ne sont pas assez chauds, il ne mûrirait pas bien. En ce cas, on couvre, non pas la plante entière, mais chaque fruit séparément, d'une *cloche* de verre ; ce qui fait comme autant de petites *serres* concentrant la chaleur du soleil autour de chaque melon. Sous cet abri, il mûrit parfaitement. Parmi les plantes de même famille il faut citer le monstrueux *potiron* : la plante est beaucoup plus grande encore que le melon commun ; ses tiges sont plus grosses, ses feuilles extrêmement grandes, ses fleurs à proportion. Le fruit, qu'on appelle *potiron*, est énorme, mais sa chair n'a pas le goût fin de celle du melon. On en prépare des potages. La *courge bouteille* ou *gourde du pèlerin*, plante plus petite, porte des fruits d'une forme bizarre : de larges bouteilles à gros ventre, resserrées au col, renflées encore près de l'ouverture : tout ce qu'il faut pour former une bouteille facile à suspendre... On utilise parfois en effet le fruit à cet usage, en le vidant avec précaution. La *pastèque* ou *melon d'eau* vit dans les lieux humides ; son fruit en boule, lisse, vert, contient une chair fondante très-sucrée et d'un goût acide agréable. A côté de ces plantes alimentaires il faut citer la *coloquinte* au fruit d'une amertume insupportable et qui est un vrai poison ; ce fruit mûr est de couleur jaune, en boule, ordinairement semé de petites excroissances en forme de verrues, irrégulièrement disposées. Enfin la *bryone*, beaucoup plus grêle et plus élégante, qui grimpe en s'accrochant aux buissons avec ses vrilles en tire-bouchon, porte de petites fleurs blanches verdâtres et de fruits rouges de la grosseur d'une bille, est aussi une plante dangereuse, qu'il faut éviter de porter à la bouche.

Fleur mâle (1) et fleur femelle (2) du Melon.

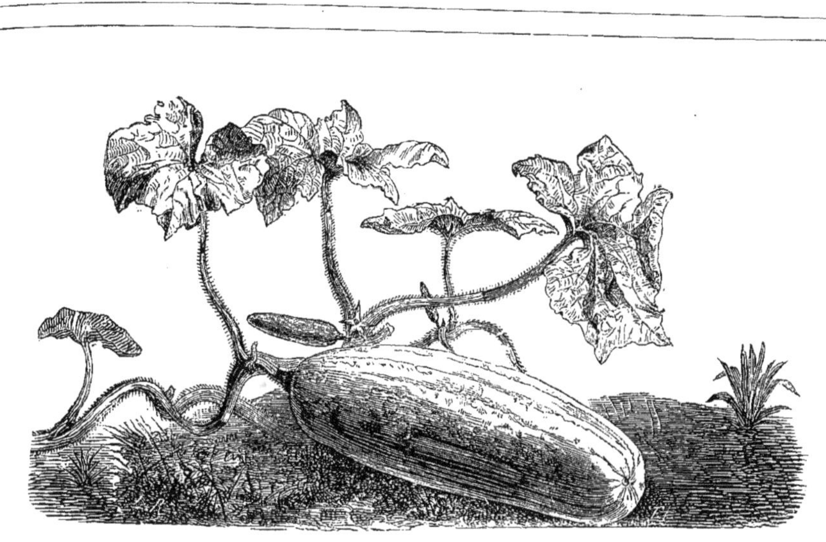

LE CONCOMBRE

LE MELON

XXII. — LE POMMIER — LE POIRIER

Famille des ROSACÉES.

Au mois de mars, quand les boutons des arbres s'ouvrent à peine, en Bretagne surtout et en Normandie, nos champs et nos vergers plantés de pommiers sont comme une immense corbeille de fleurs; chaque pommier est un bouquet, rose et parfumé; les milliers de pétales qui tombent de l'arbre en fleur, font à son pied comme une neige. — Le POMMIER est un arbre de moyenne taille, à forte racine, au tronc arrondi couvert d'une écorce rugueuse et comme feuilletée; ses grosses branches étalées sont cachées au printemps sous la foison des fleurs, et plient à l'automne sous le poids des fruits. Ses gros *bourgeons* en s'ouvrant laissent sortir et se déplier des feuillettes molles et tendres, d'un vert jaune, qui, se déroulant et grandissant, deviendront d'assez larges feuilles, ovales, pointues à l'extrémité et finement dentées sur les bords, portées sur de petits pieds ou *pétioles*. Du milieu des feuilles on voit s'étaler un joli bouquet de boutons roses, arrondis, portés sur de longs pieds grêles : puis ces boutons s'épanouissent. Examinons un instant la charmante fleur, si frêle et qui dure si peu de jours (3) : on dirait une petite *rose églantine* simple : et en effet le pommier appartient à la grande et précieuse famille des plantes *rosacées*, c'est-à-dire dont la fleur ressemble à la rose par sa forme et la disposition de ses organes. — Comparons : le petit pied qui porte la fleur du fraisier est *renflé* à une extrémité en forme d'une petite *urne*, plus petite que celle qui porte la rose, mais toute semblable; au bord évasé de cette urne vous apercevez *cinq* petites feuilles pointues qui soutiennent, comme dans la rose, les *pétales* de la fleur; l'ensemble de ces cinq petites feuilles vertes, les *sépales*, forme ce qu'on appelle le *calyce* de la fleur. Comme la rose *simple*, l'églantine de nos haies, la fleur du pommier a cinq *pétales* frêles et roses, que l'on peut détacher séparément; au centre, vous voyez une gerbe de minces *étamines* dont les petits filets, comme autant de fils déliés, portent de petites têtes qu'on nomme *anthères*, comme des têtes d'épingles dorées. Enfin, au milieu de la gerbe, on distingue cinq petits fils verdâtres recourbés, qui sont les extrémités du pistil. La petite urne qui porte toute la fleur est *l'ovaire*, c'est-à-dire la partie qui contient les graines encore presqu'imperceptibles, et qui, grandissant, deviendra le fruit. En effet, dès que la fleur est tombée, elle grossit et s'arrondit; le fruit lentement se forme, et ne mûrit qu'à l'automne. Alors, suivant les espèces et variétés diverses, la *pomme* mûre est toute ronde, d'un beau jaune, ou verte, ou brune grisâtre, ou bien encore d'un rouge éclatant; sa *chair* est tendre, juteuse, et d'un goût agréable et sucré; quelques espèces sont un peu amères. Au milieu du fruit, lorsque vous le coupez, vous observez cinq petites logettes qui contiennent chacune deux graines brunes ou jaunes, qu'on nomme *pépins*, que l'on peut semer en terre, et qui en germant produiront un petit pommier (4). — En Bretagne et en Normandie, où il n'y a pas de vignes et où on ne fabrique pas de vin, on cultive un très-grand nombre de pommiers; avec leurs fruits on fabrique une boisson qu'on nomme *cidre* et qui remplace le vin. Les fruits écrasés sont très-fortement pressés à l'aide d'un *pressoir*, de telle sorte que le jus coule abondamment; on le recueille dans des tonneaux. Au bout de quelques jours le jus *fermente*, c'est-à-dire bouillonne et écume. Sa saveur change; le jus prend un goût qui rappelle un peu la force du vin : le cidre aussi est une boisson enivrante, qui soutient les forces quand on en boit modérément, mais qui enivre et rend malade, comme fait le vin, si on en abuse. — Le POIRIER diffère peu du *pommier*. Ses feuilles sont un peu moins larges, ses fleurs, toutes semblables, sont blanches ou rosées (1); mais le fruit, au lieu d'être arrondi en boule, est allongé (2); on peut aussi faire de son jus une sorte de cidre qu'on nomme *poiré*. Les belles grosses poires cultivées avec soin dans nos jardins sont des fruits sucrés et très-savoureux; mais les poires sauvages sont petites et âpres. Les coignassiers, dont les fruits, appelés *coings*, ont un parfum particulier; les *néfliers*, dont les fruits (5) trop durs ne se mangent que lorsqu'ils sont devenus *blets*; enfin les *sorbiers* et *alisiers*, et la charmante *aubépine* de nos haies avec ses fleurs blanches et ses petits fruits rouge feu, sont des arbres et des arbrisseaux de la famille des *rosacées*, appartenant au même groupe que le pommier et le poirier, et portant des fleurs toutes semblables de forme

Le Coing, fruit du coignassier.

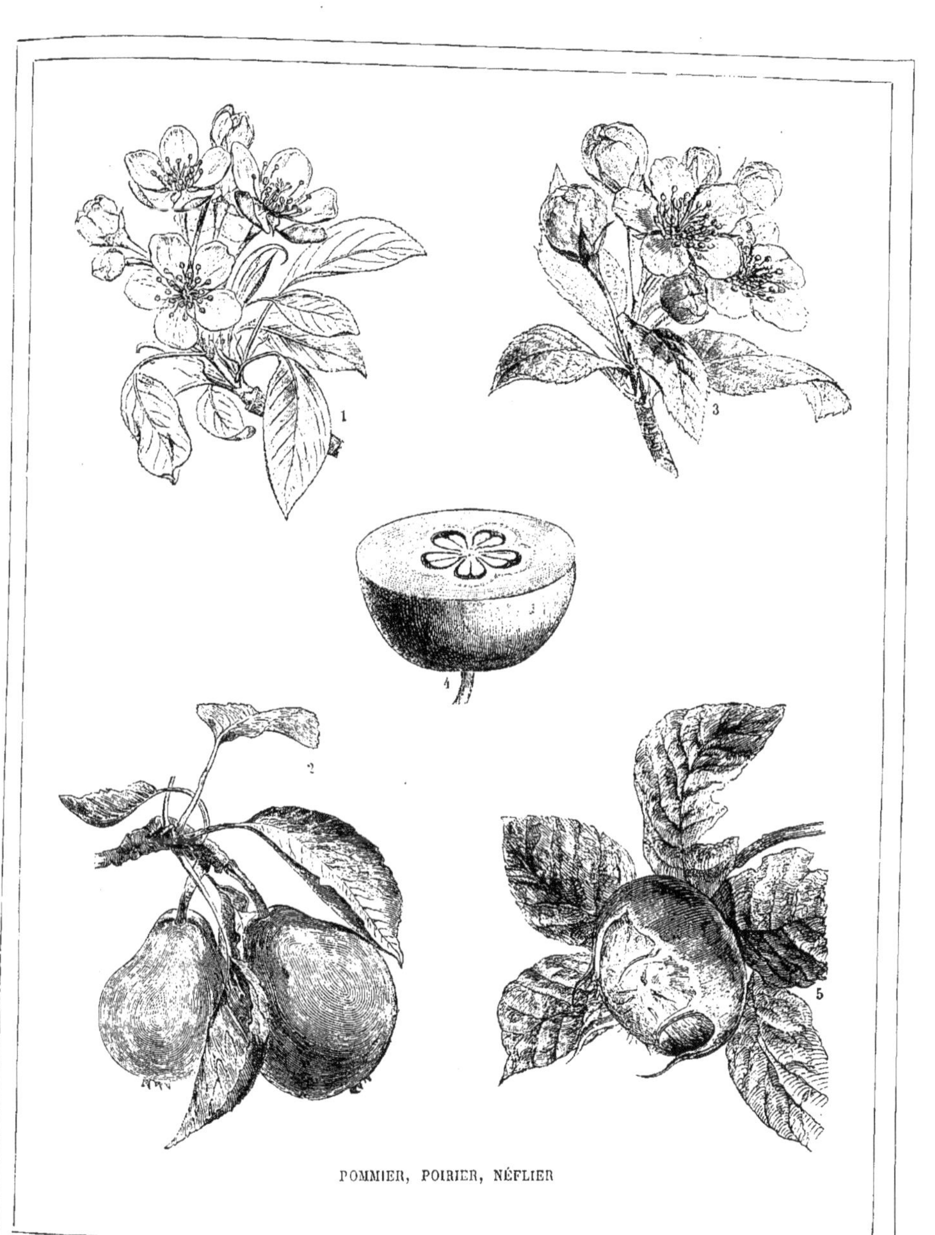

POMMIER, POIRIER, NÉFLIER

XXIII. — ABRICOTIER — PRUNIER — PÊCHER — CERISIER

Famille des Rosacées.

Quels fruits délicieux — vous ne me contredirez pas, j'en suis sûr — quels fruits délicieux que l'abricot, la pêche, la prune, la cerise! — L'Abricotier, qui est un arbre de moyenne taille, est souvent dans nos jardins cultivé en *espalier*, c'est-à-dire dressé et attaché contre un mur. Son bois est dûr, son écorce brune; vous observerez ses feuilles ovales, terminées en pointe, finement dentées sur les bords, et portées sur des *pétioles* (petits pieds). La fleur de l'*abricotier*, comme celle du pommier, du poirier, du fraisier, ressemble à une petite *rose*, blanche ou rosée : aussi cet arbre et tous ceux dont nous allons parler appartiennent-ils à la famille des *rosacées*, c'est-à-dire des plantes à fleurs semblables à la rose. Sous la fleur on aperçoit les cinq petites feuilles pointues ou *sépales* qui forment le *calyce*, et soutiennent les cinq pétales, larges, arrondis, frêles et demi-transparents, dont l'ensemble est la corolle; à l'intérieur, comme dans la rose simple de l'églantine sauvage, un bouquet d'*étamines* très-grêles, avec de petits pieds ou filets extrêmement déliés, et des têtes ou *anthères* comme des têtes d'épingles; tout au centre, le *pistil*, en forme de bouteille très-effilée. — Les pétales et les étamines tombent; mais le pistil grossit, et peu à peu devient le *fruit*, assez gros (1), arrondi, porté sur un pied très-court. Ce fruit, vert d'abord, coriace et âpre, qui mûrit au chaud soleil d'été, devient d'un beau jaune doré, tendre, parfumé, d'un goût exquis. Au milieu du fruit est le *noyau* (4), très-dur, de couleur grise brune; si on le brise, on trouve à l'intérieur l'*amande*, blanche au-dedans, d'un goût amer et d'un parfum particulier. Le noyau, c'est la *graine*; l'amande contient le *germe* qui, avec le temps, par l'effet de la chaleur et de l'humidité, si le noyau est enfoncé en terre, pourrait se développer comme un bourgeon, et donner naissance à un petit abricotier. — Le Prunier diffère peu de l'abricotier; même forme de feuilles, mêmes fleurs en rosettes (2); mais l'arbre est plus grand d'ordinaire et plus robuste; le fruit plus petit, n'a ni la même couleur, ni le même goût. La prune mûre est rose, violette, jaune ou verdâtre, suivant les variétés différentes; toutes sont d'un goût frais et sucré. — Le Pêcher, plus petit et plus frêle que l'abricotier, a les feuilles beaucoup plus allongées et plus étroites, pointues, grêles; sa fleur, plus petite, est d'un rose violacé. Mais son fruit, la *pêche*, arrondi en boule, porté sur un pied très-court, presque touchant à la branche, devient plus gros encore que l'abricot. La pêche, de couleur vert jaunâtre, rougit en mûrissant; sa peau est couverte d'un fin duvet, semblable au toucher à du velours. Son noyau, plus gros aussi et plus arrondi que celui de l'abricot, est inégal et comme veiné à la surface, extrêmement dûr et épais; son *amande* a un goût plus amer et un parfum plus fort encore que celui de l'abricot. Le Cerisier est un arbre de plus grande taille que le pêcher et l'abricotier; ses feuilles, semblables à celles de l'abricotier, sont plus grandes, plus fortes; ses fleurs blanches ou rosées (3) viennent en bouquets plus nombreux, et au printemps, l'arbre est tout couvert de fleurs. Les cerises mûrissent à l'été; beaucoup plus petites que les abricots, elles sont disposées par petits groupes de trois ou quatre; leur peau mince, fine, lisse et transparente offre les plus belles couleurs: rose ou rouge vif, violet foncé, parfois presque noir. Suivant les espèces, la *chair* du fruit, juteuse et délicate, est blanche, rose, ou d'un rouge violet; douce et sucrée, ou bien un peu acide. Au centre du fruit est un petit noyau arrondi; si on le brise, on voit l'amande, semblable à celle de la pêche, amère aussi et odorante. — A cette occasion, il est bon de vous avertir que les noyaux des pêches, des amandes et des cerises, contiennent en très-petite quantité une substance amère et parfumée, qui est un véritable poison; si donc vous mangiez en trop grand nombre de ces amandes, surtout de celles de la pêche, vous pourriez en être malades; deux ou trois ne peuvent vous faire aucun mal. L'*amandier* ressemble fort au *pêcher*; mais son fruit n'a pas de chair, son noyau n'est pas dur, et l'amande est plus grosse. Il y a deux sortes d'amandes : les amandes *douces*, que l'on mange sans danger, et les *amandes amères*, qui sont dangereuses, parce qu'elles contiennent en abondance ce poison qui existe en moindre quantité dans les autres noyaux.

Cerises

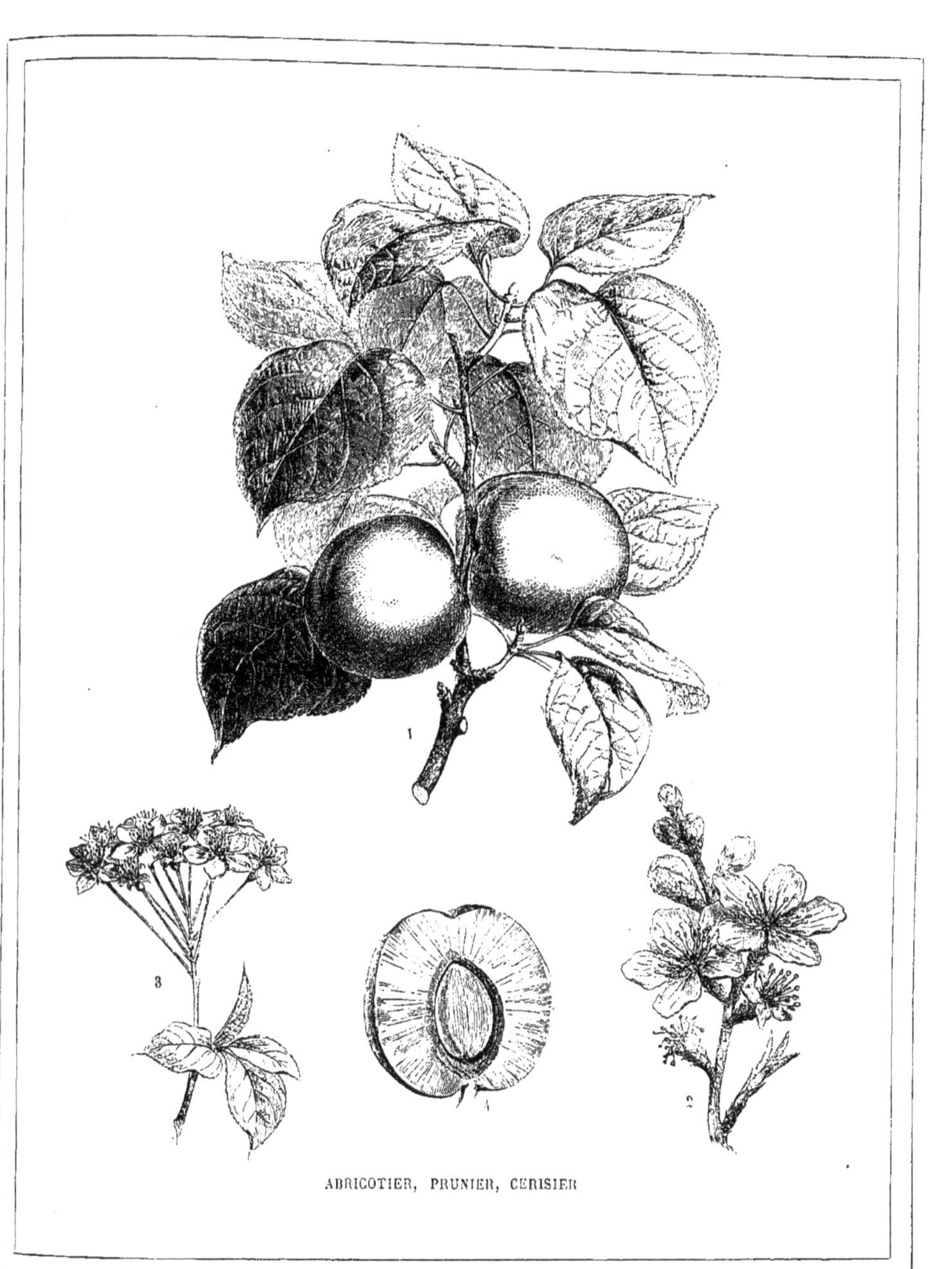

ABRICOTIER, PRUNIER, CERISIER

XXIV. — LE FRAISIER — LE FRAMBOISIER

Famille des ROSACÉES.

La fraise est un de nos fruits les plus agréables et les plus parfumés ; et en même temps la plante qui la porte est une des plus intéressantes à étudier. Le petit fraisier des bois surtout est une plante délicate et charmante. — Je suppose donc que dans le bois, en quelque endroit un peu découvert, au bord des sentiers, vous cherchiez ces petites fraises sauvages, rouges comme le sang, parmi la mousse verte et l'herbe fraîche. Voici un pied de la plante mignonne ; c'est une jolie touffe de feuilles d'un vert clair ; ces feuilles, portées sur de longs pieds grêles, sont des feuilles *composées*, c'est-à-dire formées chacune de trois *folioles* ou petites feuilles ovales, dentelées en scie sur leurs bords et terminées en pointe. Du milieu du bouquet de feuilles sortent de petites tiges fines et frêles qui portent les fleurs et les fruits. La fleur est tout à fait semblable à une rose sauvage ou églantine, à cela près qu'elle est beaucoup plus petite. La *corolle* est formée de cinq pétales blancs, arrondis, extrêmement minces et légers ; au-dessous, comme pour les soutenir, est un *calyce* en forme d'étoile à cinq rayons, composé de cinq petites feuilles ou *sépales* pointus. Dans la corolle s'étale une touffe d'étamines dont les *anthères* (petites têtes) sont portées sur des *filets* grêles comme des fils. Au centre enfin est une petite boule verdâtre hérissée de pointes : ce sera la fraise, quand elle aura mûri. Vous reconnaîtrez plus facilement encore cette structure sur la fleur du fraisier cultivé dans nos jardins, parce que cette fleur, toute semblable de forme, est beaucoup plus grande que celle du fraisier des bois. Les pétales tombés, la petite boule centrale grossit, verte d'abord, puis blanchâtre, rosée, enfin rouge : c'est la *fraise* (5). A sa surface vous distinguez de petits grains bruns, de forme allongée ; chacun d'eux, à proprement parler, est un *fruit* et contient une seule *graine*. Cette graine, tombée sur le sol, peut germer, et reproduire une plante semblable à celle qui l'a portée. Mais le fraisier a encore un autre moyen de se propager. Voyez du pied de la plante partir de longs filets verdâtres qu'on nomme les *coulants* du fraisier ; ce sont des *tiges* minces et flexibles, qui portent vers leur extrémité des *bourgeons* ; ces tiges s'allongent, couchées sur le sol ; puis le bourgeon grossit, se développe ; il en sort de petites feuilles. En même temps de la partie inférieure du bourgeon il naît de fines racines qui s'enfoncent dans la terre : voilà un nouveau pied de fraisier qui s'est pour ainsi dire planté lui-même ; il croîtra et lancera à son tour des coulants, qui produiront de nouveaux rejetons. La *plante-mère* périt au bout de quelques années, quand sa vie est finie ; mais la terre alentour est toute couverte de ses rejetons, qui sont comme ses enfants et ses petits enfants, qui tous proviennent d'elle et lui doivent la vie. — Les fraisiers cultivés dans nos jardins sont des espèces plus grandes, portant des fruits plus gros, plus abondants, mais moins parfumés ; ces fraisiers se multiplient également par des coulants ; on détache leurs rejetons, quand ils ont pris racine, pour les planter ailleurs. — Les *ronces* qui croissent dans les haies sur le bord des chemins, sont aussi des plantes de la famille des *rosacées*. La ronce (4) rappelle le rosier, avec ses tiges armées d'épines, ses feuilles composées de cinq folioles, et ses jolies fleurs blanches ou roses disposées en grappes. Ses fruits (3) rouges d'abord, deviennent noirs en mûrissant. Enfin, le *framboisier* de nos jardins, dont les fruits rouges sont si doux et si parfumés, n'est pas autre chose qu'une espèce de ronce, cultivée pour ses fruits (2). Sa tige est armée aussi d'épines, plus fines que celles des rosiers et des ronces ; ses feuilles, composées à trois ou cinq folioles, sont taillées absolument sur le modèle de celles des rosiers et des ronces, ses fleurs en rosettes. Son fruit (1, 6), *composé* d'un grand nombre de petits fruits arrondis et serrés les uns contre les autres, est tout à fait semblable au *mûron* noir de la ronce ordinaire.

Le Fraisier des bois et ses rejetons.

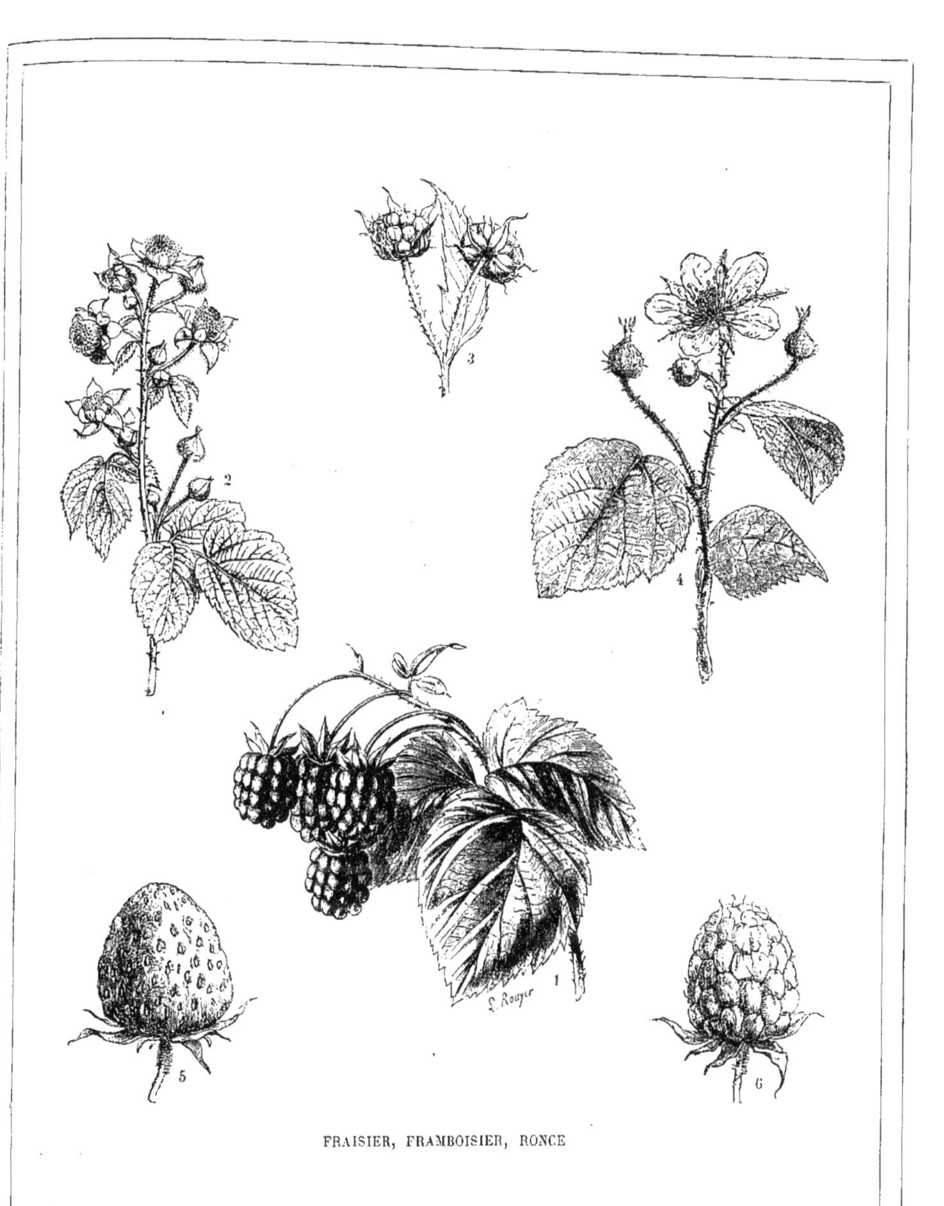

FRAISIER, FRAMBOISIER, RONCE

XXV. — LE POIS — LA FÈVE

Famille des Légumineuses papillonacées.

Il est une nombreuse famille de plantes qu'on nomme *légumineuses*, pour exprimer que leurs fruits sont en forme de *gousses* (en latin *legumen*); on les appelle encore plantes *papillonacées*, parce que leurs fleurs, ordinairement fort jolies, rappellent un peu par leur forme les ailes ouvertes d'un papillon. Le *type*, c'est-à-dire le modèle le plus complet des plantes de ce groupe, c'est le Pois cultivé(1). Le pois cultivé est une jolie plante, à tige frêle et molle, grimpante, qui s'accroche et s'enroule aux branches des arbres ou aux appuis qu'on lui donne. La tige porte, de distance en distance, des feuilles d'un vert pâle et grisâtre, qui sont des feuilles *composées*, c'est-à-dire formées de plusieurs petites feuilles (*folioles* réunies sur un *pétiole* commun. A l'endroit où ce pied s'attache à la tige une collerette verte, aussi en forme de feuille arrondie, entoure cette tige; à l'autre extrémité, le pied commun des folioles s'allonge et se termine par plusieurs minces filets appelés *vrilles*, parce qu'ils s'enroulent pour s'accrocher à tout ce qu'ils touchent: c'est à l'aide de ces vrilles que la plante s'attache à son support. La fleur du pois (2, 3) est d'une forme élégante et remarquable. Vous voyez d'abord à sa base, une sorte de coupe profonde, dentelée; c'est le *calyc* formé par la réunion de cinq *sépales* ou petites feuilles verdâtres, minces et aiguës, qui se sont accolées, soudées entre elles à la partie inférieure leurs parties supérieures restées *libres*, c'est-à-dire non soudées, forment les dentelures. La corolle de la fleur est composée de cinq *pétales* blancs roses ou violets de forme différente. En haut vous apercevez un large pétale relevé : c'est le *pavillon;* à droite et à gauche deux pétales plus petits, recourbés en cuiller: ce sont les ailes. Enfin au-dessous, deux autres pétales très-rapprochés, découpés d'une façon bizarre, forment ensemble une sorte de petit *berceau*, ou si vous aimez mieux, une nacelle: c'est ce que vous observez facilement en enlevant l'un après l'autre les cinq pétales, en *démontant* pour ainsi dire la fleur, afin d'examiner ses pièces séparément. Les pétales enlevés, vous voyez comme une gerbe de dix étamines à longs filets grêles, qui étaient couchées dans la nacelle, et qui se redressent à l'extrémité pour porter en haut leurs *anthères* (petites têtes). Enfin au centre de la gerbe d'étamines est le pistil, allongé, recourbé, terminé par un pinceau de poils. — La fleur étant passée, le *pistil* grandit, grossit, s'allonge et devient le *fruit*, qui est une *gousse*, c'est-à-dire une sorte d'étui renfermant les graines. On cueille ces *gousses* encore vertes, on les ouvre dans le sens de la longueur pour en recueillir les graines rondes, qui sont les *petits pois* verts, de saveur fine et sucrée. On peut aussi laisser le fruit mûrir complètement; la gousse jaunit alors (4), s'ouvre d'elle même, et les petits pois devenus jaunes et durs sont les *pois secs* que l'on peut conserver. La *lentille* ressemble beaucoup au pois cultivé; mais la plante est plus grêle, ses feuilles et ses fleurs sont plus petites, et ses gousses plus courtes ne contiennent qu'une couple de graines. Ces graines qu'on nomme des lentilles, sont, non pas en boules comme celles du pois, mais rondes et plates; on peut les manger fraîches ou les conserver à l'état sec. Le *haricot* diffère davantage du pois ; sa tige est plus ronde, couverte de poils rudes; ses feuilles sont plus vertes, beaucoup plus grandes, rudes, composées seulement de trois larges *folioles* en forme de cœur, dépourvues de vrilles: la plante s'attache en s'enroulant à son support. La fleur du haricot est plus petite que celle du pois. La *gousse* est plus allongée, les graines sont plus grosses et n'ont pas la forme de boule : ce sont les *haricots* que vous connaissez. Le *Pois chiche* a sa tige plus grêle, ses feuilles composées d'un plus grand nombre de folioles plus petits; ses fleurs sont plus petites aussi, et ses gousses plus courtes contiennent de jolies graines tachetées.

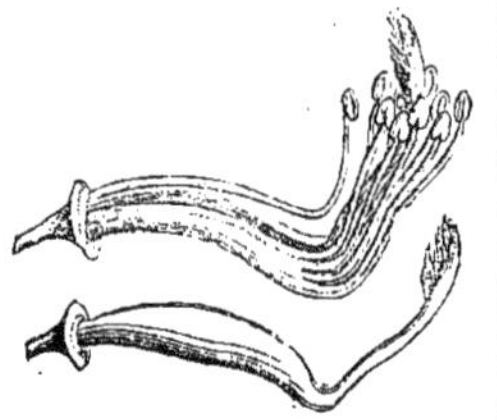

Pistils et étamines du pois. — Pistil isolé

La *fève* (6) est encore une plante utile de la même famille; mais ce n'est pas une plante grimpante: sa tige est plus courte et plus forte, ses feuilles composées, d'un vert pâle, n'ont pas de vrilles. Les fleurs naissent par jolis bouquets; elles sont semblables à celles du pois, mais moins étalées; et le pétale supérieur (pavillon) est orné d'une large tache brune ou noire. Le fruit est une très-grosse gousse, épaisse, veloutée à l'intérieur d'une sorte de duvet. Il contient plusieurs graines fort grandes, larges, aplaties: ce sont les *fèves*, légume excellent que l'on peut manger vert ou conserver sec. Toutes ces plantes sont cultivées en grande quantité dans les champs et les potagers.

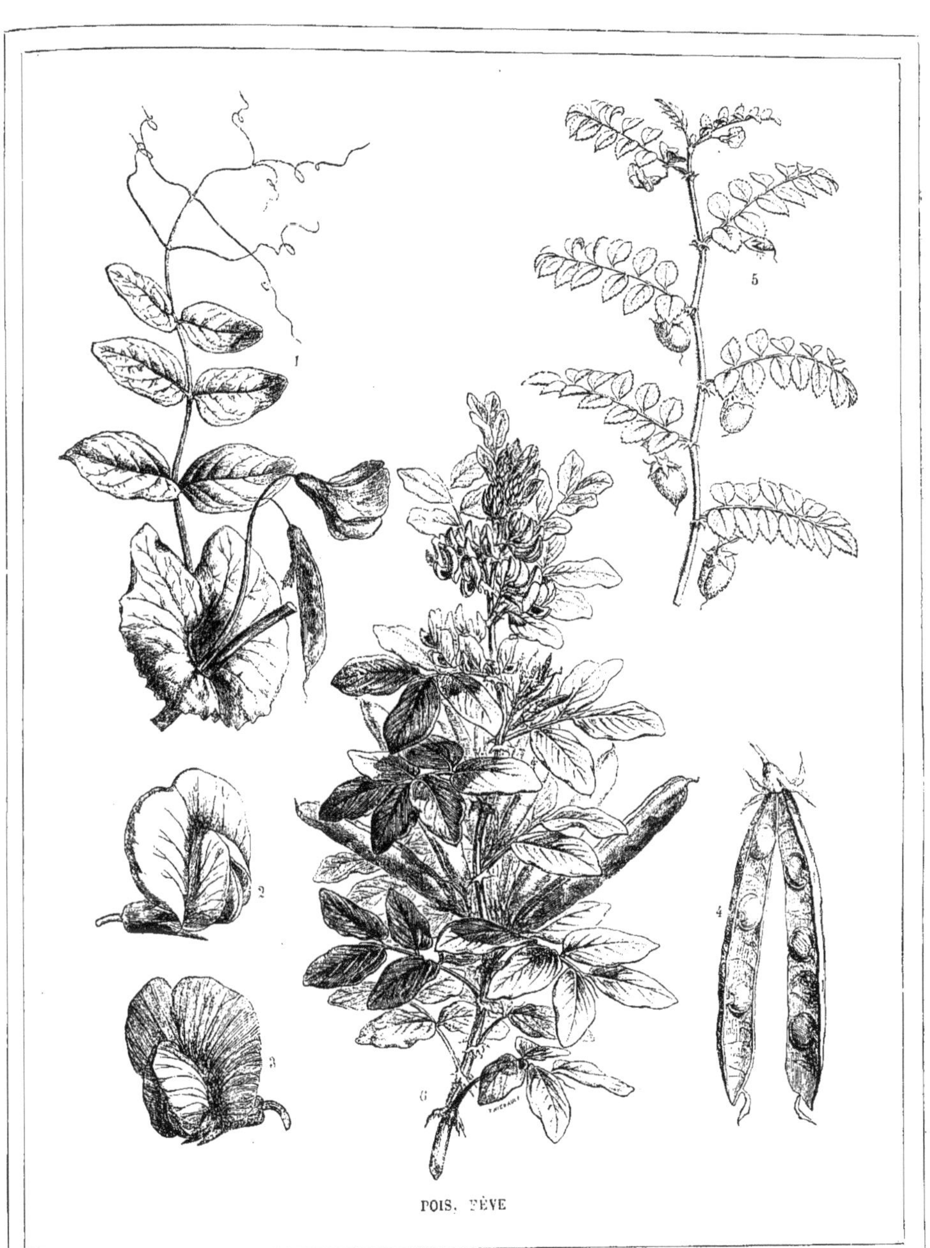

POIS, FÈVE

XXVI. — LE TRÈFLE — LA LUZERNE

Familles des **Légumineuses papillonacées.**

Dans la nombreuse et utile famille des légumineuses papillonacées, c'est-à-dire des plantes à fruits en forme de *gousses*, à fleurs rappelant la forme d'un papillon aux ailes à demi déployées, il y a des *plantes alimentaires*, capables de nous servir d'aliments, à nous autres hommes; tels le pois, le haricot, la fève. Il y a aussi des *plantes fourragères*, destinées à fournir du *fourrage*, de la nourriture pour nos bestiaux. Examinons la plus belle de ces dernières, le magnifique *trèfle* aux goupes touffus de fleurs de couleur rose tendre ou rouge feu : car il en est deux espèces. — A l'été, le champ de trèfle fleuri semble un tapis éblouissant. Le trèfle (1) est une herbe basse, à tiges vertes et molles; ses feuilles, portées sur de longs *pétioles* (pieds), sont des feuilles *composés* à trois *folioles*, (petites feuilles) étalées, ovales, d'un vert vif et frais : de là vient le nom de la plante, car *trèfle*, en latin *trifolium*, signifie feuille triple. Les fleurs naissent par groupes nombreux et serrés, en boule ou en œuf. Chacune des fleurs de ce groupe est toute semblable à la fleur du pois, mais beaucoup plus petite. En détachant une de ces fleurettes pour la regarder avec attention (4) vous observerez d'abord, sous la corolle, la petite coupe verte a cinq dents aiguës qui est le *calyce*. La *corolle*, bien plus allongée que celle du pois, est formée de cinq *pétales* inégaux, et qui tiennent ensemble, comme *soudés* : tandis que ceux de la fleur du pois sont *libres*, c'est-à-dire séparés. Le pétale plus long et plus étalé que les autres se nomme l'*étendard*; des deux côtés, deux plus étroits sont appelés les *ailes* ; enfin deux autres repliés, presque cachés sous les premiers, forment une sorte de nacelle ou de berceau où sont couchées les *étamines* et le *pistil*. Les étamines (5) ont de minces filets, comme des fils portant de petites *anthères* semblables à des têtes d'épingles. Tout au centre de la gerbe d'étamines est le *pistil*, qui a la forme d'une *gousse*, mais très-mince et tout petit. Plus tard, quand la fleur tombera, ce pistil grossissant deviendra le fruit de la plante, tout semblable à une gousse de pois, mais de bien moindre dimension, contenant les graines arrondies, qui dépassent à peine la grosseur d'une tête d'épingle. Ces graines sont recueillies avec soin : on les sème sur la terre convenablement préparée, quand on veut avoir un champ de trèfle. Lorsque la plante a suffisament grandi, on fauche le champ; la plante coupée est portée fraîche à l'étable pour la nourriture du bétail; ou bien on la laisse sécher pour en faire du *foin*, que l'on entasse dans la grange. Mais pour avoir été coupée au ras de terre, la plante ne périt pas; au contraire, sa tige, vivace, pousse de nouveaux rejetons; on peut faire deux ou trois *coupes* de trèfle dans l'année, parfois davantage. — La *Luzerne* (3) ressemble beaucoup au trèfle : tiges molles et basses, feuilles triples, fleurs en grappes. Ses fleurs sont plus délicates encore que celles du trèfle; elles sont d'ailleurs toutes semblables de structure. Mais par un phénomène très-curieux, la petite gousse de la luzerne, droite d'abord, en grandissant se recoube, puis se roule en *spirale*, en une sorte de tire-bouchon très-serré, et la gousse ainsi enroulée prend l'aspect d'un limaçon... La luzerne se sème et se coupe comme le trèfle : mais chaque année il faut semer le trèfle à nouveau, tandis que la luzerne, une fois semée, vit plusieurs années, fournissant toujours de nouveau fourrage. — Le *sainfoin* (2), autre plante fourragère, diffère peu du trèfle et de la luzerne; ses fleurs sont toutes semblables et groupées de même; mais ses tiges sont plus grêles, et ses *feuilles composées*, au lieu d'avoir trois folioles seulement, en ont un plus grand nombre, rangées des deux côtés du pétiole. — D'autres plantes de même famille, toutes ayant des fleurs semblables à celles du pois et des fruits en gousses, servent encore de fourrage : le *fenu-grec*, à l'odeur agréable, les *gesses*, les *lupins*; le *genêt épineux* ou *ajonc*, fort commun surtout en Bretagne, dans les lieux arides, et qui porte de belles fleurs d'un jaune d'or; cette plante n'a que de très-petites feuilles, et est toute couverte d'épines rondes et aiguës. — De plus, tandis que nous mangeons les fruits des *pois*, des *fèves* et *févroles*, des *lentilles*, leur feuillage sert à la nourriture du bétail.

Pistil de Luzerne.

Fruit commençant à s'enrouler.

Fruit enroulé.

TRÈFLE, SAINFOIN, LUZERNE

XXVII. — LE ROBINIER — LE GENÊT — LA RÉGLISSE

Famille des LÉGUMINEUSES PAPILLONACÉES.

La nombreuse famille des *légumineuses*, (c'est-à-dire des plantes portant des fruits en forme de *gousses*) nous fournit, pour notre nourriture à nous-mêmes, des plantes alimentaires telles que le *pois*, le *haricot*, la *fève;* pour la nourriture de nos bestiaux, des *plantes fourragères* comme le *trèfle*, la *luzerne*, le *sainfoin;* de plus, dans le même groupe nous rencontrons des végétaux qui nous sont utiles en d'autres manières, par leur bois, par des substances colorées qu'elles renferment, ou bien encore à titre de remèdes : ce sont des plantes *forestières* ou *industrielles*, ou *médinicales*. Choisissons-en quelques exemples. — Examinez tout d'abord un de ces arbres élégants, au gracieux feuillage, aux jolies fleurs, aujourd'hui très-commun dans nos pays : le ROBINIER, plus ordinairement appelé *acacia*. Son tronc est droit et élancé; ses branches déliées, ses rameaux longs et flexibles portent de longues et fortes épines. Ses feuilles fort délicates et d'une jolie couleur vert clair, sont des feuilles *composées*, portant un grand nombre de *folioles* (petites feuilles) disposées sur les cotés d'un long *pétiole* (pied). Au printemps l'arbre porte de nombreuses grappes pendantes de fleurs blanches, jaune clair ou rosées suivant les variétés, et qui ont la forme de la fleur du pois. Chacune de ces fleurs en effet a un petit *calyce* en forme de coupe peu profonde, dentelée de cinq dents, et une jolie corolle formée de cinq *pétales* inégaux. Le pétale supérieur, largement étalé, est ce qu'on nomme *l'étendard* (ou *pavillon*); des deux cotés, deux pétales plus petits creusés en cuiller, sont appelés les *ailes*; enfin deux autres, étroitement rapprochés, creusés et recourbés, figurent ensemble une sorte de nacelle ou de berceau. Dans ce berceau sont couchées dix *étamines* dont neuf se tiennent par leurs *filets*, et qui portent de petites têtes nommées *anthères*. Au milieu de cette gerbe d'étamines est le *pistil*, qu a en très-petit la forme d'une *gousse* de pois. Une fleur ainsi construite est appelée fleur *papillonacée*, parce qu'on la compare à un papillon avec ses ailes étendues. La fleur du robinier a une odeur fraîche et douce. Bientôt les pétales tombent, le pistil reste, croît, devient le *fruit* contenant les graines. — Les GENÊTS aux feuilles étroites et pointues, sans découpures, forment de petits buissons verdoyants aux flancs des collines arides. Leurs jolies fleurs, d'un jaune doré, sont semblables à celle du robinia, mais plus allongées; leurs gousses sont plus grandes et plus aplaties. Il est plusieurs espèces de genêts; le *genêt des teinturiers*, ou *genestrole*, fournit, lorsqu'on fait tremper dans l'eau ses rameaux, une couleur jaune employée en teinture : c'est une plante *tinctoriale*. Cette jolie espèce porte de nombreuses fleurs en grappes élégantes (1). Le *genêt épineux* aussi appelé *ajonc*, très-commun surtout en Bretagne, est une plante rude, dont les feuilles sont très-petites, et qui est toute hérissée d'épines extrêmement raides et aigues : lorsqu'elle fleurit, ses rameaux épineux semblent des thyrses d'or (grappes de fleurs dressées). Chose singulière, les chevaux mangent très-volontiers cette plante si rudement armée, pourvu qu'on ait un peu brisé ses épines en la *pilant* avec un pilon. Cette plante croît à l'état sauvage sur les *landes* incultes; ses branches coupées à chaque saison, mises en tas et desséchées, fournissent des fagots épineux qui brûlent avec une vivacité extrême, et qu'on emploie dans les campagnes à chauffer les fours à cuire le pain et les fours à chaux. La RÉGLISSE ressemble au robinia par ses feuilles composées, par ses grappes de fleurs *papillonnacées* qui sont dressées au lieu d'être pendantes (3). Ses fleurs sont plus petites, et ses gousses plus aplaties. Cette plante a de longues tiges traînantes (*rhizômes*) à fleur de terre, rondes, flexibles, dépourvues de feuilles et qui contiennent en abondance une sève sucrée. Avec le *bois* de ces tiges on prépare une tisane adoucissante; on en extrait cette substance noire au goût sucré que vous connaissez. Il faut encore citer l'*indigotier*, jolie plante au feuillage léger (2), aux grappes de petites fleurs élégantes; on extrait de cette plante une couleur bleue violacée, nommée *indigo*, employé en teinture. L'*indigotier* croît dans les Indes et en Amérique. Le climat de la France serait trop froid pour cette plante délicate, mais elle peut croître en Algérie

Grappe de fleurs du Robinier (Acacia)

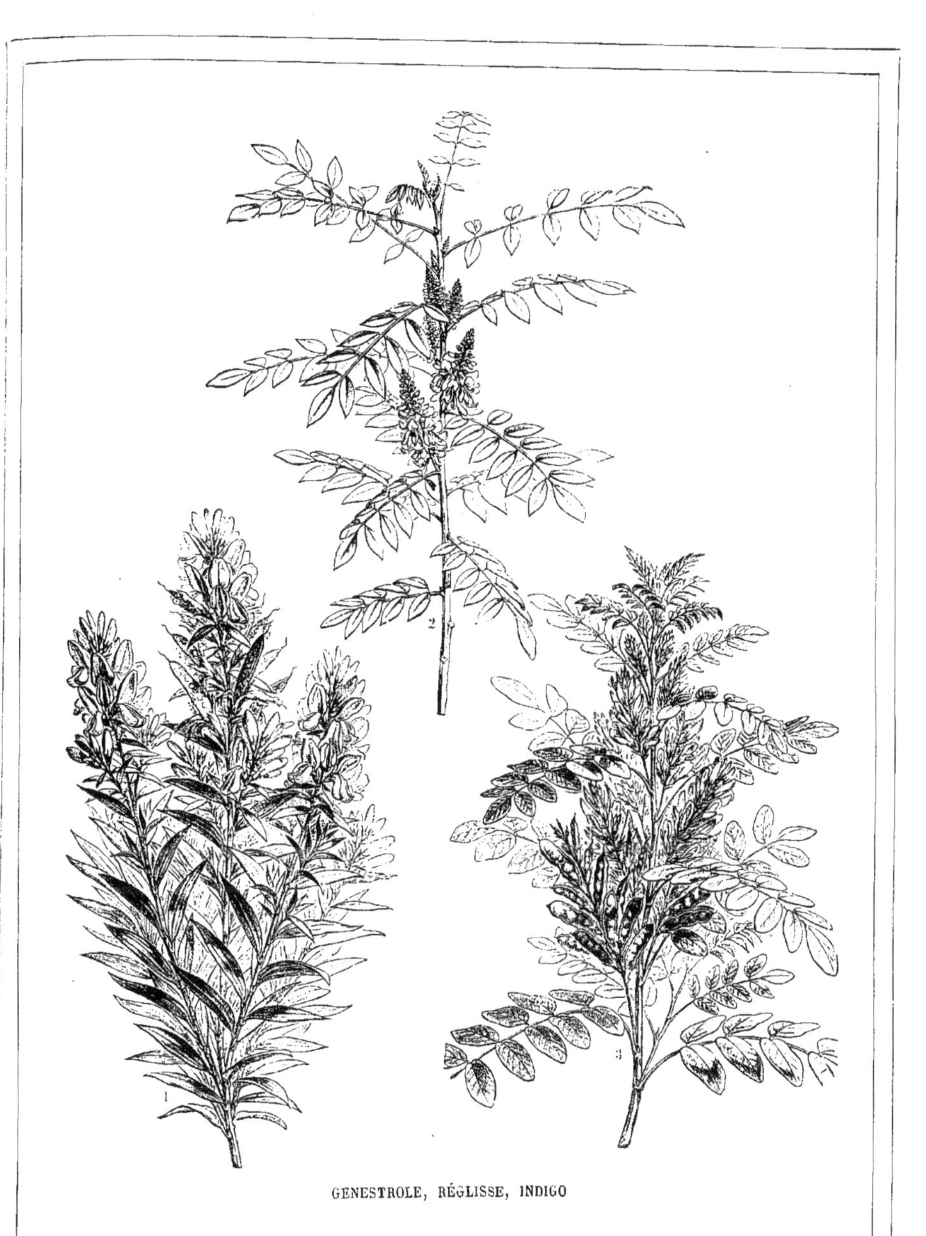

GENESTROLE, RÉGLISSE, INDIGO

XXVIII. — CAROTTE, PERSIL

Famille des OMBELLIFÈRES.

Il y a une nombreuse et intéressante famille de plantes appelées *ombellifères*, c'est-à-dire *porte-ombelles*, à cause de la disposition de leurs fleurs, dont les groupes étalés (*ombelles*) rappellent un peu la forme d'un parasol ouvert. Parmi ces plantes, les unes sont des aliments ou des assaisonnements utiles, les autres sont des poisons mortels... Il importe donc de les connaître, afin de ne pas s'y tromper. Nous aurons une idée de l'apparence et de l'organisation des ombellifères en étudiant, par exemple, la CAROTTE. De ce végétal vous ne connaissez peut-être que la racine : cette racine épaisse, en forme de cône allongé, rougeâtre en dehors, jaune vers le centre, molle, juteuse et sucrée, que l'on met dans les potages pour les parfumer. C'est la racine principale de la plante, dans laquelle est contenue, et pour ainsi dire mise en provision, en réserve, une quantité de substances alimentaires et de sève que le végétal doit employer plus tard pour se nourrir, pour former ses tiges, ses feuilles, ses fleurs et ses fruits. Une racine ainsi constituée est appelée *pivotante*, parce qu'elle a la forme de l'extrémité apointie d'un pivot, d'un pieu que l'on enfonce dans la terre. Autour de ce pivot naît une chevelure de fines racines, extrêmement frêles, qui vont au loin aspirer les sucs nourriciers de la terre. Au-dessus de la racine on voit s'étaler sur le sol une touffe fraîche de feuilles découpées d'une façon très-délicate, d'une verdure vive et fraîche. Puis s'élèvent d'assez hautes tiges, minces, rondes, molles et vertes, portant des feuilles, et des branches terminées par leurs groupes de fleurs. La Carotte (1, 3) est alors une plante très-élégante, et son feuillage surtout est fort joli. Examinons une de ses feuilles : un *pétiole* (pied) élargi en bas et entourant comme d'une gaîne la tige où il est attaché, porte, comme autant de branches, d'autres pétioles plus petits, rangés des deux côtés; et ceux-ci, à leur tour, portent de petites feuilles ou *folioles*, elles-mêmes découpées de profondes dentelures. Une feuille ainsi faite est dite *décomposée*, c'est-à-dire comme déchiquetée en menues parties. Voyons maintenant les fleurs. *L'ombelle* de la carotte forme une touffe serrée de petites branches; et chacune de ces petites branches, à son tour, est terminée par une *ombelle* plus petite, c'est-à-dire par une touffe plus petite de branchettes, celles-ci, enfin, portant les fleurs. Au-dessous de la touffe vous observerez une sorte de collerette finement découpée de feuilles pointues que l'on nomme *bractées;* l'ensemble de ces bractées est appelé *involucre*. Chacune des petites ombelles est aussi pourvue d'un involucre, diminué à proportion. La fleur de la carotte est petite, blanchâtre. Cinq petites pointes vertes forment le *calyce* de la fleur; cinq *pétales* découpées en cœur forment la *corolle*. Au milieu, on voit cinq étamines portant leurs petites têtes (ou *anthères*) sur de minces filets : puis, tout au centre, deux petites crossettes recourbées qui font partie du *pistil*. Le reste du pistil se voit sous la fleur, semblable à une petite coupe velue : c'est l'*ovaire*. La fleur tombée, l'ovaire grossit et devient le fruit, vert d'abord, puis brun, hérissé de poils, contenant deux graines. — Le PERSIL diffère peu de la carotte; mais sa racine n'est pas tendre et épaisse; ses feuilles servent d'assaisonnement. L'ANGÉLIQUE, dont on se sert pour parfumer certains mets, est de plus grande taille; ses tiges sont plus épaisses et plus fortes, ses feuilles plus larges, moins découpées : ses ombelles (2) n'ont pas d'*involucres*. Le FENOUIL, dont les tiges sont d'un vert très-vif, lisses, les ombelles très-larges, les fleurettes jaunes, les fruits non velus, a un parfum agréable. Le CERFEUIL, aux ombelles sans involucres et le CÉLERI ou ACHE, cultivés dans nos potagers, servent à assaisonner nos mets. Le persil, le céleri et le cerfeuil ressemblent fort à une plante très-dangereuse : la *ciguë*, violent poison. Seulement ils ont une odeur agréable, tandis que la ciguë a une odeur repoussante. Cependant, pour être plus sûr de ne pas s'y tromper, il vaut mieux éviter de porter à la bouche ou de mettre dans les mets de ces plantes ombellifères sauvages, qu'il est facile de confondre avec la ciguë.

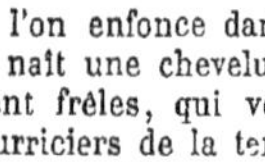

Fruit de la carotte (grossi.)

Fleur de la carotte (grossie.)

Fruit du fénouil (grossi.)

CAROTTE, ANGÉLIQUE, CERFEUIL

XXIX. — LA CIGUË

Famille des Ombellifères.

Dans la famille des plantes *ombellifères*, c'est-à-dire *porte-ombelles*, ainsi nommées parce que leurs groupes de fleurs largement étalés rappellent la forme d'un parasol ouvert, il y a des plantes utiles telles que la *carotte*, le *persil*, le *fenouil*, le *céleri*, le *cerfeuil;* mais il y a aussi des plantes *vénéneuses* dont nous devons nous donner garde. Les plus dangereuses sont les Ciguës. Étudions d'abord la *grande ciguë*, très-commune dans les ruines, les jardins abandonnés. C'est une assez jolie plante, dont les tiges rondes, légèrement rayées dans le sens de la longueur, s'élèvent souvent à plus d'un mètre. Elles portent de nombreuses branches grêles, et des feuilles très-finement découpées, semblables à celles de la carotte, du persil, du cerfeuil. Chacune de ces feuilles est formée d'un long *pétiole* (pied) élargi à l'endroit où il s'attache à la tige; ce pétiole porte, rangés des deux côtés, d'autres petits pétioles, ceux-ci, enfin, de légères *folioles* (petites feuilles) dentelées délicatement. Les rameaux grêles de la plante portent les *ombelles* ou groupes de fleurs. Examinons un de ces groupes. Nous voyons d'abord plusieurs petites branches prenant naissance au même point et s'étalant; chacune d'elles soutient un groupe tout semblablement disposé de branchettes plus petites, et celles-ci, enfin, portent les fleurs. Sous l'ombelle, il y a une sorte de collerette formée de cinq petites feuilles pointues que l'on nomme *bractées*; et cette collerette elle-même est appelée l'*involucre*. Les fleurs de la ciguë sont petites et blanches. Chaque fleur a cinq *pétales* un peu inégaux qui forment la corolle; à l'intérieur, cinq *étamines*, dont les *anthères* (petites têtes) sont portées sur de minces filets. Enfin, tout au centre, deux petites crossettes recourbées font partie du *pistil*. Le reste du pistil est l'*ovaire*, qui forme sous la fleur une petite coupe verte. La fleur tombée, l'ovaire grossit et devient le fruit, qui contient deux graines. Ce fruit est rayé de petites côtes rappelant celles du melon. Par son aspect, par ses tiges, ses feuilles, ses ombelles, ses fleurs, la grande ciguë ressemble tellement au persil, à la carotte, au cerfeuil, qu'il est très-facile de les confondre. Il y a des différences cependant. La tige de la grande ciguë est couverte de taches brunes ou noirâtres qui lui ont fait donner aussi le nom de *ciguë tachetée*. Ses *involucres* sont beaucoup moins touffus que ceux de la carotte : le persil, le cerfeuil n'en ont pas. Enfin ses fruits, ressemblant à de petits *melons*, peuvent la faire reconnaître. La *petite ciguë* est plus grêle et plus mince que la grande; ses fleurs sont plus petites, semblables par ailleurs, et semblablement disposées en ombelles. Ses fruits aussi ont une forme qui rappelle celle du melon (en très-petit); comme la grande, elle a ses tiges tachetées, surtout vers le pied. La *ciguë vireuse* a un aspect tout semblable aussi; ses fruits sont de forme plus courte. Enfin l'*œnanthe*, souvent appelée *ciguë aquatique*, a les feuilles moins découpées que celles des autres ciguës, et son fruit est plus allongé; ses tiges ne sont pas tachetées. La *grande* et la *petite ciguë* et la *ciguë vireuse* ont une odeur fétide qui permet de les distinguer du persil; mais la ciguë aquatique, tout aussi vénéneuse, a, au contraire, une odeur agréable. Il faut donc se défier de toutes les *ombellifères* sauvages, faciles à reconnaître à leur ressemblance avec le persil : la plupart sont des poisons.

Petite Ciguë.

GRANDE CIGUË

XXX. — LE LIN

Famille des Linées.

Une charmante petite plante, frêle et gracieuse, avec de jolies fleurs d'un bleu tendre un peu violacé, c'est le Lin, — en même temps l'une de nos plantes les plus utiles. Un champ de *lin*, en mai, quand la plante est en fleur, semble une mer bleue qui ondule au vent... Le lin est une herbe qui dépasse rarement cinquante centimètres de hauteur. Sa tige, extrêmement mince et grêle, porte de petites feuilles non découpées, allongées, pointues, qui s'élargissent à partir de la tige au lieu d'être portées sur des *pétioles* (petits pieds) étroits. La tige porte plusieurs rameaux, qui se terminent par des groupes de boutons et de fleurs (1). Prise dans son ensemble, la *corolle* du lin a la forme d'un entonnoir évasé; mais cette corolle est formée de cinq *pétales* (petites feuilles de la fleur) distincts, frêles, demi-transparents, de forme un peu arrondie, et d'une couleur bleue très-agréable. Ces pétales, dans le bouton, étaient roulés en *spirale* et comme tordus les uns sur les autres; la fleur s'ouvrant, ils se déroulent, et s'étalent. Si on enlève les pétales, on aperçoit plus distinctement les cinq *sépales*, c'est-à-dire les petites feuilles vertes, pointues, qui les soutenaient en dessous, et dont l'ensemble est ce qu'on appelle le *calyce* de la fleur. Les pétales et les sépales étant enlevés, observons les *organes* qui étaient au centre de la fleur : vous distinguez d'abord cinq *étamines* (2), dont les petits *filets* grêles portent des *anthères* (petites têtes); enlevons-les encore délicatement, il reste cinq pièces verdâtres, terminées chacune par un long filament grêle et une petite tête arrondie (3) : ce sont les *pistils*. Quand la fleur perd ses pétales, ces pistils demeurent : ils grossissent, se renflent en boule et deviennent le fruit (4); les cinq sépales du calyce grandissent aussi et entourent ce fruit comme d'une petite colerette verte. Si l'on coupe alors le fruit en travers, on voit qu'il forme cinq *logettes*, dans lesquelles sont logées les graines de la plante (5). Lorsque le fruit est mûr, il jaunit, se dessèche et se fend; les graines, qui sont aplaties, lisses et de couleur brune, s'en échappent.

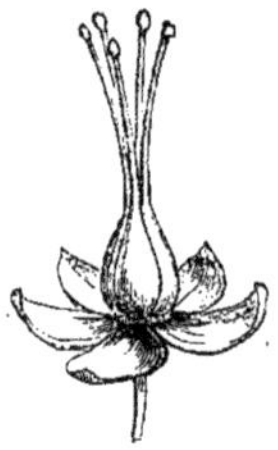

Fleur du Lin, la corolle enlevée, pour montrer le calyce et les pistils.

Deux choses sont utiles dans le lin : les tiges, la graine. — Les tiges grêles contiennent de longues et fortes *fibres* qui sont comme autant de fils très-fins, réunis en faisceaux, accollés ensemble : il s'agit de séparer ces fibres. Pour cela, les tiges arrachées et desséchées sont d'abord battues légèrement au fléau pour faire sortir les graines que l'on recueille à part; puis ces tiges réunies en gerbes, sont plongées pendant plusieurs semaines dans l'eau des mares ou des ruisseaux : c'est ce qu'on appelle le *rouissage* du lin. La tige se ramollit, les fibres se décollent les uns des autres. Le lin suffisamment roui est séché, puis battu, enfin *broyé* avec un appareil spécial qu'on nomme *braye*. La moëlle, l'écorce de la tige se détachent, et s'en vont en poussière, en minces écailles; les fibres restent seules, dégagées, souples; elles forment ce qu'on appelle de la *filasse*. Cette filasse, convenablement préparée sera *filée*, c'est-à-dire tordue en forme de fils; et de ces fils on fabriquera les belles toiles blanches, fines et durables, qu'on nomme toiles de lin. La graine de lin contient beaucoup de matière grasse, huileuse. On la broie sous des meules pour en faire une farine grisâtre, que l'on chauffe ensuite légèrement, et que l'on presse très-fortement avec des presses mécaniques. Le jus gras et verdâtre qui coule alors est recueilli; convenablement *épuré*, il est l'*huile de lin* que l'on emploie à beaucoup d'usages divers. C'est avec l'huile de lin que l'on délaye les couleurs pour la *peinture à l'huile*, parce qu'elle a la propriété de sécher assez vite, tandis que les autres huiles restent très-longtemps grasses et coulantes. L'huile ayant coulé, la farine desséchée et durcie par la pression reste sous forme de plaques minces que l'on appelle des *tourteaux*. Les tourteaux de lin peuvent servir à la nourriture des bestiaux et des volailles, être brûlées comme le bois, ou produire un excellent engrais. La graine de lin et sa farine servent pour préparer différents remèdes qui calment les douleurs : cet effet est dû encore à la matière grasse qu'elles contiennent. Il y a dans nos pays plusieurs variétés de lin. Le *lin cultivé* (1) est une plante *annuelle*, c'est-à-dire vivant une année seulement. Une autre espèce, le *lin sauvage* (6), également annuelle, est commune dans les prés humides, au bord des ruisseaux. Enfin le lin *vivace* (7), est ainsi nommé pour exprimer que sa vie dure plusieurs années. Toutes ces espèces sont des plantes *textiles*, c'est-à-dire contenant des fibres flexibles propres à faire des fils et des étoffes.

LE LIN

XXXI. — LA VIGNE.

Famille des **Ampélidées.**

Une de nos plus précieuses plantes est la *vigne*, qui nous donne, avec ses beaux raisins dorés, cette excellente boisson, le vin. Excellente, certainement ; et parce que certaines personnes en abusent d'une façon bien triste, le vin n'en est pas moins une bonne chose, une chose utile. La vigne est une plante *sarmenteuse*, c'est-à-dire à la tige mince, flexible, grimpante, qui s'enroule autour des supports. Les vieux troncs de la vigne sont durs, raides, couverts d'une écorce grise ou noirâtre qui se détache par feuillets ou par fibres; les jeunes rameaux ou *sarments* sont grêles, flexibles, verts près de leur extrémité, ailleurs, couverts d'une mince écorce brune. Au printemps la vigne pousse de gros bourgeons velus, qui s'ouvrent et se développent rapidement. Les feuilles naissent *opposées*, c'est-à-dire en face l'une de l'autre, de chaque côté de la tige. La feuille, portée sur un long *pétiole* (pied), est largement étalée, dentelée élégamment, d'un beau vert tendre, qui jaunit puis rougit vers l'automne. De distance en distance les jeunes rameaux portent ce qu'on appelle des *vrilles;* ces vrilles ressemblent aux pétioles des feuilles; mais elles ne portent pas de *limbe* ; elles se séparent d'ordinaire en deux branches, qui s'enroulent en *spirale*, et s'accrochent à tout ce qu'elles touchent. C'est à l'aide de ces vrilles que la vigne se soutient et grimpe soit aux branches des arbres, soit aux *treilles* des jardins, soit aux *échalas* ou supports qu'on lui donne pour appui. La vigne porte des fleurs disposées en grappes ; la grappe dressée est formée d'un groupe de petits grapillons tout chargés de fleurs ; mais ces fleurs sont très-petites, verdâtres, et n'ont rien de beau. Voici représentée cette fleur (3), cinq fois plus grosse qu'elle n'est réellement, pour que vous distinguiez mieux les détails. Les cinq petites feuilles vertes qui forment la *corolle* de cette fleur sont soudées ensemble ; lorsque le bouton s'épanouit, cette corolle tombe tout d'une pièce, comme un petit chapeau qui se détache. La fleur épanouie (4) ne se compose plus que de cinq *étamines* dont les anthères (petites têtes) sont portées sur de grêles et de courts *filets :* au centre est le pistil, qui a la forme d'une petite bouteille avec un goulot évasé (non pas ouvert). La partie renflée du pistil est l'*ovaire*, qui grossit, s'arrondit, devient le grain de raisin (5), d'abord dur, vert, excessivement aigre : on l'appelle alors *verjus;* puis, lorsqu'il est arrivé à toute sa grosseur, il mûrit, devient transparent, d'un jaune pâle à reflets dorés, ou rose, ou violet bleu, ou enfin d'un violet presque noir, suivant les différentes espèces de vignes. Son goût est très-sucré et parfumé : le raisin est un de nos fruits les meilleurs et les plus sains. Au milieu du grain de raisin sont les petites graines (6), dures, de forme allongée, qui, semées dans un sol convenable, reproduiraient la plante. Mais quand on veut avoir des vignes, il est préférable de détacher du pied de quelque forte vigne des rejetons qui sont pourvus de racines, et de les planter : ainsi produits, les *ceps* (c'est-à-dire les pieds de vignes) grandissent plus vite, portent plus vite des raisins et des raisins de meilleure qualité. C'est à l'automne qu'on fait la *vendange*, c'est-à-dire la récolte des raisins. Ceux dont on fait le vin sont *foulés*, écrasés, puis pressés sous un pressoir ; on recueille dans de vastes cuves le jus exprimé, qui *fermente*, c'est-à-dire bouillonne, écume, perd son goût sucré pour prendre une saveur forte, et se transforme en vin. Pour que la vigne croisse vigoureusement et mûrisse bien ses fruits, il faut une assez forte chaleur. Les départements du midi de la France, où les étés sont très-chauds, ont des vignes magnifiques, et produisent en abondance d'excellents vins. Dans les départements du centre et de l'est, moins chauds, les raisins mûrissent moins bien; autour de Paris, vers Orléans, les vins sont de qualité inférieure. Enfin dans les départements du nord et de l'ouest dont le climat est plus froid, on ne cultive pas de vignes, si ce n'est dans les jardins, et les raisins n'y mûrissent pas bien ; on n'y fait pas de vin.

Grappe de la vigne en fleurs.

LA VIGNE

XXXII — LE MARRONNIER — L'ÉRABLE

Familles des HIPPOCASTANÉES et des ACÉRINÉES.

L'un des plus beaux arbres qui ornent nos jardins et nos promenades, un des premiers revêtu de son feuillage au printemps, c'est le *Marronnier* aux larges feuilles, aux jolies grappes de fleurs. Il atteint souvent une taille majestueuse; son gros tronc rude porte de fortes branches et des rameaux tendres et fragiles. A l'avril on voit ses gros bourgeons bruns, recouverts de larges écailles, et protégés, comme vernis par une épaisse résine brune et odorante qui colle aux doigts, s'ouvrir et laisser se déplier les jeunes feuilles, d'un vert pâle. La feuille du marronnier est *composée,* c'est-à-dire formée de plusieurs *folioles* (petites feuilles) portées sur un *pétiole* (pied) commun; on dit de plus *composée palmée* (en main), pour exprimer que ces folioles, attachées au même point du pétiole, s'étalent comme les doigts d'une main ouverte, ou si vous voulez, comme les feuillets d'un éventail. Elle en a sept, allongées, dentelées sur les bords et terminées en pointe; chacune d'elles est pourvue d'une *nervure* principale située au milieu, et de nervures plus petites qui naissent des deux côtés de la nervure principale, comme les barbes d'une plume, donnant un excellent exemple de la disposition *pennée* (en plume). Ces belles feuilles sont d'un vert foncé. Au mois de mai les fleurs naissent aux extrémités des rameaux, disposées en charmantes grappes dressées, si nombreuses que l'arbre en est tout couvert et semble un immense bouquet (1).

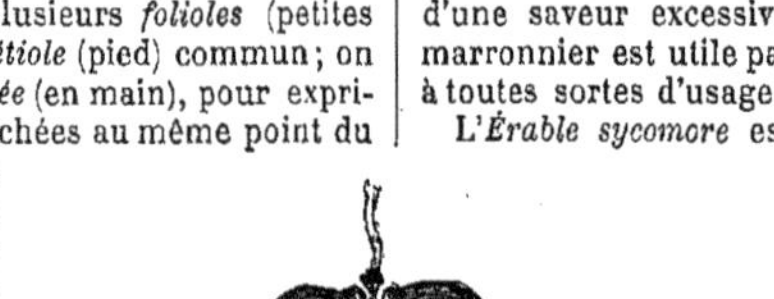

Fleur du Marronnier (1). Samarre de l'Érable Sycomore (2).

Chaque grappe est composée de nombreux groupes de fleurs blanches, tachetées de rose ou de jaune suivant les variétés. La fleur est pourvue d'un *calyce* de cinq sépales qui protègent les pétales repliés dans le bouton, mais qui se détachent et tombent lorsque la *corolle* est épanouie. Cette élégante corolle est formée de cinq ou plus souvent de quatre pétales, larges, délicatement plissés : deux plus grands, ordinairement ornés de larges taches roses ou jaunes, deux ou trois plus petits. Du centre s'étale un bouquet d'*étamines*, dont les *anthères* sont portées sur de longs filets recourbés (2). Enfin au milieu des étamines le *pistil* allonge son *style* (3) recourbé et velu ; il cache au fond de la fleur son *ovaire* en forme d'œuf verdâtre. La fleur tombée, cet ovaire grossit énormément; il devient un fruit en boule (4), de couleur verte, hérissé de pointes émoussées. Le fruit mûr s'ouvre en trois parties; de son enveloppe épaisse se détache la graine, le beau gros *marron,* brun, lisse, à peu près semblable à une chataigne, mais plus gros et plus rond (5). — Mais tandis que la chataigne, parfois appelée aussi *marron* par erreur, offre un aliment agréable, le véritable marron est d'une saveur excessivement âcre et amère. Le marronnier est utile par son bois, qui peut servir à toutes sortes d'usages.

L'*Érable sycomore* est un autre arbre souvent planté, comme le marronnier, sur nos promenades, pour donner de l'ombrage. Son feuillage d'un vert frais, vif, est plus délicat; ses feuilles plus petites, simples, *palmées,* découpées à cinq grandes dentelures, portées sur de long pétioles, rappellent la forme de la feuille de vigne, mieux encore celle du platane. Ses fleurs en grappes aussi, mais en grappes retombantes, sont beaucoup moins jolies que celles du marronnier. Chacune d'elles se compose d'une rosette de huit *sépales* verdâtres, qui est le calyce, entourant une autre rosette de huit pétales un peu plus petits, d'un blanc verdâtre ; une touffe de huit étamines accompagne le pistil qui a la forme d'un cœur surmonté de deux plumeaux. La fleur tombée, le pistil croît, devient le fruit. Ce fruit à une forme bizarre; il est formé de deux petits sacs accolés, contenant chacun une graine, et pourvus chacun d'une longue *aile* mince semblable à une aile d'insecte. Un fruit ainsi ailé est ce qu'on nomme une *samarre.* Le fruit, vert d'abord, brunit ensuite. Ses deux parties se séparent; le vent frappant dans l'aile détache les samarres, les fait voltiger et les sème au loin. En outre de l'érable sycomore il est plusieurs autres espèces d'érables, utiles surtout par leur bois.

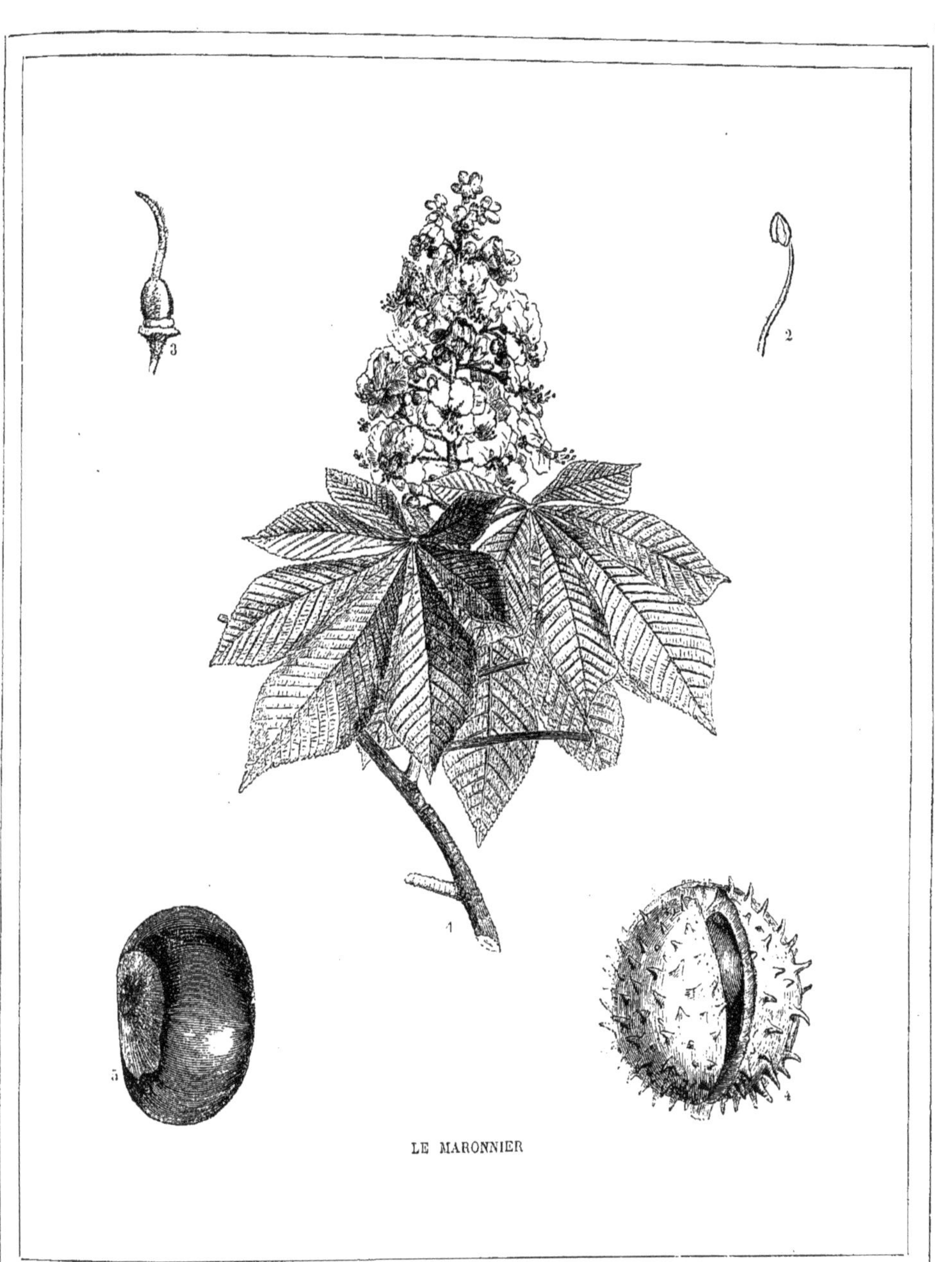

LE MARONNIER

XXXIII. — L'ORANGER

Famille des AURANTIACÉES.

Dans les régions chaudes, surtout dans les pays du midi de l'Europe, en Italie, en Espagne, et même en France sur quelques points du rivage de la Méditerranée, où le soleil fait jaunir l'herbe des champs à l'été, sous ses rayons ardents mûrissent, comme pour rafraîchir l'homme accablé par la chaleur, les fruits juteux, sucrés et acides, délicieusement parfumés de l'*oranger*. L'oranger est un arbre de moyenne taille, au feuillage frais et touffu. Ses feuilles sont ovales, mais allongées et terminées en pointe, très-lisses surtout en-dessus, sans dentelures au bord, d'un vert un peu jaunâtre. Elles tiennent au rameau par des *petioles* (petits pieds) assez courts. Mais ces feuilles ont quelque chose de particulier : des deux côtés du pétiole et tout près du point où commence le *limbe* (partie élargie) de la feuille, on remarque deux petites lames vertes de même couleur que ce limbe ; de plus, à cet endroit le pétiole a une sorte de nœud, et la feuille semble à demi coupée et prête à se rompre : elle se rompt facilement en effet. La fleur de l'oranger est pourvue d'un *calyce* vert en forme de coupe, dentelé à son bord de cinq dentelures. Sa *corolle* blanche est formée de cinq *pétales* allongés, terminés en pointe un peu arrondie, et qui s'épanouissent gracieusement, lorsque la fleur est ouverte. Au milieu de la corolle on aperçoit d'abord une couronne d'*étamines* comme soudées les unes aux autres, et rangées en cercle. Ces étamines se tiennent en petits groupes, de trois ou quatre le plus souvent, par leurs filets élargis ; mais chacune porte à part sa petite tête ou *anthère* jaune. Enfin tout au centre est le *pistil*, dans lequel nous distinguons trois parties : au

Fleur du Limonier, en forme de grelot.

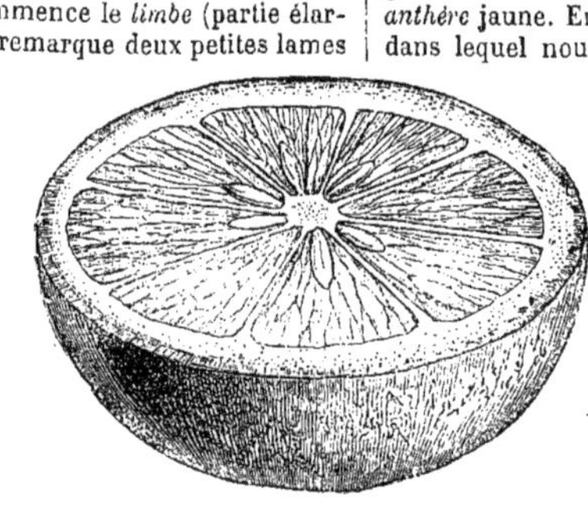

Fruit de l'Oranger coupé, montrant les graines.

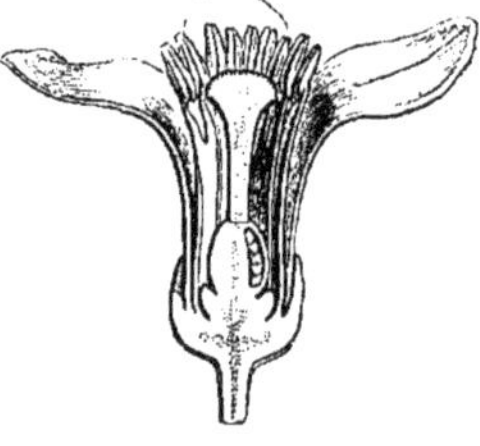

Fleur de l'Oranger coupée pour montrer ses organes intérieurs.

fond, une sorte de petite bouteille ovale qui est l'*ovaire;* au-dessus, une colonnette qu'on nomme *style*, se terminant en une sorte de chapiteau évasé, arrondi en dessus, qui est le *stygmate*. La fleur de l'oranger répand une odeur agréable, mais très-forte. La corolle tombée, l'*ovaire*, rempli de très-petits œufs blancs, grossit et deviendra le fruit ; les petits œufs ou *ovules* seront les graines. Le fruit de l'oranger a la forme régulièrement arrondie d'une sphère. Vert d'abord, il est d'un goût âpre, aigre et amer. Mais lorsque parvenu à toute sa grosseur il jaunit et mûrit, il est tout rempli de ce suc dont vous aimez fort la saveur à la fois acide et sucrée. Coupez une orange en travers pour observer sa structure : vous remarquerez d'abord l'écorce, d'un orangé doré au dehors, blanche et molle en dedans, qui est d'un goût amer et répand un parfum agréable. A l'intérieur, vers le milieu, vous apercevez les graines, ovales, aplaties, semblables à des pépins de poire, mais plus grosses et de couleur blanche. Entre l'écorce et la graine est la chair savoureuse du fruit.

Le *citronnier* diffère de l'oranger en ce que ses fruits sont d'un jaune clair, allongés en forme d'œuf, et d'une saveur excessivement acide. Le *cédratier*, dont les fruits nommés *cédrats* sont violacés d'abord, puis dorés lorsqu'ils sont mûrs ; le *limonier*, qui portent les *limons*, et dont la fleur moins ouverte que celle de l'oranger offre la forme d'un grelot, sont encore des arbres de même famille, qui croissent aux mêmes lieux. Avec les fleurs de toutes ces espèces on prépare des parfums, avec leurs fruits des boissons rafraîchissantes et des confitures délicieuses.

ORANGERS

XXXIV. — LE TILLEUL

Famille des TILIACÉES.

Le tilleul est un bel arbre qui croît dans les bois et les forêts, qu'on plante aussi très-souvent sur nos routes et nos promenades à cause de sa belle verdure et de son épais ombrage. Son tronc est arrondi, couvert d'une écorce rude et grise; ses branches très-fortes, s'étendent largement; ses jeunes rameaux de l'année, tendres et verts, portent de belles et larges feuilles en forme de cœur. Ces feuilles d'un vert frais, tiennent sur d'assez longs *pétioles* et sont élégamment dentelées sur les bords en dents de scie. Mais la disposition des fleurs mérite d'arrêter notre attention. Dans la plus grande partie des plantes, au pied de la fleur ou du groupe de fleurs, il existe une ou plusieurs *bractées :* on appelle *bractée* une feuille qui diffère plus ou moins par sa forme et sa dimension des autres feuilles de la plante, ordinairement plus petite et plus simple. Mais dans la plupart des plantes ces bractées n'attirent pas beaucoup notre regard. Celles du tilleul, au contraire, sont très-remarquables. — Examinons un des nombreux groupes de fleurs dont l'arbre est tout chargé à l'été. A l'*aisselle* d'une feuille, c'est-à-dire au fond de l'angle que forme le *pétiole* de la feuille et le rameau qui la porte, il a poussé une petite tige grêle, lisse, d'un vert pâle, qui porte l'*inflorescence*, le groupe de fleurs. En même temps, il s'est développé une *bractée*, très-différente des feuilles de l'arbre par sa forme longue, étroite, non dentelée, et par sa couleur, qui est d'un vert jaunâtre plus clair que la verdure du feuillage ; enfin la bractée est lisse et beaucoup plus mince que les feuilles. Chose curieuse, la bractée est *soudée*, c'est-à-dire comme collée, jusqu'à moitié de sa longueur, avec la tige grêle qui porte les fleurs ; en sorte que le pied de ce petit bouquet a l'air de sortir du milieu de cette sorte de feuille. Les petits boutons ronds, en forme de grosses têtes d'épingle, s'épanouissent en assez gentilles fleurettes d'un blanc verdâtre. Je vous engage à cueillir, lorsque vous vous promènerez à l'été dans quelque allée de tilleuls, une de ces fleurs pour l'examiner en détail, parce que la fleur du tilleul, quoique petite, est une fleur *très-complète*, très-simple et tout à fait convenable pour servir de *type*, c'est-à-dire comme de modèle, d'exemple pour étudier la structure générale des fleurs. Regardant donc la fleur en dessous, vous observerez tout d'abord un *calyce*, qui a la forme d'une rosette régulière ou étoile à cinq pointes ; chacune de ses parties est une sorte de petite feuille qu'on nomme *sépale*. Cet ensemble de cinq pièces disposées en cercle forme ce qu'on appelle le *premier verticille* de la fleur. Le *second verticille*, le second ensemble de pièces disposées circulairement, c'est la *corolle*; la corolle ici est formée de cinq *pétales* ou petites feuilles plus larges, plus grêles, plus minces, moins vertes que les *sépales* du *calyce*. Au-dedans de cette double couronne que forment le calyce et la corolle, est une gerbe de petits organes appelés *étamines*, dont les *filets* courts, minces comme des fils, portent de petites têtes jaunâtres qu'on nomme *anthères*. Ce groupe d'étamines est le *troisième verticille*. Enfin au centre de la fleur, vous apercevrez le *pistil*, qui a la forme d'une petite boule surmontée d'une mince et courte *baguette* : cette baguette se nomme le *style*, et cette boule est l'*ovaire ;* tous mots qu'il est nécessaire de retenir. Le pistil, à lui seul forme le quatrième et dernier verticille. Toute fleur *complète* est ainsi formée de quatre verticilles disposés les uns dans les autres : le calyce, la corolle, les étamines, le pistil ou les pistils, car souvent il y en a plusieurs. La corolle tombe ; l'*ovaire* du pistil grossit et devient le fruit. Le fruit du tilleul est une sorte de petite boîte verte, en forme de boule, dans laquelle sont renfermées les graines. — Les *fleurs* du tilleul, cueillies avec leurs bractées et séchées, servent à faire une tisane calmante. Le bois de l'arbre, fin, léger, facile à travailler, s'emploie à toutes sortes d'ouvrages de menuiserie.

Feuilles, bractées, fleurs et fruit

LE VIEUX TILLEUL DE MORAT (SUISSE)

XXXV. — LE CHOU.

Familles des CRUCIFÈRES.

Cueillons une fleur de chou... Mais à ce mot quelqu'un de nos jeunes lecteurs, habitant de la ville, se récriera peut-être. Les choux que la ménagère achète au marché pour sa cuisine, ne sont pas les choux arrivés à toute leur croissance. La plante porte d'abord, sur sa tige courte, ronde et forte, pleine de moëlle tendre, un gros bouquet de feuilles serrées, et qui devient énorme dans les choux cultivés de nos jardins potagers (1). Ce bouquet de feuilles n'est pas autre chose qu'un très-gros bourgeon qui termine la plante, tout à fait semblable, sauf la taille, aux bourgeons à demi développés des arbres, au printemps. Pour avoir une idée de la *structure* intérieure d'un bourgeon, vous ne pouvez même mieux faire que d'examiner un cœur de chou fendu par le milieu. Vous voyez, autour d'une tige molle et tendre, des feuilles nombreuses repliées les unes sur les autres. Les feuilles extérieures, qui commencent à se déplier, sont larges, épaisses, vertes, un peu fermes; les feuilles intérieures, au contraire, sont petites, molles, à demi formées ; n'ayant pas vu l'air ni la lumière, elles sont non pas vertes, mais toutes blanches ; celles du milieu enfin sont très-petites, entourant l'extrémité molle de la tige qui se termine à peu près en pointe. Ainsi est fait, en général, un bourgeon. C'est alors, tandis que les feuilles sont encore molles et blanches ou commencent à peine à verdir, qu'on coupe la *tête*, c'est-à-dire le gros bourgeon du chou, pour le mettre dans le potage. Mais si on laisse grandir la plante, voilà ce qui arrive. Le bourgeon s'ouvre et se développe entièrement; la tige s'allonge, toujours verte et assez molle ; elle porte de nombreux rameaux; c'est comme un arbrisseau, qui s'élève à un mètre ou même deux mètres de hauteur. Les extrémités de ces nombreux rameaux portent des grappes de boutons, qui éclosent et donnent des fleurs, puis des fruits. Au plus bas de la grappe les fruits sont déjà formés, tandis qu'au milieu les fleurs sont écloses, et qu'au bout elles sont encore en bouton (3). Cueillons donc une fleur de chou. C'est une fleur de moyenne dimension, assez gentille, un peu frêle, d'une couleur jaune clair ou blanchâtre. Ce qui vous frappe tout d'abord, c'est que la *corolle* est formée de quatre *pétales*; en sorte que la fleur, vue en face, rappelle la forme d'une croix à quatre branches égales. Cette disposition remarquable, commune à toute une nombreuse et utile famille de plantes, dont le chou fait partie, a fait donner à toutes ces plantes le nom de *crucifères* (porte-croix). Otez un à un ces pétales, en observant qu'ils ne tiennent pas l'un à l'autre, mais sont attachés par une partie allongée et terminée en pointe, qui est l'*onglet* du pétale. Observez les quatre *sépales* verts, comme de petites feuilles étroites qui entourent la *base* de la fleur; deux de ces pétales ont près de la tige une sorte de *bosse* qu'il est utile de remarquer. Détachons ces sépales ; nous voyons six étamines dont les *anthères* (petites têtes) jaunes sont portées sur des filets longs, minces et droits; chose à remarquer encore : deux de ces six étamines sont toujours plus courtes que les quatre autres. Enfin, au centre de la fleur, le pistil a la forme d'une petite baguette verte. Les pétales tombés, le pistil grandit et grossit; il devient le *fruit* qui contient les *graines*. Ce fruit figure un étui *double*, formant à l'intérieur deux compartiments remplis de graines (4). Cette disposition est plus commode à observer quand le fruit, étant mûr, jaunit et s'ouvre ; on voit alors les deux étuis se fendre dans le sens de la longueur; deux petites lames s'écartent d'abord près du pied, et l'on aperçoit, des deux côtés de la *cloison* qui partageait en deux l'étui, les graines régulièrement disposées (5). Un fruit en forme d'étui et s'ouvrant de la sorte, est ce qu'on appelle une *silique*. Les *raves* et les *radis*, les *navets*, la *moutarde*, toutes plantes utiles, et la jolie *giroflée* jaune et parfumée qui croît sur les murailles, ont aussi le fruit en forme de *silique*. — Il y a plusieurs variétés de choux, cultivées dans nos potagers et nos champs. Le *chou pommé* est celui dont les feuilles serrées forment ce gros bourgeon que nous avons observé ; le *chou de Bruxelles* porte, le long de sa tige, un très-grand nombre de petits bourgeons, gros comme des noisettes. Le *colza*, le *chou-rave*, sont des variétés de choux très-utiles, et dont il faudra parler à part. Enfin, une autre variété, au moment où le bourgeon s'ouvre, laisse voir ses jeunes tiges molles et blanches chargées de boutons à demi formés, blancs, succulents, disposés en *tête* : c'est cette partie qu'on mange sous le nom de *chou-fleur* (2). Les grandes feuilles des diverses espèces de choux servent à la nourriture du bétail.

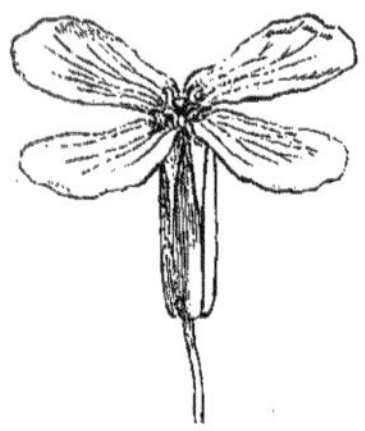

Fleur du Chou.

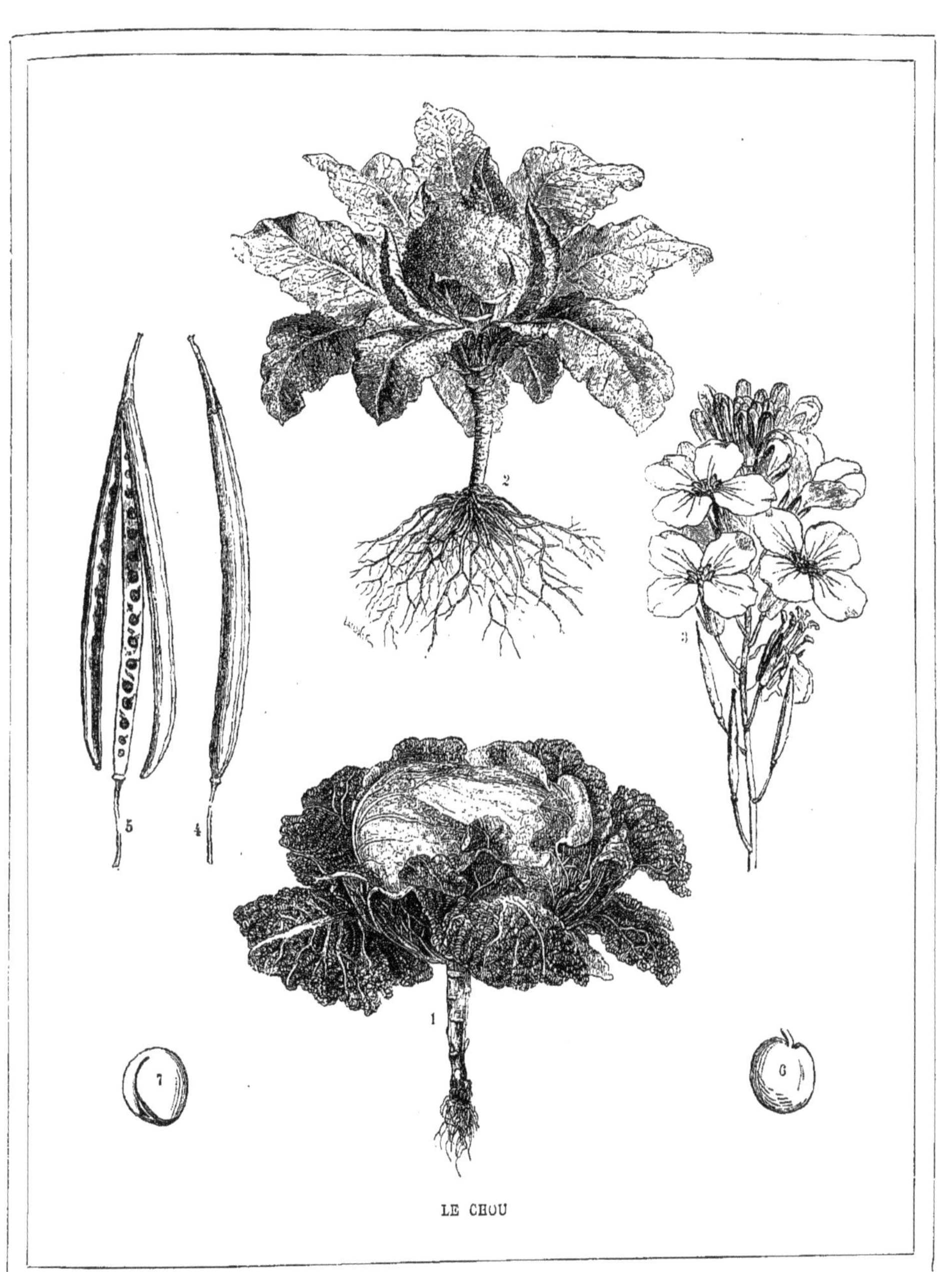

LE CHOU

XXXVI. — COLZA — NAVET — RAVE — RADIS

Famille des CRUCIFÈRES.

Parmi nos plantes cultivées, plusieurs appartiennent à la famille du *chou*, ou si vous aimez mieux, à la famille des *crucifères*, ainsi appelées d'un nom qui signifie *porte-croix*: vous verrez pourquoi tout-à-l'heure. L'une des plus importantes est le *colza*, cultivé surtout dans l'ouest de la France. Le colza est bien une sorte de chou, ainsi qu'il est facile de le reconnaître à sa tige, à ses feuilles, mieux encore à ses fleurs et à ses fruits; mais le colza est un chou de petite taille, et *maigre*, ne s'arrondissant pas en grosse boule de feuilles pressées (1). Sa racine est épaisse, rameuse; sa tige molle porte des feuilles d'un vert grisâtre, assez semblables aux feuilles du chou, mais plus petites, plus allongées et plus maigres. Arrivée à une certaine grandeur, la tige s'allonge très-vite, et fournit plusieurs rameaux, qui vont porter des grappes nombreuses de boutons, puis de fleurs. La fleur est tout à fait semblable à celles du chou: placée en face de vous, avec ses quatre pétales, jaunes ou blanchâtres, elle rappelle la forme d'une croix à branches égales. Non-seulement les choux et les colzas, mais aussi les raves, radis et navets, les giroflées des murailles, les jolis *thlaspis* de nos jardins, enfin toutes les plantes du même groupe ont les fleurs ainsi disposées en forme de croix: et c'est ce qui a fait donner à cette *famille* le nom de *crucifères*. Ces quatre pétales de la fleur peuvent se détacher séparément; ils se terminent en une sorte de queue ou *onglet* allongé, par lequel ils tiennent à la plante. Sous ces pétales étalés voyez un *calyce* en forme de coupe profonde, formé de quatre *sépales* ou petites feuilles vertes. A l'intérieur de la fleur se voient six étamines et un *pistil* allongé en forme de mince baguette. Les pétales étant tombés, le pistil grandit, grossit et devient le fruit. Ce fruit est de forme remarquable: c'est un long et étroit étui divisé en deux logettes par une cloison, dans le sens de la longueur. C'est ce qu'on peut observer facilement quand le fruit étant mûr, jaunit, puis se fend pour laisser échapper les graines. On voit alors les deux *parois* de l'étui s'écarter, à partir du bas, laissant voir la petite cloison intérieure, et les graines noires qui sont rangées de chaque côté. Un fruit en étui s'ouvrant de cette façon est ce qu'on appelle une *silique*. La plante ayant mûri ses fruits, jaunit et périt; on l'arrache alors; on bat les tiges sur l'aire pour faire échapper les graines des *siliques*. Les graines recueillies, nettoyées, sont broyées en farine sous des meules. Or ces graines contiennent beaucoup de matière grasse, et la farine qu'elles produisent est toute imprégnée d'*huile*. On presse très-fortement cette farine à l'aide de presses mécaniques convenablement disposées; le jus huileux coule, on le recueille. On a alors l'*huile de colza*, qui sert surtout pour l'éclairage. Imaginez un chou de petite taille, dont la racine, au lieu d'être assez dure, branchue comme celle du colza, est épaisse, tendre, en forme de *cône* dont la pointe s'enfonce dans la terre: vous avez le *navet* (4). Cette racine *pivotante*, c'est-à-dire semblable à la pointe allongée d'un *pivot* ou d'un *pieu* planté dans le sol, est molle et blanchâtre; c'est le *navet* qu'on met dans nos potages. — Maintenant supposez qu'une plante de même famille, de dimension un peu moindre, ait sa racine *pivotante* aussi, mais plus renflée, moins allongée: vous avez la *rave*, (3) qui sert, comme le navet, à la nourriture des animaux domestiques. Enfin imaginez une plante plus petite encore, à feuilles plus vertes, mais toujours construite sur le même *type* (c'est-à-dire sur le même modèle); sa racine pivotante, de petite taille, est tantôt allongée, tantôt arrondie en boule (5) (suivant les variétés), couverte d'une peau fine, rouge ou rose tendre, d'un goût fin et piquant; vous avez le *radis*, que l'on sert cru sur nos tables. Une autre variété de radis a sa racine noire: elle est beaucoup plus grosse, mais d'un goût moins fin et moins estimée; elle est ordinairement laissée aux animaux domestiques. — Enfin, parmi les plantes de la même famille qui peuvent nous être de quelque utilité, il faut encore citer le *chou-rave* (2), puis la *moutarde*, herbe de forme grêle; ses feuilles sont étroites; ses fleurs, assez petites, sont de couleur jaune et disposées en grappes. Sa graine est d'un goût âcre et piquant.

Fleurs du Colza.

Silique, forme des fruits des crucifères.

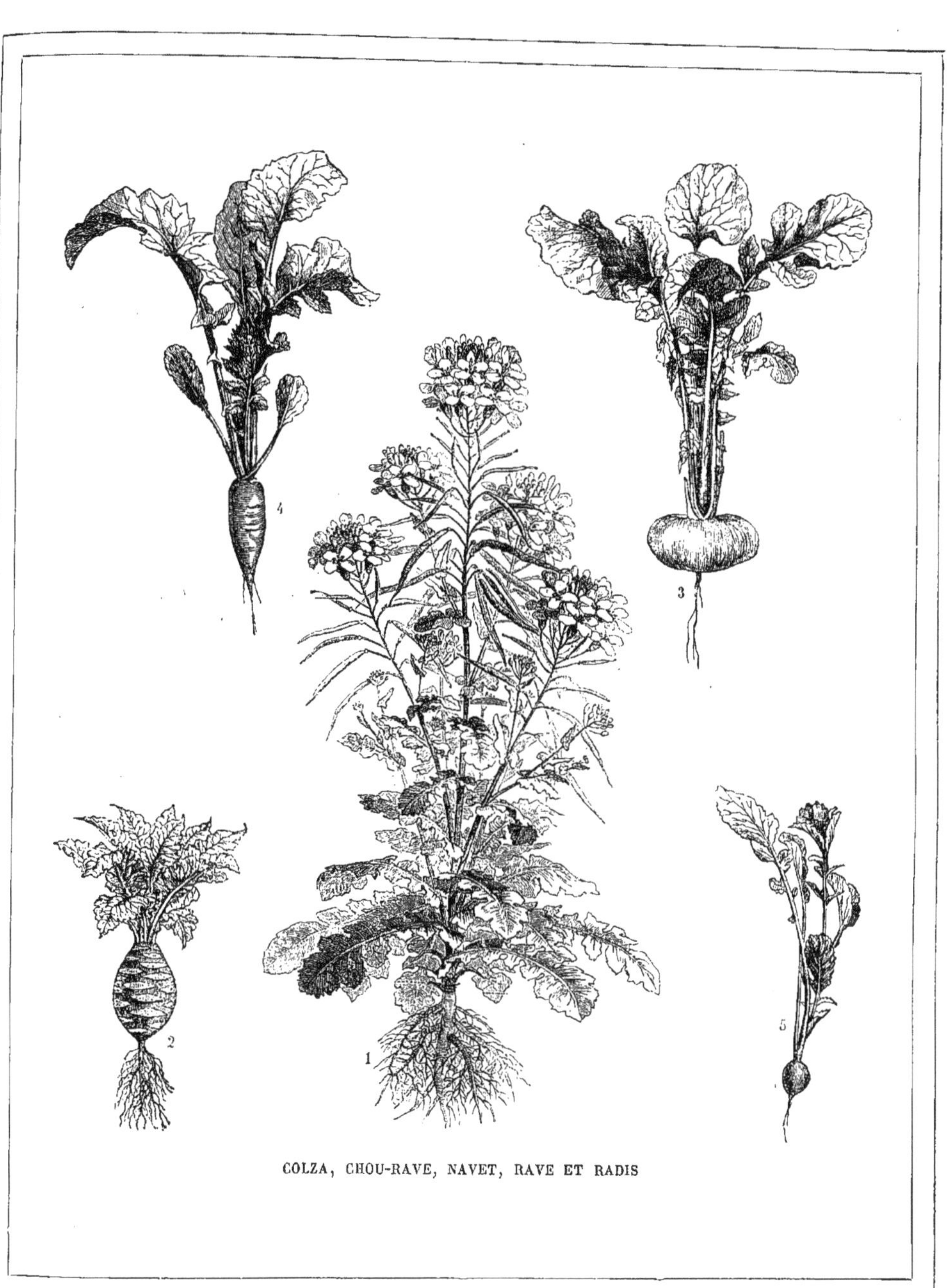

COLZA, CHOU-RAVE, NAVET, RAVE ET RADIS

XXXVII. — PAVOT ET COQUELICOT

Famille des Papavéracées.

Vous avez admiré dans les jardins ces gros pavots à larges fleurs de couleurs variées; vous avez cueilli dans les blés de ces jolis coquelicots rouge feu, qui font si bien parmi les épis dorés. — Il est bon de vous avertir que ces belles plantes sont des poisons dangereux — et en même temps des remèdes utiles. Examinons le grand pavot à fleurs blanches, roses ou violettes, ou bien encore rouge ardent, mais simple (1) : il en est de simples et de doubles dans nos jardins. La plante entière est d'un vert très-pâle, presque gris ; ses tiges sont minces et molles, fragiles ; elles portent de belles et larges feuilles, d'un vert grisâtre, légèrement dentelées sur les bords, et qui, au lieu de tenir à la tige par un petit pied (*pétiole*) l'entourent à leur point d'attache comme d'une sorte de collerette. Les boutons des fleurs avant de s'ouvrir sont pendants comme des grelots, le pied qui les porte étant recourbé vers la terre ; ils ont à peu près la forme d'un œuf. Vous observez alors que ce bouton est recouvert de deux sortes de petites feuilles verdâtres, enveloppant les *pétales* roulés et plissés à plis chiffonnés ; ces deux petites feuilles sont les *sépales* et leur ensemble forme le *calyce*, qui protège la fleur encore molle et frêle dans son bouton. Puis ces sépales s'écartent, le bouton s'ouvre ; les *pétales* se dégagent, se déplissent peu à peu, et si bien, qu'il ne reste plus aucune trace des plis chiffonnés quand la fleur est épanouie. A ce moment les deux sépales se détachent tout à fait et tombent; en même temps la tige qui porte la fleur se redresse, et la fleur s'étale, arrondie, magnifique. Elle est formée de quatre pétales larges, minces, de riches couleurs, souvent panachés de teintes variées; à l'intérieur vous voyez une gerbe étalée et touffue d'étamines dont les petits filets grêles portent comme des têtes d'epingles de couleur jaune dorée. Au centre de la fleur est le *pistil*, à peu près en forme de boule et surmonté d'une petite rosette régulière, figurant comme une roue avec ses rayons. La fleur tombée, le fruit grossit et mûrit; il forme alors une grosse *tête* ronde, comme une boîte, ou si vous voulez, comme un sablier, divisé à l'intérieur en plusieurs *logettes* ou compartiments remplis de très-petites graines brunes ou noires, assez semblables à des grains de poudre à fusil... Au bord de la rosette, au-dessous, sont ouverts de petits trous ; et quand le fruit est desséché et que les graines ont mûri, si vous secouez cette sorte de sablier, vous voyez les graines tomber par les petits trous et se répandre comme un sable. Si vous brisez une tige ou une feuille, vous voyez couler quelques gouttes d'un liquide blanc comme du lait : c'est le suc du pavot, qui est le poison. En fendant les *têtes* de pavot encore vertes on fait couler ce lait âcre et amer ; on le recueille avec soin ; et de ce suc on fabrique l'opium. Cette drogue est un poison très-violent — mais en même temps un remède très-utile, quand le médecin habile l'emploie convenablement. Le suc du pavot et l'opium qu'on en fabrique ont la propriété de calmer certaines douleurs, et de faire dormir les malades privés de sommeil par leurs souffrances. — Les *coquelicots* (2) des champs sont des pavots d'espèce plus petite ; leurs tiges toutes velues, et leurs feuilles sont d'un beau vert, et non pas grisâtres ; leurs *pétales*, blancs encore quand ils sont renfermés dans le bouton, deviennent d'un magnifique rouge feu quand la fleur va s'épanouir. Leur fruit (3) est à peu près semblable à celui du pavot, mais plus petit, et moins sphérique. Ces plantes sont beaucoup moins dangereuses que les grands pavots, cependant il faut éviter de les porter à la bouche. On s'en sert aussi en médecine pour faire des tisanes *calmantes*. Defiez-vous encore d'une autre plante appartenant aussi à la famille des *papavéracées* (plantes semblables aux pavots), qu'on nomme grande éclaire ou *chélidoine* (4). Sa fleur (5), plus petite que celle du pavot, a quatre pétales d'un beau jaune doré ; son fruit est de forme mince et allongée. Ses feuilles d'un joli vert, sont découpées en petites dentelures arrondies ; si on brise la tige, on en voit sortir un suc *jaune*, épais, très-âcre et très-amer, qui est un poison.

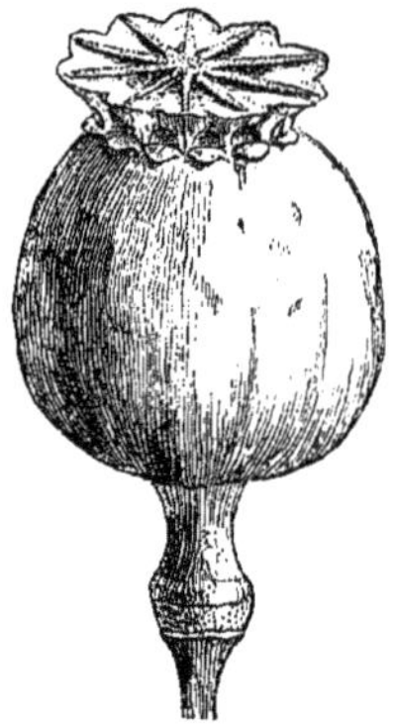

Fruit ou tête du Pavot.

Toutes ces plantes sont des herbes *annuelles*, c'est-à-dire ne vivant qu'une année. Les graines qu'elles laissent tomber à l'automne germent l'année suivante.

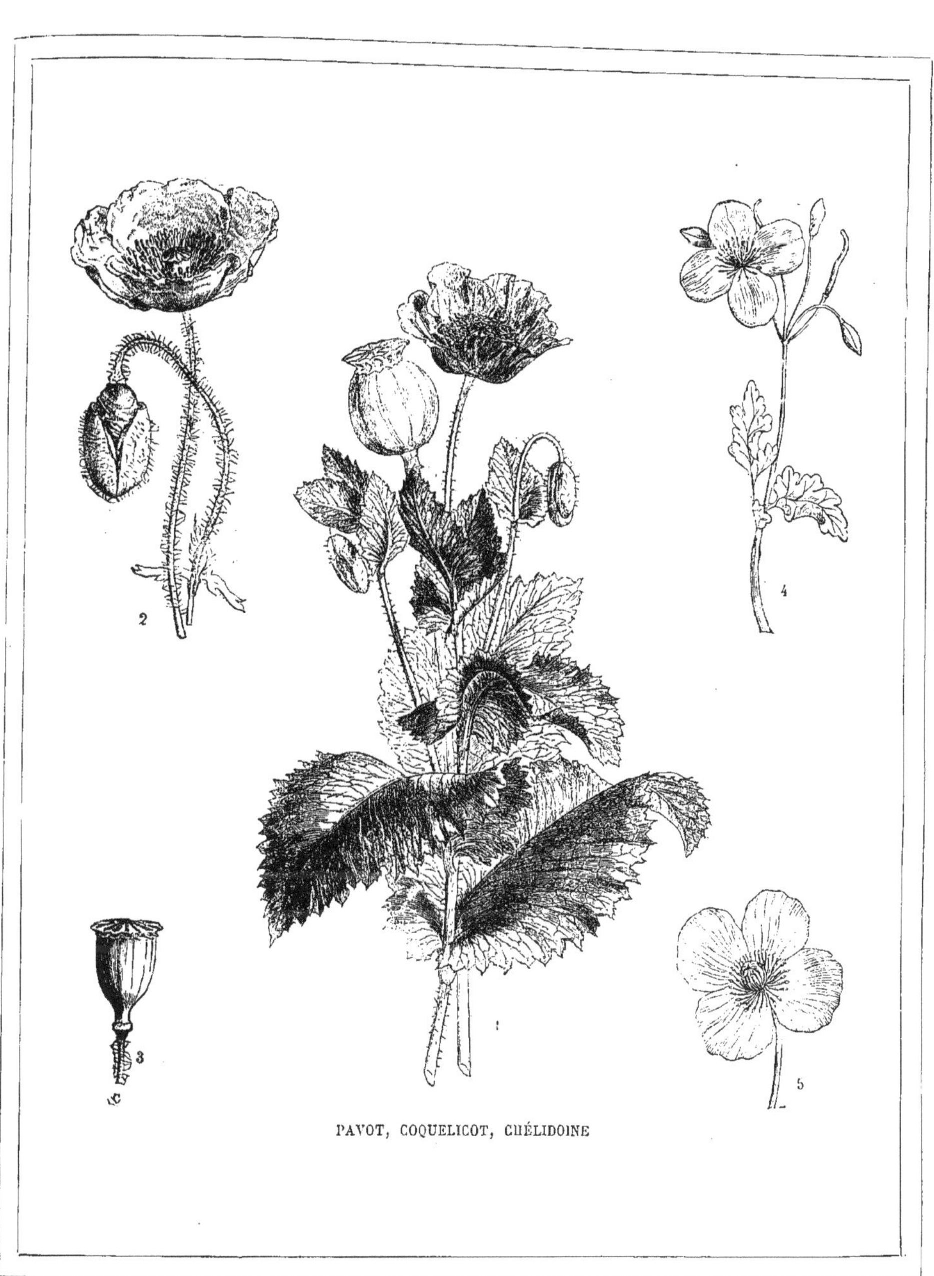

PAVOT, COQUELICOT, CHÉLIDOINE

XXXVIII. — LES RENONCULES

Famille des RENONCULACÉES.

Rien n'est plus dangereux que de porter à sa bouche, en se jouant, et de grignotter comme par forme de distraction des plantes qu'on ne connaît pas, et que l'on cueille au hasard par les champs ou les jardins. Beaucoup de plantes, très-communes dans nos campagnes, souvent des plus belles, sont des poisons mortels. Défiez-vous, par exemple, de la nombreuse *famille* des *Renoncules*. Ce sont de bien jolies plantes, pourtant, élégantes : feuillage gracieusement découpés fleurs brillantes. Quoi de plus joli que la renoncule *bouton d'or*, si commune dans nos prairies, dans les lieux frais, au bord des ruisseaux! C'est une herbe à grosse racine rampant sous la terre, à tige grêle et verte, un peu poilue; ses feuilles (4) sont portées sur de longs pieds appelés *pétioles*, finement découpées, et d'un vert vif; la tige assez longue, se termine par plusieurs branches: elles portent, l'été, ces fleurs d'un beau jaune doré qui ont fait donner son nom à la plante. Le bouton a la forme d'une petite boule verte. Mais examinons la fleur (5), qui ressemble un peu à la fleur du *fraisier* des bois. En la regardant en dessous, nous apercevons tout d'abord cinq *sépales*, comme petites feuilles vertes dont l'ensemble forme le *calyce*, et qui ont l'air de soutenir la *corolle*, formée de cinq *pétales*, (feuilles colorées) arrondis, régulièrement disposés en cercle et de belle couleur jaune. Leur ensemble forme comme une large couronne au milieu de laquelle vous apercevez une gerbe de petits fils également jaunes, surmontés de très-petites têtes semblables à des têtes d'épingles : ce sont les *étamines*. Tout à fait au centre vous voyez enfin une sorte de boule verdâtre toute hérissée de pointes; c'est l'ensemble des *pistils*, qui, en grossissant et mûrissant formera le *fruit* de la plante. Choisissons sur la plante un fruit déjà un peu avancé; la fleur étant tombée, nous voyons que chaque petite pointe peut se séparer facilement de l'ensemble : c'est une *graine* avec une fine enveloppe. Le fruit étant mûr et jauni, ces graines se détachent, tombent sur la terre humide, germent et reproduisent de nouvelles plantes. Les *boutons d'or* des jardins sont à peu près semblables; mais, leur fleur est *double*, c'est-à-dire qu'au lieu d'avoir cinq pétales seulement, elle en a un très-grand nombre, disposés en rosette, en sorte que cette jolie fleur ressemble exactement à un bouton doré. — Dans les lieux humides croît la *renoncule scélérate*, à feuilles moins découpées, à fleurs plus petites, ayant un petit nombre d'*étamines* seulement, et au centre un groupe de pistils en boule (3), très-gros à proportion; la plante est nommée ainsi pour vous prévenir de ses qualités dangereuses. La renoncule *rampante* (2) a ses tiges peu élevées et comme traînantes, rampant sur la terre, s'enracinant de distance en distance, comme le font dans nos jardins les jets des fraisiers. La *renoncule douve* (1) a ses feuilles moins larges, allongées, non découpées et tenant à la tige par un pied très-court. — Enfin la *renoncule aquatique* vit dans l'eau des fossés et des ruisseaux tranquilles qui arrosent les prairies. La plante a sa racine enfoncée dans le limon, ses longues tiges frêles s'élèvent à travers l'eau; quelques-unes de ses feuilles, extrêmement déchiquetées et grêles, restent sous l'eau; d'autres, élégamment découpées en forme de feuilles de vigne, s'élèvent au-dessus, et au milieu s'épanouissent ses jolies fleurs jaune pâle. — Toutes ces plantes sont des poisons violents. Parfois les bestiaux qui ont brouté la *douve* ou la *renoncule scélérate*, deviennent malades et périssent. Il faut donc se défier de ces fleurettes qui brillent par milliers comme des étoiles dorées, parmi l'herbe verte des prairies, charmantes, mais dangereuses; admirez-les, n'y touchez pas.

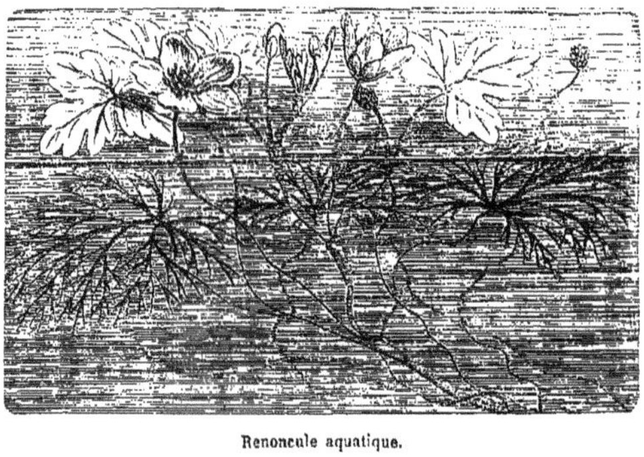

Renoncule aquatique.

LES RENONCULES

XXXIX. — ANÉMONE, PIVOINE, CLÉMATITE

Famille des RENONCULACÉES.

A l'été, sous l'ombrage frais des bois, on voit s'élever sur la mousse de jolies petites plantes au feuillage gracieusement découpé, dont la tige mince porte de larges fleurs d'un blanc rosé : c'est la gentille *anémone des bois* (2, 3), aussi nommée *sylvie* (c'est-à-dire fleur des bois). Avec ses jolis noms et sa gracieuse parure, défiez-vous-en pourtant : c'est une plante dangereuse, un vrai poison. Laissez-la dans l'herbe qu'elle pare ; ne la cueillez pas, et surtout ne la portez pas à votre bouche. Cette plante cache sous la mousse sa racine rampante, à fleur de terre ; sa petite tige est très-mince, ses feuilles assez semblables aux feuilles du bouton d'or des jardins, sont portées sur des *pétioles* (petits pieds) grêles. Observez sa fleur dont la *corolle* largement étalée, est formée de six *pétales* (petites feuilles colorées) ; en dedans, vous apercevez une gerbe de petits filets grêles, terminés par de petites têtes semblables à des têtes d'épingles : ce sont les *étamines*. Enfin tout au milieu est un groupe serré de petites graines vertes : ce sont les pistils qui ne sont encore qu'à demi formés, mais qui en grossissant et mûrissant, les pétales étant tombés, deviendront le *fruit* de la plante. Lorsque le fruit est mûr les petites graines se séparent, tombent sur la mousse humide, germent et reproduisent la plante. — La *pulsatile*, autre espèce d'anémone sauvage, est tout aussi dangereuse. Enfin des anémones plus grandes que la pulsatile et la sylvie sont cultivées dans nos jardins pour leurs belles fleurs violettes, blanches ou roses. Une autre plante de la même famille, c'est le gracieux *Adonis* (4), dont une espèce fleurit au printemps

Fleur d'Anémone blanche.

Fruit de la Clématite sauvage commune.

Fleur de la Clématite des Alpes.

sur la mousse. — La *pivoine* (1) est une plante vigoureuse, beaucoup plus grande que les anémones ; ses larges feuilles découpées sont portées sur des *pétioles* plus épais. La fleur de la *pivoine sauvage* a cinq larges pétales d'un beau rouge ou rose clair ; au dedans, un faisceau d'*étamines* nombreuses, au centre enfin un triple *pistil* formé de trois *logettes* verdâtres dans lesquelles sont contenues de petites graines non encore formées : vous aurez une idée juste de la forme de ces logettes, en imaginant une feuille roulée en cornet et dont les bords repliés l'un sur l'autre seraient collés, *soudés*, de façon à renfermer les graines. Les pétales tombés, ces logettes grandissent et grossissent en même temps que les graines qu'elles renferment ; enfin, quand ce *fruit* est à toute sa grosseur et mûri, le cornet se fend et se déplie, pour laisser sortir les graines. La racine de la pivoine a des *renflements* qui rappellent un peu les *tubercules* des *pommes de terre*. La pivoine cultivée dans les jardins porte des fleurs magnifiques, *doubles*, c'est-à-dire ayant non plus seulement cinq pétales comme la plante sauvage, mais un grand nombre de pétales formant comme une grosse rose touffue. — Une plante encore très-voisine des anémones, c'est la CLÉMATITE, plante *grimpante* dont les tiges grêles s'allongent beaucoup, s'entrelacent aux branches des buissons ou aux treilles des jardins. La clématite sauvage des bois a des fleurs blanches assez petites ; ses graines sont ornées de *houppes* poilues. La *clématite odorante*, cultivée dans les jardins a des fleurs blanches plus jolies et d'agréable odeur ; une autre espèce enfin, la *clématite pourprée*, porte des fleurs violettes ou roses, ayant quatre pétales seulement au lieu de cinq. Les clématites sont vénéneuses ; il suffirait même que le suc de la plante écrasée coulât sur votre peau délicate, pour qu'elle rougît, s'irritât, se couvrît de boutons désagréables et douloureux ; il faut donc éviter d'y toucher.

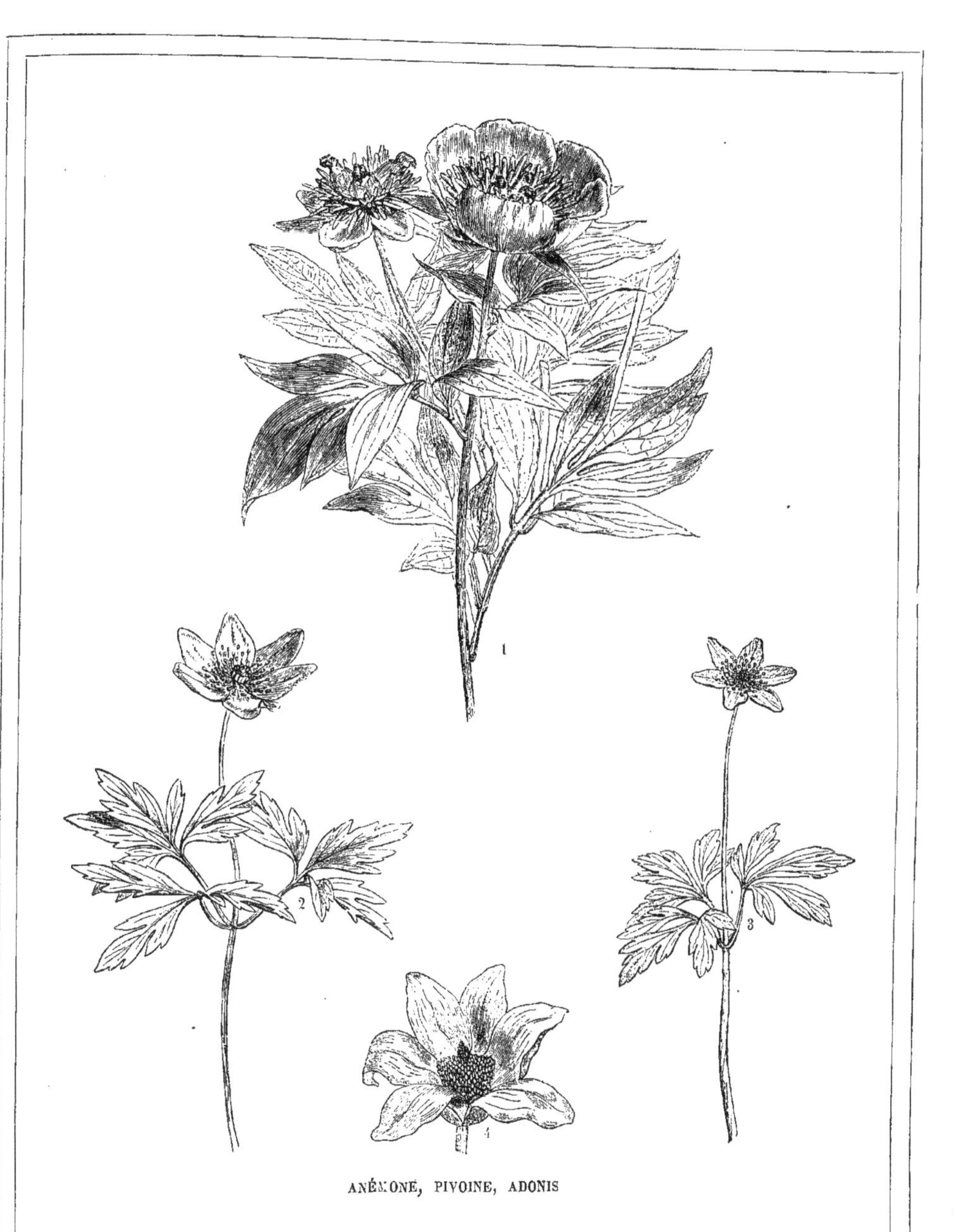

ANÉMONE, PIVOINE, ADONIS

XL. — ELLÉBORE — NIGELLE — ANCOLIE

Famille des RENONCULACÉES.

Presque toutes les plantes appartenant à la famille des *renonculacées*, c'est-à-dire ressemblant plus ou moins par leur forme et leur *organisation* aux *renoncules*, sont dangereuses. Une des plus jolies, c'est l'*ellébore rose de Noël* (1), ainsi appelée parce qu'elle fleurit à l'hiver ; et, tandis que nos champs sont dépouillés de verdure et nos jardins de fleurs, cette gracieuse fleur de couleur rosée, qui éclôt quelquefois sur la neige même, fait plaisir à nos yeux. L'ellébore rose de Noël a une grosse racine tortueuse et noueuse ; de grandes feuilles raides, dentelées, divisées en plusieurs *folioles* étalées comme les doigts d'une main ; et ces feuilles sont portées sur d'assez longs *pétioles* (pieds) qui partent presque de terre. La tige arrondie se termine par une fleur à cinq grands pétales, longs et larges, de couleur rose, et largement étalés ; à l'intérieur vous voyez une gerbe touffue d'*étamines*, comme de minces fils courts terminés par de petites têtes d'épingles ; ces étamines sont d'un joli jaune pâle. Enfin tout au centre de la fleur on aperçoit les *pistils*, comme un groupe serré de petites feuilles roulées, qui en grandissant, lorsque la fleur sera tombée formeront le *fruit*. Le *fruit* des *ellébores*, quand il est développé montre bien qu'il est formé de petites feuilles repliées (appelées *carpelles*), *soudées*, comme collées par les bords et contenant à l'intérieur de leur pli les petites graines. Lorsque ce fruit est mûr, les petites logettes sèchent, les bords des carpelles se décollent et les graines se répandent sur la terre. La rose de Noël est commune dans nos jardins. L'ellébore *fétide* ainsi appelée pour rappeler sa mauvaise odeur est une plante de même famille, mais plus grande et moins jolie ; sa tige, plus élevée, porte des feuilles plus grêles, et un grand nombre de rameaux terminés par des fleurs à peu près semblables à celle de la rose de Noël, mais moins ouvertes et retombantes ; elle est abondante dans les champs. D'autres espèces d'ellébore vivent à l'état sauvage ou sont cultivées dans nos jardins pour leurs jolies fleurs : l'*ellébore odorante*, l'*ellébore jaune d'hiver*, qui fleurit comme la rose de Noël, dont la fleur a *six* pétales au lieu de cinq et est entourée d'une sorte de collerette de petites feuilles vertes (2).

Fleurs d'Ellébore fétide.

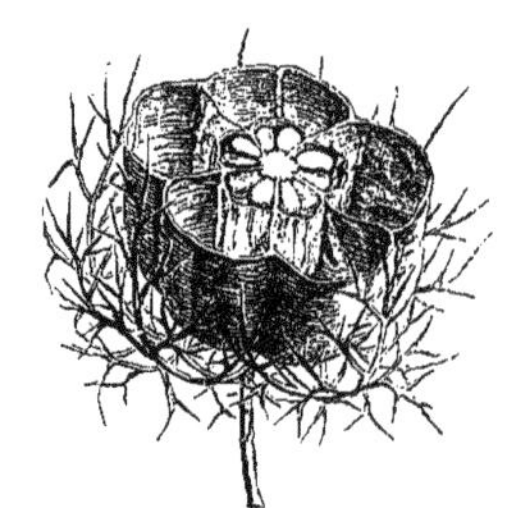

Fruit de Nigelle des jardins coupé pour faire voir les graines.

La *nigelle*, commune dans nos champs, ressemble un peu à l'ellébore ; la nigelle sauvage est de couleur bleue ou blanchâtre. Son pistil formé de cinq petits *carpelles* terminés en pointes et groupés, devient un fruit dont les petits cornets se fendent lorsqu'ils sont murs, pour laisser échapper les graines. La nigelle de *Damas* cultivée dans nos jardins a une charmante fleur bleue, plus large que celle de l'espèce sauvage, et entourée d'une jolie collerette de feuilles dentelées (*bractées*). Son fruit est plus gros et se rapproche de la forme d'une boule, au-dessus de laquelle s'élèvent les pointes des carpelles. En tranchant ce fruit par le milieu en travers, vous voyez parfaitement les *logettes* formées par les bords repliés et soudés des carpelles, et les graines qui sont contenues dans ces logettes. Toutes ces plantes sont des poisons : les *ellébores* surtout sont dangereuses. — Enfin une autre plante de même famille est la gentille *ancolie* (3), dont les fleurs bleues, roses, blanches ou jaunes suivant les espèces et les *variétés*, pendent comme des clochettes. La fleur est formée de cinq petites feuilles bleuâtres appelées *sépales* dont l'ensemble forme le *calyce* ; puis de cinq *pétales* qui ont une forme singulière, celle de petites cornes recourbées, comme des *cornes d'abondance*. Au centre est le faisceau des étamines nombreuses et le pistil qui deviendra le fruit.

ELLÉBORE ROSE DE NOËL, ELLÉBORE JAUNE D'HIVER, ANCOLIE

XLI. — L'ACONIT

Famille des Renonculacées.

Voici une belle plante, assez commune dans certaines régions montagneuses de la France, et cultivée dans nos jardins, qu'il importe de bien connaître, parce qu'elle est excessivement dangereuse. L'Aconit, appelé aussi *napel*, est une grande herbe à tige molle et verte (1), qui s'élève jusqu'à 1m,50 de hauteur ; sa racine est forte, tortueuse ; sa tige monte droit, puis produit plusieurs branches qui portent des fleurs disposées comme en épis. Les feuilles sont d'un beau vert sombre, portées sur des *pétioles* ou petits pieds, découpées profondément en plusieurs dentelures longues et étroites ; la fleur est d'un beau bleu foncé et d'une forme bizarre ; figurez-vous une fleur coiffée d'un casque de pompier... Vous savez qu'une fleur complète comprend d'abord deux *verticilles* de *petites feuilles*, dont le premier est le *calyce*, le second la *corolle*. Le plus ordinairement les petites feuilles du *calyce*, appelées *sépales*, sont vertes ; les pièces de la corolle, appelées *pétales*, sont de couleurs diverses. Dans la fleur que nous examinons, le calyce est formé d'une couronne ou verticille de cinq sépales non pas verts, mais d'un bleu magnifique : c'est le sépale supérieur, plus grand que les autres, qui est recourbé en forme de casque et coiffe la fleur (5). Si on ôte les sépales pour mieux voir l'intérieur de la fleur, on aperçoit deux petites *crossettes* bizarrement contournées, qui étaient cachées sous le casque : ce sont deux *pétales* tortillés de la corolle (3). Puis vous apercevez une gerbe d'étamines jaunâtres dont le *filet* flexible se termine par une petite tête aplatie (anthère). Enfin tout au centre de la gerbe d'étamines est le *pistil*, petit, presque totalement caché, verdâtre, terminé par trois petits crochets recourbés. La fleur tombée, le pistil grossit, et devient le *fruit* qui remplace la fleur ; lorsque ce fruit est mûr, il s'ouvre pour laisser échapper les graines qu'il contenait. On voit alors très-facilement que ce fruit est formé de trois petites feuilles (*carpelles*) repliées en forme de cornets, pour contenir les graines ; et tandis que le fruit n'est pas mûr, les bords de ces petits cornets sont *soudés*, comme collés, de telle sorte qu'ils forment trois petites logettes ou étuis allongés, serrés l'un contre l'autre, et parfaitement fermés. Le fruit mûr, ces cornets se *dessoudent* à leurs bords, se déroulent un peu, et les graines peuvent tomber à terre et germer. L'*Aconit napel* est un des poisons les plus violents qu'on connaisse : j'ai vu périr un petit chien qui en avait mordillé les tiges. — Une autre espèce d'aconit, qui croît dans les lieux rocheux et sauvages, a sa fleur coiffée d'une sorte de capuchon pointu, plus bizarre encore de forme que celui de l'aconit napel (4). Ses pétales sont aussi en *crossettes* (2). Elle est presque aussi dangereuse.

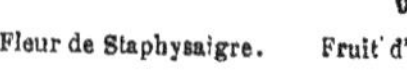

Fleur de Staphysaigre. Fruit d'Aconit. Fleur d'Aconit.

Il est une jolie fleur dans nos jardins, qui ressemble assez, à première vue, à l'aconit ; mais elle est de forme plus élégante : c'est le *pied-alouette* ou *dauphinelle* (*delphinium*). Ses feuilles sont extrêmement découpées et grêles ; sa tige frêle porte, à l'été, un bel épi, en forme de quenouille, de fleurs le plus souvent d'un beau bleu foncé, parfois blanches, ou roses, ou jaunes. La fleur, beaucoup plus petite et plus délicate que celle de l'aconit, au lieu d'être coiffée d'un capuchon, porte une sorte d'*éperon* ou petite corne recourbée en arrière (6). Son calyce est formé de cinq sépales colorés, dont l'un porte l'éperon ; la corolle est formée de trois pétales seulement. Les étamines figurent une gerbe étalée, et le pistil a l'aspect d'un petit flacon à long goulot. Ce pistil devient un fruit formé, non pas de trois logettes comme celui de l'aconit, mais d'une seule. Cette plante croît à l'état sauvage dans les lieux arides et parmi les ruines.

Enfin, la *staphysaigre*, autre plante de la même famille encore, se rencontre aussi à l'état sauvage, surtout dans nos départements du midi où le climat est doux ; elle est également cultivée dans les jardins. Sa fleur ressemble à celle du pied-d'alouette ; mais, au lieu d'un seul éperon, elle en a deux plus petits (7). — Le pied d'alouette et la staphysaigre sont des plantes à suc âcre, malfaisantes, mais beaucoup moins dangereuses que le mortel *aconit*.

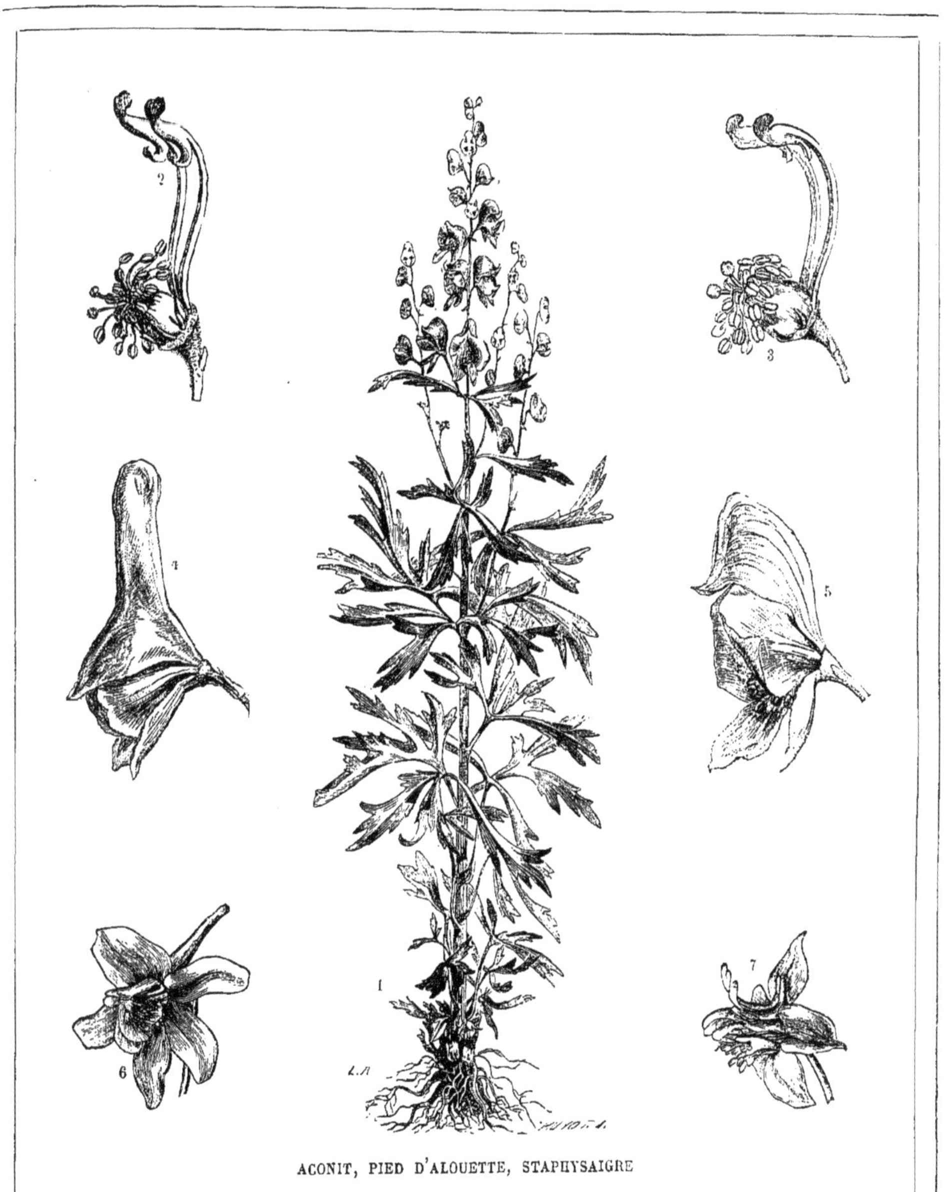

ACONIT, PIED D'ALOUETTE, STAPHYSAIGRE

XLII. — L'AIL — L'OIGNON — LE POIREAU — L'ASPERGE

Famille des LILIACÉES.

Voici des plantes utiles et bien connues de tous, qui vont nous fournir l'occasion de faire quelques observations curieuses. Tout d'abord vous remarquerez qu'elles sont toutes rangées dans la famille des *Liliacées*, c'est-à-dire dans le groupe dont le *lis* est le type, le modèle. Et pourtant entre le beau lis blanc aux larges fleurs et l'oignon ou le poireau, l'asperge surtout, quelle ressemblance apercevez-vous à première vue ? presque aucune. C'est que pour classer les plantes par familles on doit tenir peu de compte de l'aspect : ce qui importe, c'est que les plantes qu'on réunit dans un même groupe se ressemblent par leur *organisation*, par la façon dont leurs *organes* principaux, et surtout ceux qui composent la fleur, sont construits et disposés. — Examinons tout d'abord le POIREAU, tel qu'on met dans nos potages (6), c'est-à-dire avant qu'il porte des fleurs. A la racine de la plante vous apercevez tout d'abord un oignon, ou comme disent les botanistes, un *bulbe*. Comment est formé ce bulbe ? Pour le savoir, arrachons avec précaution les longues feuilles en forme de rubans, terminées en pointe, vertes à leur partie supérieure, et qui semblent sortir du bulbe. La partie inférieure blanchâtre de ces feuilles enveloppe la plante complétement; elle forme une sorte de *gaîne*. Et si nous déchirons cette gaîne en enlevant l'une des feuilles, nous voyons que cette sorte d'enveloppe blanche, molle, demi-transparente, se prolonge en bas jusque vers la racine. Toutes les feuilles sont ainsi disposées : si nous les enlevions l'une après l'autre, il nous resterait au centre une petite tige blanche, molle, très-courte, sous laquelle se développent les racines, blanches, filamenteuses, semblables à un faisceau ou écheveau de gros fils. Le bulbe du poireau est donc constitué d'une tige très-courte, et de plusieurs enveloppes successives, qui sont les gaînes formées par la partie inférieure des feuilles. Lorsque la plante fleurit, il s'élève du milieu du bulbe une longue tige droite, molle, creuse, verte, qui porte à son extrémité un bouquet touffu et arrondi de nombreux petits boutons ovales, lesquels s'ouvrent et laissent épanouir de petites fleurs. Chacune de ces fleurettes prise à part, peut être comparée, pour la structure, à la belle fleur du lis ; on y voit six petites feuilles en forme de *pétales*, blanchâtres ou d'un lilas pâle ; au dedans six *étamines* portant leurs *anthères* allongées sur de minces filets ; tout au centre le *pistil*, qui a la forme d'une petite bouteille surmontée d'une frêle tige. La petite bouteille du pistil, l'*ovaire*, croît, grossit, forme le fruit, sorte de boîte à trois compartiments, contenant les petites graines noirâtres de la plante. — L'OIGNON est organisé d'une façon toute semblable ; seulement son bulbe est plus gros, les *tuniques* ou gaînes qui le forment sont plus épaisses. Ses feuilles sont rondes et creuses ; sa tige creuse et lisse porte un bouquet admirablement arrondi en boule de fleurettes violacées. L'*ail* (5) diffère très-peu de l'oignon commun ; vous observerez que ses bulbes se tiennent ordinairement groupés plusieurs ensemble : de la partie inférieure du bulbe principal prennent naissance, comme des bourgeons sur une tige, des bulbes plus petits que l'on nomme *cayeux*, et qui grossiront à leur tour. — Les plantes que nous venons de nommer, et auxquelles nous pouvons ajouter la *civette*, l'*échalote*, contiennent dans leur bulbe un suc piquant, d'un goût et d'une odeur toute particulière. — Jetons maintenant un coup d'œil sur l'*asperge*, très-différente d'aspect. Point de bulbe : ses racines sont épaisses, en faisceau rameux (4). Au-dessus de ses racines s'élèvent au printemps de jeunes tiges arrondies, épaisses, molles, blanches, portant de petites écailles blanchâtres, et terminées par un bourgeon tendre (1) : ce sont les *asperges* que nous mangeons. Mais si on laisse croître la tige, elle s'élève beaucoup, devient verte, porte de très-nombreux rameaux verts, et la plante prend un aspect élégant et léger. Elle porte des touffes nombreuses de petites aiguilles vertes, minces et raides que vous prendriez tout d'abord pour des feuilles. Eh bien, ce serait une erreur. Les véritables feuilles de l'asperge sont de petites écailles, extrêmement courtes, à peine visibles, qui naissent justement au pied de ces touffes d'aiguilles vertes ; et ces aiguilles elles-mêmes sont des rameaux extrêmements grêles. A l'été l'asperge porte sur de frêles *pédoncules* (pieds) de nombreuses petites fleurs blanc-jaunâtre et qui sont toutes semblables à des lis, sauf la grandeur (2,7) : chaque fleur en clochette, formée de six pièces semblables à des pétales, contient six étamines et un pistil dont l'ovaire, en forme de bouteille à trois compartiments, est surmonté d'un *style* en manière de goulot (8). A la fleur succède un fruit en forme de boule lisse, verte d'abord, puis d'un beau rouge (3), contenant des graines noires. C'est l'ovaire grossi et mûri.

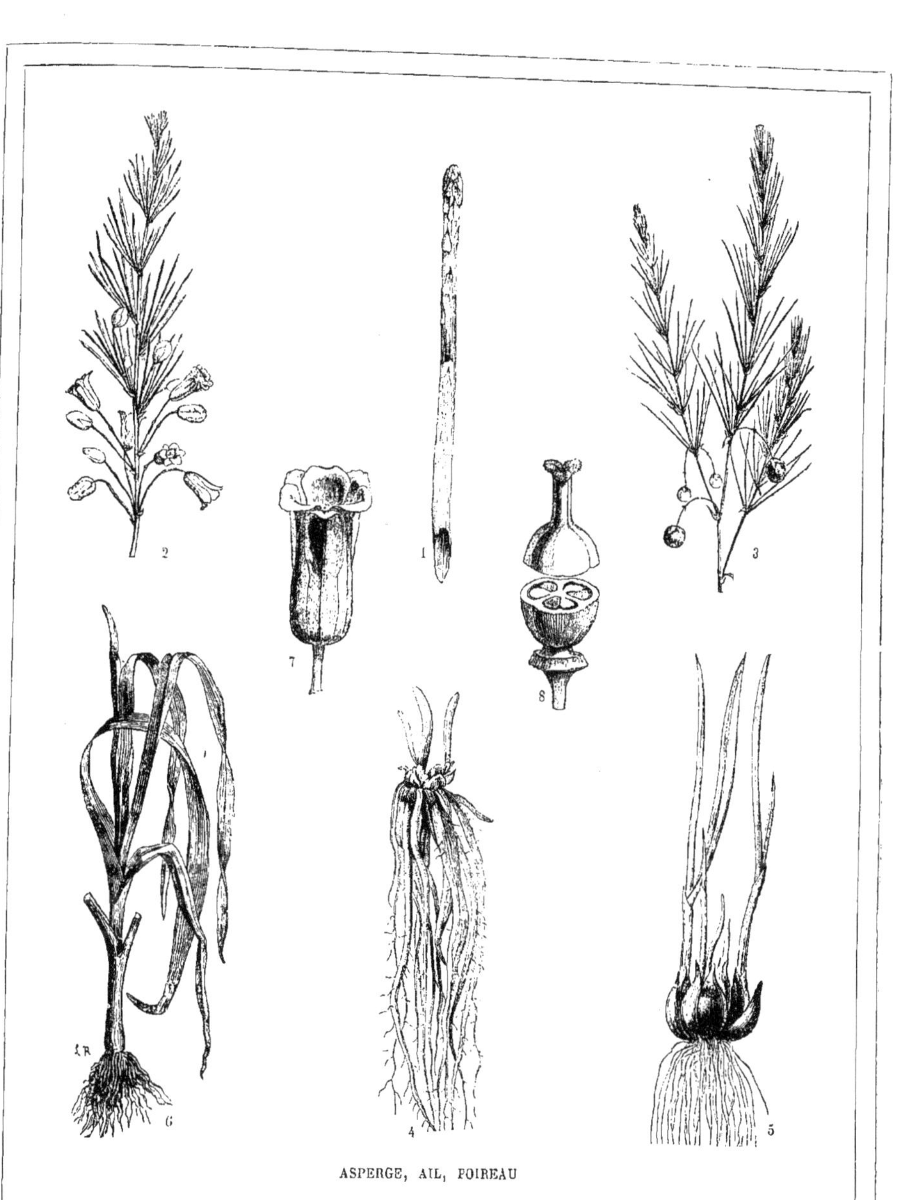

ASPERGE, AIL, POIREAU

XLIII. — COLCHIQUE — JACINTHE — NARCISSE

Familles des AMARYLLIDÉES, des LILIACÉES et des MÉLANTHACÉES.

Quand on se promène à l'automne par les prés humides, on voit souvent l'herbe, si vive et si fraîche, toute semée de charmantes fleurs roses. Et si l'on s'approche pour les cueillir, on voit que ces fleurs sortent de terre, et ne sont pas portées sur une tige visible, ni entourées de feuilles, et semblent ne tenir à aucune plante. Ces fleurs singulières sont celles de la *colchique d'automne*, appelé par les pâtres *tue-chien* : plante extrêmement dangereuse, poison mortel : les bêtes qui paissent dans la prairie n'y touchent jamais. Si nous arrachons la plante (1) pour l'examiner, nous observons qu'elle a un *bulbe*, c'est-à-dire une sorte d'oignon, arrondi, allongé, en forme de bouteille; sous ce bulbe, des racines en touffe, assez semblables aux racines de nos porées et de nos oignons; du bulbe s'élèvent trois ou quatre fleurs, presque sans tige. Supposez que nous fendions cette fleur suivant sa longueur : nous observons qu'elle a la forme d'un très long tuyau blanchâtre, qui s'évase en entonnoir vers le haut, et s'épanouit, portant six grandes dentelures en forme de *pétales*, ou si vous voulez de feuilles légères, minces, délicatement colorées d'une belle teinte rose un peu violette, ovales et terminées en pointe. Au bord de l'entonnoir, six *étamines* sont attachées, portant chacune sur leur *filet* mince et court un *anthère* rappelant un peu la forme d'un grain d'avoine, et de couleur jaune dorée. Tout au fond du tuyau est un petit étui verdâtre, en forme d'œuf allongé, et surmonté de trois longs et minces filets blancs qui suivent le tuyau de la fleur dans toute sa longueur, et ressortent en se recourbant gracieusement au milieu de l'entonnoir, parmi les étamines : cet ensemble est le *pistil*. Cette sorte d'étui, lorsque la fleur est passée, grossit sous la terre, il devient le *fruit* de la plante. C'est alors une boîte remplie de graines; elle finit par s'ouvrir en se fendant en trois pièces qui s'écartent, montrant les graines accollées à l'intérieur (6). Jusqu'ici, la plante n'a pas de feuilles. Le fruit passe l'hiver sous la terre ; et au printemps suivant seulement il pousse de longues et belles feuilles non découpées, d'un joli vert vif, ressemblant un peu aux feuilles du lis et des tulipes. Mais défiez-vous, je le répète, de cette plante avec ses jolies fleurs : rien n'est plus dangereux. La *Scille*, autre plante à bulbe, qui croît dans les lieux sablonneux, au bord de la mer, n'est pas moins malfaisante. Son bulbe est gros comme les deux poings d'un homme; il en sort une tige longue, épaisse, ronde, molle et verte, entourée de longues et larges feuilles, semblables aux feuilles du lis de nos jardins. La tige porte un bouquet de fleurs blanches rosées, disposées en épi, fort jolies, ressemblant à celles de la *Jacinthe*. Celle-ci, beaucoup plus petite, est très-commune dans nos prés, et sous l'ombrage des bois : on voit sortir de l'herbe ou de la mousse sa tige grêle et ses petites fleurs bleues ou blanches en clochettes dentelées. Dans nos jardins on cultive des espèces plus belles encore que la jacinthe sauvage, à fleurs plus grandes, de teintes variées et brillantes, et répandant une odeur délicieuse. Le bulbe de la jacinthe (3, 4) a la taille d'un oignon ordinaire; ses feuilles sont en forme de ruban, longues, terminées en pointe. La fleur (2) ressemble un peu à celle du colchique; mais elle est beaucoup plus petite, et surtout plus courte; son tuyau s'évase en entonnoir orné de six dentelures en forme de pétales; ses six *étamines* sont accolées aux *parois* du tuyau, vers le fond; son *pistil* en boule se termine par une seule petite colonnette, assez courte (7). Ce pistil grossissant devient un *fruit* arrondi qui, devenu mûr, se fend en trois parties pour laisser échapper ses graines. Cette jolie plante est beaucoup moins dangereuse que le terrible *colchique;* mais son suc est âcre, malfaisant, et il faut éviter de la porter à la bouche. Nous en dirons autant des *narcisses*, autres plantes à *bulbes*, à longues feuilles en ruban, d'un vert foncé. Leurs belles fleurs jaunes ou blanches (5) étalées en doubles colerettes dentelées, ressemblent à celles des jacinthes, mais sont plus grandes, surtout plus allongées. Elles sont communes dans les prés, et cultivées aussi dans les jardins.

Fleur de Colchique coupée pour faire voir l'intérieur.

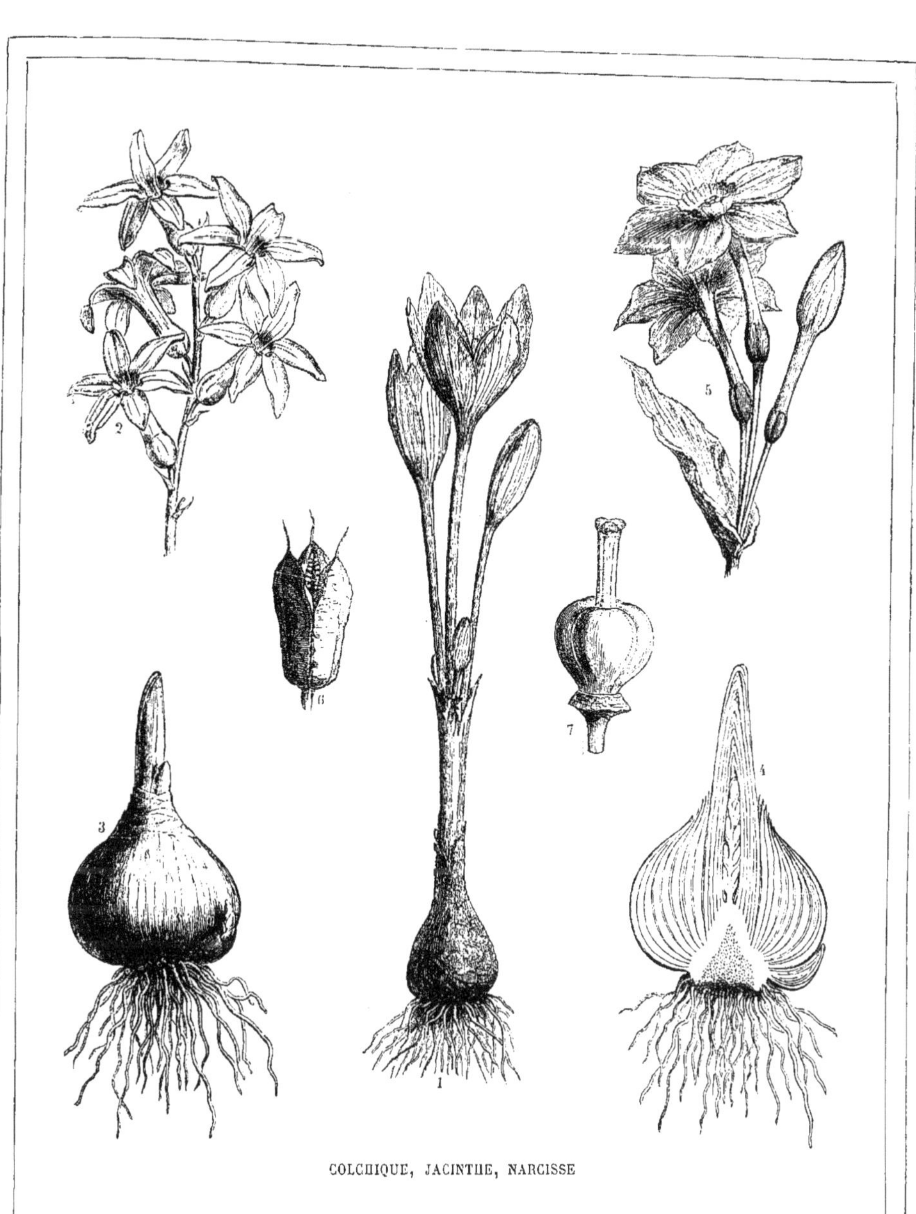

COLCHIQUE, JACINTHE, NARCISSE

XLIV. — LE BLÉ

Famille des GRAMINÉES.

Tous vous savez, au moins d'une façon sommaire, comment on cultive le BLÉ, comment on fait de la farine et du pain. C'est l'*histoire naturelle* de cette précieuse plante, nourricière des hommes, que je veux vous raconter. Le blé, aussi appelé *froment* (1), est une plante de la famille utile et nombreuse des *graminées*. Les *graminées*, ce sont les *herbes* par excellence, les herbes à longues feuilles minces en rubans, à frêles tiges creuses, qui portent de petites fleurs peu visibles, mais disposées en houppes, en plumeaux, en épis élégants qui se balancent au vent : les *gazons* de nos prairies, que paissent nos troupeaux, la *folle avoine*, qui croît sur les murs, sont des *gramens*; de ce nom latin on a fait le mot de *graminées*, qui désigne le groupe de plantes auquel appartiennent le riz, l'avoine, l'orge, le seigle, — herbes si utiles! et la plus précieuse encore de toutes, le blé. — Un grain de blé (7), sec et ferme sous le doigt, a été, à la fin de l'automne, semé par le laboureur sur le sillon, recouvert de terre avec la *herse*. Il ne *pourrit* pas, comme on le dit quelquefois; mais il se gonfle d'humidité et se ramollit. La petite provision de *farine* qu'il contient — car vous savez que le grain de blé est comme un petit sac de farine amassée autour du germe — cette farine, dis-je, étant humectée, se transforme en *sucre* : et en effet, si vous goûtiez un grain de blé en train de germer, vous lui trouveriez une saveur très-sucrée. Ce jus sucré dont est gonflé le grain, c'est la première nourriture, la première sève de la petite plante qui va naître. Le germe — comme un petit bourgeon renfermé dans le grain, — se *développe*. Il sort d'abord une petite pointe blanche qui s'allonge graduellement, et s'enfonce dans la terre : c'est la première racine (8). Puis une pousse verdâtre paraît, s'allonge, se fait jour à travers la terre pour venir à la surface : c'est la tige avec ses feuilles naissantes enroulées, semblable au bourgeon d'un arbre, qui s'allonge et commence à s'ouvrir (9). Des racines de plus en plus nombreuses croissent, pour nourrir la plante; la tige s'allonge, les petites feuilles vertes se déroulent bientôt, plusieurs autres tiges semblables sortent du même pied, en sorte que chaque grain produit une petite touffe d'une herbe fine, à la verdure fraîche et vive : le champ de blé a l'aspect d'un beau gazon velouté. La tige grandit; elle est mince, ronde, creuse comme un tuyau : c'est ce qu'on appelle le *chaume*. De distance en distance, cette tige a des *nœuds* plus durs; à chaque nœud il naît une feuille, longue, mince, étroite, flexible, en forme de ruban, et se terminant en pointe aiguë. Au haut du chaume mince paraît enfin l'*épi*, c'est-à-dire le groupe de fleurs, qui se dégage d'entre les feuilles (2). L'épi est formé d'un très-grand nombre de petites fleurs, d'une disposition toute particulière, serrées, rangées par groupes de trois, quatre ou cinq, contre la tige. Chacun de ces petits groupes est ce qu'on appelle un *épillet* (4). Quand le blé est en fleur, on voit seulement comme de très-courts brins de fil blanc sur l'épi vert.... Si on détache une fleur, on voit qu'elle est formée tout d'abord de plusieurs petites *écailles* vertes, très-courtes, pointues, creusées et roulées en cornet : c'est ce qu'on appelle les *glumes* (5). Du milieu de ces glumes sortent trois minces *filets*, auxquels sont suspendus autant de petits cornets blanchâtres : ce sont les *étamines*; enfin, au centre, le *pistil* arrondi se termine par deux petits plumets délicats. Les étamines tombent; le pistil grossit et devient le *fruit*; les glumes, le grain, l'épi entier, puis la tige enfin et les feuilles, tout jaunit : le champ, au soleil, est comme une mer d'épis dorés, qui se balancent sur leurs chaumes. La vie de la plante est finie; le grain est mûr : c'est le moment de la moisson. Le blé battu sur l'aire avec des fléaux ou au moyen de machines laisse échapper de ses épis brisés les grains qu'ils contiennent. Le grain sert à faire le pain, les chaumes fournissent la paille, pour la nourriture et la litière des bestiaux. Il y a plusieurs espèces diverses de blé : citons le *blé barbu* (3), dont les glumes portent de longs poils raides qui font comme une barbe à l'épi; le *froment sans barbe* (2), le *blé dur*, et l'*épeautre* dont le grain se détache difficilement de ses enveloppes.

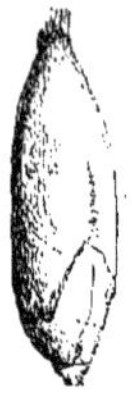

7

8

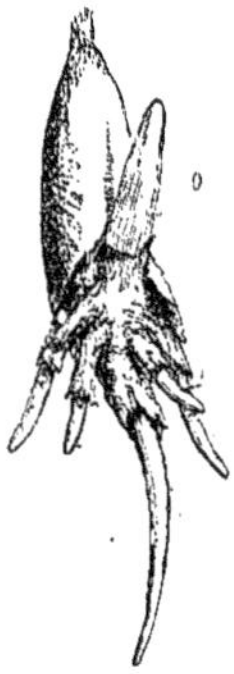

9

Le blé germant.

LE BLÉ

XLV — L'ORGE — LE SEIGLE — L'AVOINE

Famille des GRAMINÉES.

L'ORGE et le SEIGLE sont deux plantes qui ressemblent très-fort au blé, et qui appartiennent comme lui à la nombreuse et utile famille des *graminées*, c'est-à-dire des *herbes* à tiges creuses et fines, pourvues de nœuds, à longues feuilles minces en rubans, à fleurs peu visibles, disposées en *épis*. Examinons l'*orge* tout d'abord. La jeune plante qui a poussé d'un grain d'orge mis en terre semble une touffe d'herbe ordinaire, comme une touffe du *gazon* de nos prairies. Mais bientôt, du milieu de la touffe, se dressent des tiges rondes, fines, légères, creuses, semblables aux tiges du blé, et pourvues de nœuds de distance en distance. Ces tiges sont appelées *chaumes*. A chaque nœud croît une feuille, mince, longue, étroite, en forme de ruban, terminée en pointe, qui entoure d'abord le chaume, puis s'écarte et se recourbe, gracieusement flottante. Au haut du chaume naît l'épi, qui est le groupe des fleurs de la plante. L'épi de l'orge (2) est semblable à l'épi du blé; les *fleurs* y sont disposées par petits groupes de trois (3) de chaque côté de la tige; ce qui fait six rangs de fleurs dans l'épi. Chaque fleur (4) est composée de petites écailles vertes, arrondies en cornet et terminées en pointe, du milieu desquelles sortent, suspendues à de minces *filets*, les légères *anthères* blanches des *étamines*. Au centre, le petit *pistil* (5) est formé d'un *ovaire* rond qui en grossissant deviendra le fruit, surmonté de deux légers panaches en forme de plumes. A chaque fleur, une des écailles ou *glumes* se termine par un très-long poil raide; ce qui forme autour de l'épi une sorte de *barbe*. Les étamines tombées, le *fruit* se *développe*; il contient, renfermé dans ses enveloppes en forme d'écailles, le grain d'orge, à peu près semblable au grain de blé, qui grossit et mûrit. Alors l'épi, le chaume, les feuilles, toute la plante jaunit; sa vie est terminée; l'épi est *doré* par le soleil, le grain est mûr, et il faut le recueillir. L'orge est battue sur l'aire ou avec des machines, comme le blé; le grain détaché, débarrassé de ses enveloppes, nettoyé, peut être porté au moulin. Le chaume et les feuilles, séchés, forment de la *paille* pour les bestiaux. L'orge sert à faire du pain, des gâteaux, des bouillies, des boissons rafraîchissantes; enfin la *bière* est fabriquée avec de l'*orge germée* et du *houblon*.

Une autre espèce d'orge appelée par les paysans *paumelle*, est de moindre grandeur, et n'a que deux rangs de grains. Elle sert aux mêmes usages. Le *seigle* diffère très-peu du blé et de l'orge; mais son épi (6) est plus serré et plus maigre, ses grains plus allongés et plus petits. Le seigle se cultive et se récolte comme le blé et l'orge; sa farine sert à faire du pain, soit seule, soit mêlée de farine de blé. Le pain de seigle est moins bon que le pain de blé; mais cette plante est surtout précieuse en ce qu'elle peut vivre et produire du grain sur des terres arides, sèches et de mauvaise qualité, où le blé ne produirait rien.

Epi d'avoine.

L'AVOINE, autre plante précieuse, appartient encore à la même famille; vous la distinguerez facilement, parce que son épi n'est pas allongé, mais s'étale en un panache extrêmement élégant; chacune des petites fleurs, au lieu d'être serrée contre la tige, est pendante au bout d'un long pied grêle et flexible qui se recourbe gracieusement. Lorsqu'à l'été le champ d'avoine mûre est doré par le soleil, rien n'est plus joli que ces panaches légers secoués par le moindre souffle. Le grain mûr est plus petit que celui du blé, mince, allongé, de couleur brune foncée. La paille sert aux mêmes usages que la paille de blé, le grain, à la nourriture des chevaux. L'avoine moulue fournit le *gruau*, dont on prépare divers aliments.

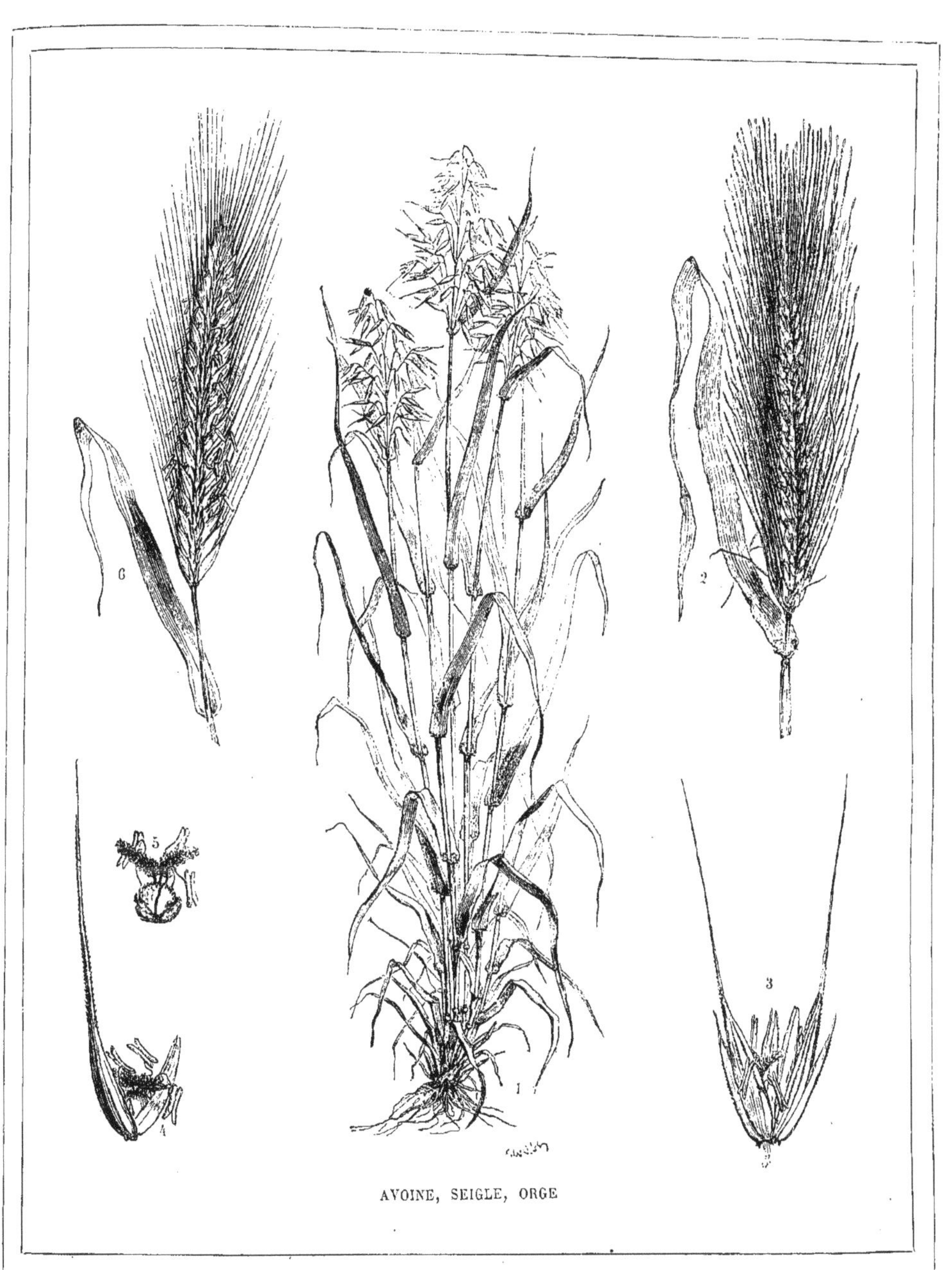

AVOINE, SEIGLE, ORGE

XLVI. — LE MAÏS.

Famille des GRAMINÉES.

Dans les départements du midi de la France on cultive en grande quantité le MAÏS, plante de la famille des *graminées*, c'est-à-dire des *herbes* à tiges creuses et à nœuds, à feuilles en rubans, à fleurs en épis, à laquelle appartiennent le *blé*, le *seigle*, l'*orge*, l'*avoine* et beaucoup d'autres plantes utiles. Le maïs est quelquefois appelé *blé de Turquie*; à première vue pourtant, le maïs ne ressemble pas beaucoup au blé, au seigle, ou à l'orge, à l'avoine, plantes de taille moyenne, grêles surtout et délicates, à tiges minces et flexibles, à feuilles étroites, à épis légers. Le *maïs* a plutôt l'aspect d'un *roseau*. Il est d'assez grande taille; il atteint facilement deux mètres de hauteur. Sa tige est forte, grosse surtout du bas; ses feuilles longues et *rubanées* sont larges, un peu raides, terminées en pointe (1). La tige est creuse, comme une tige de roseau; elle a de distance en distance des nœuds; et de chaque nœud part une feuille, qui entoure d'abord la tige comme d'une *gaine*, puis se sépare et retombe. Mais ce qui distingue surtout cette plante, c'est qu'elle porte deux sortes d'*épis* tout à fait différents. Au haut de la plante, la tige amincie supporte comme un panache d'épis légers, composés de petites *fleurs* semblables à peu près aux fleurs du blé, ou de l'orge; ces fleurs (2) sont formées d'écailles vertes ou *glumes* légères, et contiennent des *étamines* dont les *anthères* (petites têtes), en forme de doubles cornets, sont suspendues à de minces filets. Ces fleurs ne portent pas de fruits. Mais le long de la tige on voit deux ou trois gros *épis*, qu'on nomme *épis femelles* parce qu'ils portent les graines, qui seront comme les petits œufs de la plante. Ces gros épis sont tout enveloppés dans un paquet serré de feuilles roulées; on voit seulement sortir, par le haut de cette sorte de cornet de feuilles, une gerbe retombante de longs filets velus et gluants. Écartons les feuilles enveloppantes pour examiner l'épi; nous verrons qu'il est formé d'une multitude de petites fleurs serrées par longs rangs tout autour d'une grosse tige centrale. Chacune de ces fleurs se compose seulement d'une collerette de petites écailles vert pâle, entourant un *ovaire* arrondi qui se termine par un très-long filet velu; l'ensemble de tous ces filets forme comme une gerbe autour de l'épi dépouillé de ses enveloppes (4). Bientôt ces filets se détachent; l'épi grossit, sort à moitié du bouquet de feuilles (3); on voit alors, à la place de chaque *fleur*, la graine qui lui succède. Les graines, serrées les unes contre les autres sont molles et blanchâtres, d'abord; mais en mûrissant et grossissant, elles durcissent, elles prennent un aspect luisant, et une belle couleur jaune doré (5). La plante jaunit alors et se dessèche; on coupe les beaux épis chargés de grains; on détache ces grains en froissant les épis. Le grain de maïs moulu fournit une farine dont on fait une sorte de pain, des gâteaux, surtout, des bouillies, très-goûtées des habitants du pays.

Fleur femelle de Maïs, isolée.

Le *millet* ou *mil* ressemble assez au maïs; mais cette plante est bien plus petite et plus délicate. Sa tige grêle porte de belles, longues et larges feuilles, et se termine par un seul gros épi, formé d'une foule de petits *épillets* ou grappillons serrés, et portant une multitude de fleurs verdâtres, très-petites et peu visibles. Lorsqu'en mûrissant l'épi a pris une belle couleur jaune d'or et fait plier sous son poids la tige mince qui le supporte, on distingue facilement les petits grains arrondis et luisants. On peut aussi, avec la farine des grains de millet, préparer des mets divers, des bouillies très-délicates. Vous avez pu voir ces beaux épis dorés suspendus dans les cages, pour servir à la nourriture des serins et autres pauvres petits oiseaux captifs qui nous égaient de leurs chansons. — Le *riz*, qui est une autre graminée alimentaire appartenant au même groupe que le maïs, est une plante des terrains humides et marécageux. Il est originaire des pays chauds de l'Asie, et on le cultive en Italie. Il n'a pu réussir en France, mais il peut croître en Algérie.

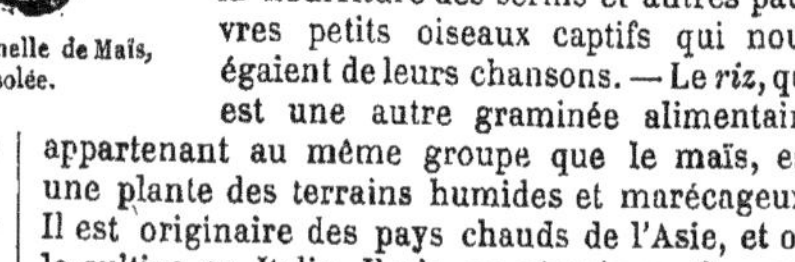

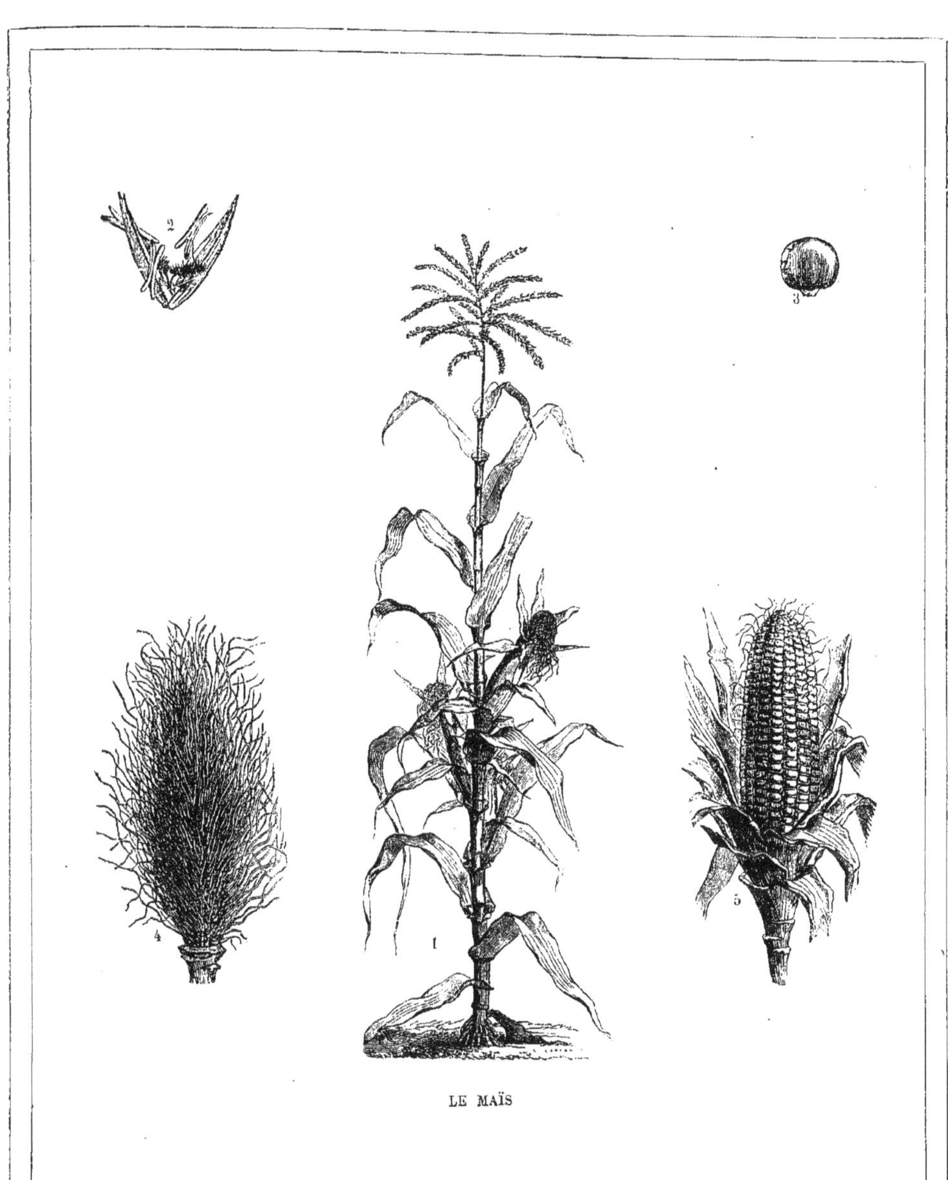

LE MAÏS

XLVII. — LE PIN — LE MÉLÈZE

Familles des CONIFÈRES.

Les PINS sont de beaux et grands arbres, vigoureux, robustes, au feuillage sombre et rare (peu fourni), mais *persistant*, c'est-à-dire ne tombant pas entièrement à l'hiver. Dans nos pays où presque tous les arbres perdent leurs feuilles dès la fin de l'automne, les *pins*, avec les *mélèzes*, les sapins, les cèdres, les ifs et quelques autres, tous de même famille, sont appelés par excellence les *arbres verts*, parce que leurs feuilles ne tombent pas toutes à la fois en une même saison, en sorte que l'arbre ne reste jamais dépouillé. — Examinons une feuille de pin. Cette feuille très-longue, extrêmement étroite, terminée en pointe aiguë, ayant dans toute sa longueur une petite côte saillante en dessous, creusée en dessus comme d'une sorte de gouttière, d'abord molle, tendre et d'un vert jaune, lorsqu'elle sort du bourgeon, bientôt devient raide et d'un vert sombre ou grisâtre. Les feuilles ainsi faites sont parfois appelées *aiguilles*, pour rappeler leur forme et leur raideur; ainsi on dit: les aiguilles du pin, du sapin, du mélèze. — Le pin porte deux sortes de fleurs, disposées en groupes serrés et allongés : les *fleurs mâles* forment une sorte de large épi, où l'on distingue les *anthères* en forme de petites logettes, qui s'ouvrent et laissent échapper une fine poussière, couleur de soufre. Le groupe des fleurs femelles, entouré d'une jolie collerette de feuilles découpées, ne montre qu'un ensemble d'écailles minces et serrées; sous ces écailles sont cachés les *ovules*, c'est-à-dire les *petits œufs* blanchâtres, qui, grossissant et mûrissant, deviendront les graines. L'épi écailleux s'allonge, grossit; peu à peu ses écailles deviennent extrêmement fermes, épaisses, dures, très-fortement serrées les unes contre les autres : c'est ce fruit qu'on appelle vulgairement *pomme de pin*, et dont le nom véritable est le *cône*. Sous cette rude enveloppe les graines sont enfermées et bien à l'abri : plus tard ces écailles s'écartent d'elles-mêmes, et laissent alors tomber les graines, qui sont brunes, aplaties, légères, pourvues d'une sorte d'*aile* mince rappelant la forme d'une aile d'insecte. Le vent, frappant dans cette sorte d'aile, fait voltiger la graine, l'emporte et la sème au loin. Les mélèzes, les sapins, les cèdres, les cyprès, et en général tous nos arbres verts à feuilles en aiguilles portent des fruits semblables de structure à ceux du pin, et qu'on nomme aussi des *cônes*; c'est pourquoi les arbres de cette famille sont appelés *conifères* (porteurs de cônes). On leur donne aussi parfois le nom *d'arbres résineux*, parce que leur bois est imprégné d'une substance épaisse et gluante, qui est la *résine*. Le pin produit beaucoup de résine. Son écorce rude, épaisse, écailleuse et fendillée sur le tronc et les grosses branches, se lève par plaques : par les fentes de cette écorce déchirée coule comme un suc épais et visqueux qui se dessèche et durcit à l'air; c'est la résine. Lorsqu'on veut recueillir cette substance, on perce quelques trous vers le pied de l'arbre; la résine coule en abondance par ces blessures : on la reçoit dans des vases grossiers, de bois ou de terre. Ces arbres croissent volontiers en des lieux arides, sur les landes, les dunes sablonneuses. Il y a plusieurs espèces de pins, qui diffèrent peu les unes des autres. Le MÉLÈZE, autre arbre conifère, ressemble beaucoup au pin; mais ses jeunes rameaux, bien plus grêles, retombent en guirlandes gracieuses; ses aiguilles sont beaucoup plus petites et d'un vert plus vif, ses *cônes* moins durs et formés d'écailles très-élégamment disposées. Il fournit également de la résine. Le bois du pin et celui du mélèze sont des bois tendres, légers, très-employés en menuiserie.

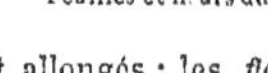

Feuilles et fleurs du Mélèze.

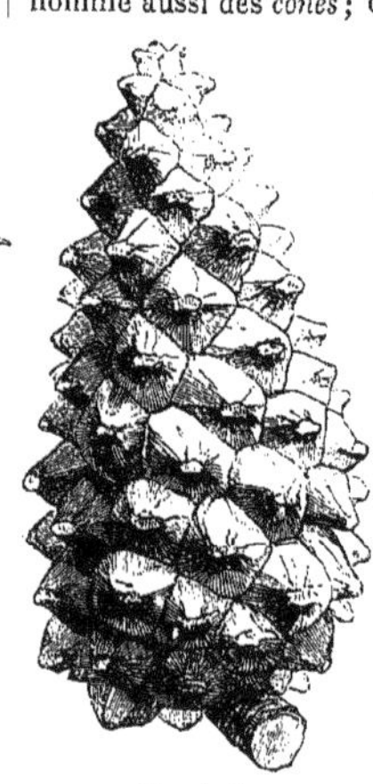

Cône du Pin.

XLVIII. — LE SAPIN — LE CÈDRE

Famille des CONIFÈRES.

Les SAPINS se plaisent dans les lieux élevés ; ils forment sur les versants des montagnes d'immenses et magnifiques forêts. Le sapin est un arbre puissant et robuste ; il brave le froid, il porte fièrement le poids des neiges, pendant de longs mois : l'hiver ne le dépouille point de son feuillage sombre. — Comme le pin, le mélèze, le cèdre, l'if, le cyprès et quelques autres arbres de nos pays, dits aussi *arbres verts* parce que leurs feuilles ne tombent pas toutes ensemble à la fin de l'automne, le sapin appartient à la belle et utile famille des arbres *conifères*, c'est-à-dire dont le fruit est en forme de cône, à peu près semblable à la *pomme de pin*. Parmi ces arbres, le sapin est surtout remarquable par son tronc droit, élancé d'un seul jet, du pied à la cime, comme une forte colonne ; ses branches croissent tout autour du tronc, régulièrement disposées ; les plus vieilles et les plus grandes en bas, les plus jeunes et les plus petites en haut, en sorte que l'arbre tout entier a lui même à peu près la forme d'un cône. Ces branches, au lieu de se dresser vers le ciel, comme celles de la plupart des arbres, s'étendent d'abord à peu près horizontalement, et bientôt, en croissant, elles pendent vers la terre, sous le poids du feuillage qui les charge. Les feuilles du sapin garnissent, extrêmement nombreuses et serrées, les jeunes rameaux ; elles sont petites, très-étroites, lisses, raides, terminées en pointe : ce qui leur a fait donner le nom d'*aiguilles* comme à celles du pin, du mélèze et du cèdre. Ces aiguilles donc, de couleur vert-jaune au sortir du bourgeon, deviennent plus tard d'un vert très-foncé. Elles finissent par jaunir, se dessécher et tomber, mais non pas toutes ensemble ; en sorte que l'arbre n'est jamais dépouillé de son feuillage. Le sapin porte deux sortes de fleurs, peu apparentes, groupées en forme d'épis courts et serrés : les fleurs mâles, qui durent peu, et ne se composent que d'*étamines* protégées par de minces écailles ; les fleurs *femelles* qui portent les graines. Le groupe des fleurs femelles ne laisse apercevoir qu'un ensemble d'écailles serrées, sous lesquelles sont cachés les *ovules*, qui, grossissant et mûrissant, deviendront les graines de la plante. Cette sorte de tête ou d'épi va croissant, s'allongeant à la fois et s'élargissant ; les écailles s'épaississent, durcissent et brunissent : le tout forme un *cône* semblable à la *pomme de pin*, mais plus petit et moins dur. Entre les écailles sont les graines, rondes, plates, pourvues d'une sorte d'*aile* mince, comparable pour l'aspect à l'aile d'un insecte ; grâce à cette aile, le vent emporte et sème au loin la graine légère. — Le sapin est comme le pin et le mélèze un arbre *résineux* ; c'est-à-dire que son bois est imprégné d'une matière demi-liquide, épaisse et filante, qui coule par les fentes de l'écorce, se dessèche et durcit à l'air : c'est la *résine* qu'on emploie dans certaines industries. Pour recueillir cette substance, on perce quelques trous dans le tronc de l'arbre, vers le pied ; la résine coule abondamment par ces blessures. On la reçoit dans un vase de terre. Le bois du sapin est un bois blanc, léger, tendre, qu'on emploie beaucoup dans la menuiserie ; de jeunes pieds de sapins ébranchés et dépouillés de leur écorce forment ces *poteaux de télégraphe* que vous voyez plantés le long des routes. Le CÈDRE est un arbre de même famille que le sapin, et qui se plaît comme lui dans les pays montagneux. Il peut atteindre une taille énorme. Il s'élève moins en hauteur ; ses branches très-fortes s'étendent horizontales, et non pas pendantes. Ses feuilles sont raides et piquantes ; ses cônes mûrs s'effeuillent, les écailles se détachent et laissent tomber les graines. Le bois du cèdre, tendre, ferme et odorant, très-durable, sert à beaucoup d'usages. Vous pouvez facilement observer sa finesse et son parfum : car c'est avec ce bois qu'on fait communément les *crayons*.

Groupe de fleurs femelles.

Groupe de fleurs mâles.

Cône, fruit du sapin.

LES SAPINS SUR LA MONTAGNE

XLIX. — L'IF — LE GENÉVRIER

Famille des CONIFÈRES.

Les arbres de famille des conifères, tels que les pins et les sapins, et surtout les *ifs*, les *cyprès*, les *genévriers*, ont un aspect triste avec leurs petites feuilles rudes en aiguilles, leur verdure sombre ou terne, à l'été, parmi la verdure fraîche et touffue des autres arbres; mais en compensation, à l'hiver, tandis que ceux-ci montrent leurs branches et leurs rameaux dépouillés, eux seuls conservent leur feuillage : ce qui leur a fait donner le surnom *d'arbres verts*. L'IF est un arbre de moyenne taille, lent à croître, et qui vit plusieurs siècles. Son tronc est couvert d'une écorce brune filamenteuse, qui se lève par plaques; ses branches sont fortes et raides, mais ses petits rameaux sont minces et fragiles. Les feuilles de l'if sont petites, étroites, pointues, lisses et luisantes (4); tendres et d'un vert jaunâtre lorsqu'elles naissent, à l'extrémité du rameau, elles deviennent en vieillissant raides et d'un vert sombre; elles ressemblent beaucoup aux feuilles en *aiguilles* des sapins. L'if porte deux sortes de fleurs, verdâtres, peu apparentes. Les fleurs mâles forment de petits *chatons* en façon de têtes arrondies (2), qui sortent du milieu d'une sorte de bourgeon composé d'écailles ou *bractées* plus larges que les feuilles de l'arbre; chacune de ces fleurs mâles consiste seulement en un groupe d'*anthères*, semblables à de petits sacs remplis d'une poussière jaune appelée *pollen*, et qui s'ouvrent pour la laisser échapper (3). Les fleurs femelles au contraire naissent solitaires, c'est-à-dire isolées. Chacune offre la forme d'un petit bourgeon d'écailles serrées; du milieu de ce bourgeon on voit bientôt faire saillie l'extrémité d'une petite graine ovale, d'une couleur pâle. Le fruit à demi formé présente alors à peu près l'apparence d'un gland de chêne, mais il est beaucoup plus petit. Peu à peu, autour de la graine centrale croît une enveloppe épaisse qui la recouvre a demi seulement ; elle figure comme une coupe profonde contenant la graine, dont l'extrémité paraît à découvert (7). La petite coupe ou *cupule*, verte d'abord et ferme, prend une belle couleur orangée, puis devient rouge : elle est alors épaisse, molle, gonflée de suc et de saveur sucrée; en même temps la graine mûrie a pris une teinte noirâtre. C'est le fruit de l'if, souvent appelé *baie*; il commence à se former au printemps et n'est mûr qu'à l'automne. Les baies rouges de l'if sont mangeables; mais ses feuilles, au contraire, au goût âcre et amer, sont un vrai poison ; elles ont fait parfois périr des animaux qui en avaient brouté : il est bon de s'en souvenir. Son bois est dur, pesant, veiné, d'une jolie couleur rougeâtre; il est très-durable, et se travaille fort bien. Il répand une agréable odeur résineuse. On en fait des meubles, des boîtes, et autres menus objets.

Fleur femelle de l'if.

La même fleur coupée.

Le GENÉVRIER, lui, n'est guère qu'un arbuste. Il forme de petits buissons serrés sur les collines arides où il semble se plaire. Ses feuilles, plus petites et plus étroites encore que celles de l'if, se terminent en pointe aiguë, comme de vraies aiguilles; elles naissent trois par trois autour du rameau grêle qui les porte (1); elles sont d'un vert jaunâtre lorsqu'elles sont jeunes et deviennent en vieillissant de couleur sombre et terne. Les fleurs mâles ressemblent par leur structure à celles de l'if; les fleurs femelles ont l'aspect d'un petit bouton verdâtre, formé d'écailles serrées. Ce petit bouton croît, grossit, se gonfle; les écailles qui le formaient, soudées entre elles, ne font plus qu'une même masse arrondie en boule. Ce fruit, vert d'abord et de consistance ferme, en mûrissant devient tendre et juteux; il prend une couleur violette, sombre, presque noire, saupoudrée d'une légère farine grisâtre que le toucher fait disparaître. C'est la *baie de genièvre* (6), au goût légèrement sucré mêlé d'une certaine âcreté et d'un parfum très-agréable. Ces baies recueillies servent à parfumer certaines liqueurs; on en fait en certains pays une eau-de-vie fort renommée. Une variété de genévrier moins commune chez nous a ses feuilles plus petites encore, plus courtes et plus serrées contre la tige, ses fruits un peu ovales (5). Le bois du genévrier est ferme, se travaille fort bien; il a une jolie couleur rougeâtre et une odeur agréable. On l'emploie souvent à faire des crayons, au lieu du bois de cèdre. — Le *Cyprès*, auquel ses branches et ses rameaux serrés et dressés verticalement donnent une forme élancée et pyramidale, ressemble beaucoup au genévrier; mais il atteint une plus grande taille. Ses fruits, beaucoup plus gros, sont verts et de forme arrondie; ils s'ouvrent pour laisser échapper les graines contenues sous leurs écailles. Enfin les *Thuias*, arbres très-communs dans les jardins, ont les feuilles très-petites, semblables à de minces écailles serrées sur de nombreux rameaux disposés en éventail; leurs fruits, en forme de boules, rappellent par leur structure les *cônes* du pin, et mieux encore ceux du cyprès.

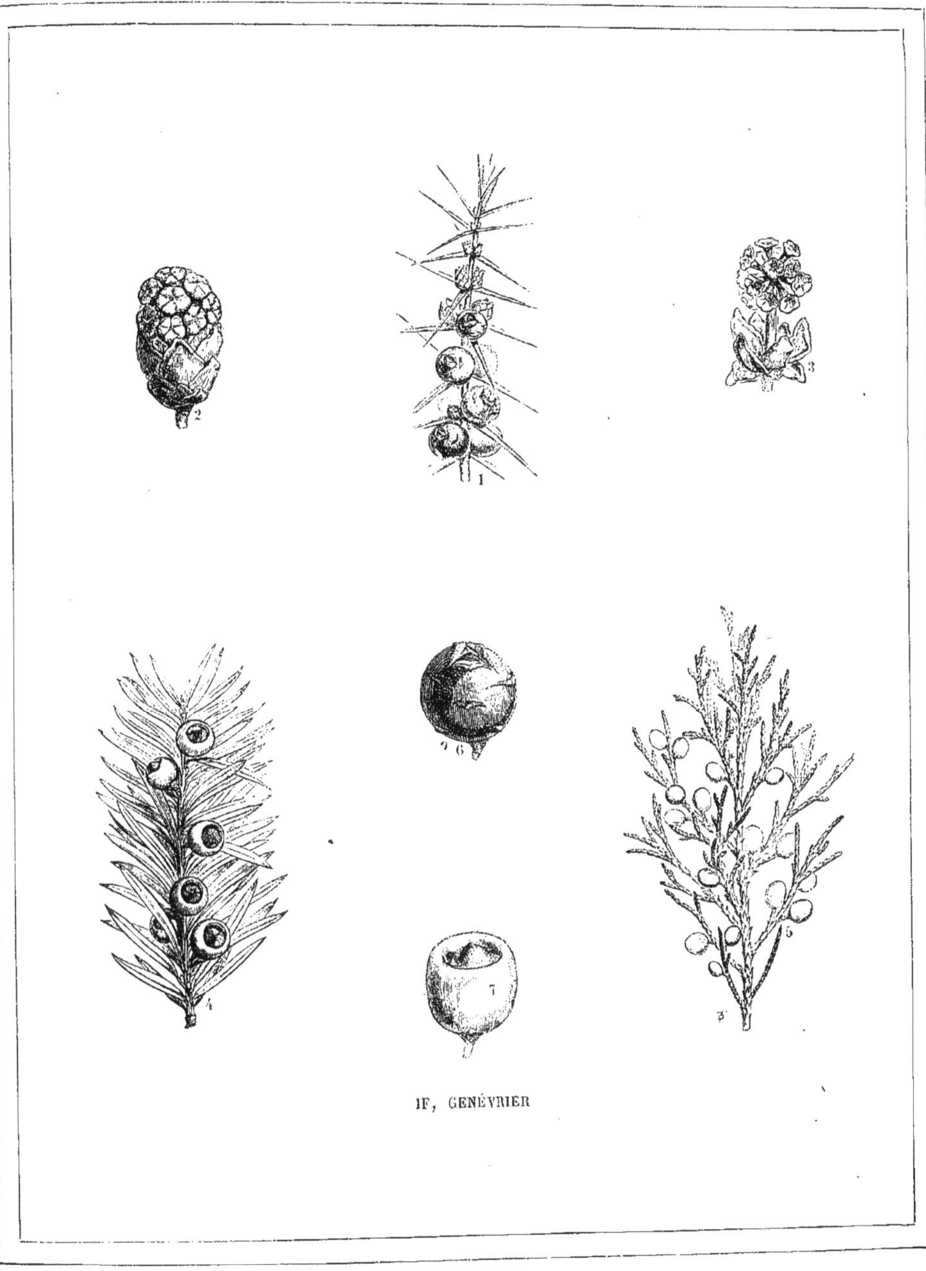

IF, GENÉVRIER

L. — LES CHAMPIGNONS

Les CHAMPIGNONS sont des êtres singuliers, qu'on ose à peine appeler des plantes, tant ils ressemblent peu aux autres plantes. Prenons pour exemple le plus commun de tous, le champignon cultivé sous le nom de *champignon de couche*, l'*agaric comestible*. — En vous promenant aux champs vous apercevez au milieu de l'herbe, en quelque lieu frais et humide engraissé de quelques débris de végétaux, la calotte blanche arrondie en demi-boule et portée sur un gros pied court, ce qu'on nomme le *chapeau* du champignon (1). Cette partie qui frappe la vue et qui se détache très-facilement, vous la prendriez pour le champignon entier. Mais si vous creusiez un peu le sol à son pied, vous verriez que la terre est toute traversée d'un lacis épais de milliers de longs filaments blancs et grêles, formant le *mycelium*, ce qu'on appelle vulgairement le *blanc de champignon*. Or ces filaments entrecroisés sont la partie essentielle du végétal. Le chapeau avec son pied remplace la tige fleurie des autres plantes : c'est le support, non pas des graines, car le champignon n'a ni fleurs, ni graines, pas plus qu'il n'a de tige véritable ni de vraies racines, mais de ce qui tient lieu de graines. Sur les filaments blancs, de distance en distance, prennent naissance, à fleur de terre, de petites têtes en forme de boules, qui s'élèvent et grossissent. Ces têtes sont enveloppées d'une sorte de *pellicule* blanche et tendre, qu'on nomme *volva*. La tête s'élargit et prend une forme aplatie ; en même temps le pied qui la porte s'allonge. La *volva*, l'enveloppe devenue trop petite se déchire tout autour, et ses débris restent attachés au bord du chapeau et à son pied. Le champignon a pris alors un assez gros volume ; si vous regardez en dessous du chapeau, vous observez de minces lames, tendres, de couleur rosée ; lorsque le champignon vieillit, ces *lamelles* deviennent brunes, presque noires. Alors, si on secoue le chapeau, on voit tomber une fine poussière brune ; les grains de poussière se détachent des lamelles à la surface desquelles ils se sont formés. Ces grains de poussière sont les *spores* qui tiennent lieu de graines aux champignons ; ces grains tombés sur une terre convenable, peuvent germer, produire de nouveau filaments de *mycelium*, d'où naîtront d'autres chapeaux... L'espèce que nous venons de décrire est un *agaric*, c'est-à-dire un champignon dont le chapeau est garni de lamelles. Cette espèce est *comestible*; on la cultive dans des caves et des lieux obscurs, sur une terre engraissée d'une grande quantité de fumier. Mais il est d'autres agarics qui diffèrent peu à l'œil de celui-ci, et qui sont des poisons mortels. D'autres champignons ont leur chapeau garni en dessous, non pas de lamelles, mais d'une multitude de petits tubes ou tuyaux accollés les uns aux autres : on les nomme des BOLETS (2) ; et parmi ceux-ci il en est encore qui sont comestibles, d'autres qui sont vénéneux. Les *girolles* aussi nommées *chanterelles* (5), sont d'une belle couleur jaune : leur chapeau est irrégulier ; les *morilles* (3) ont le leur de forme allongée, blanchâtre, criblé de trous qui rappellent l'aspect d'une éponge. Ces deux espèces encore sont alimentaires. — Les *hydnes* ont le chapeau creusé au centre en forme d'entonnoir et croissent sur les troncs d'arbres pourris. Les *pézizes* communs sont de forme arrondie et de couleur blanchâtre : si on déchire leur enveloppe, il s'en échappe une épaisse poussière brune, formée de *spores* presque imperceptibles. Ces derniers sont souvent vénéneux. Enfin il faut encore ajouter que les *moisissures* qui croissent sur les murs humides, sur les objets en putréfaction, sont aussi des espèces de champignons, de très-petite taille. Ces étranges plantes offrent, quand on les regarde au microscope, des formes très-délicates et très-variées. Les champignons qui peuvent servir de nourriture et ceux qui sont des poisons violents diffèrent peu à l'œil les uns des autres. Il est donc très-dangereux de recueillir pour les manger ceux que l'on peut rencontrer à la campagne ; beaucoup de personnes, qui croyaient pourtant s'y connaître, ont péri empoisonnées par suite de pareille imprudence.

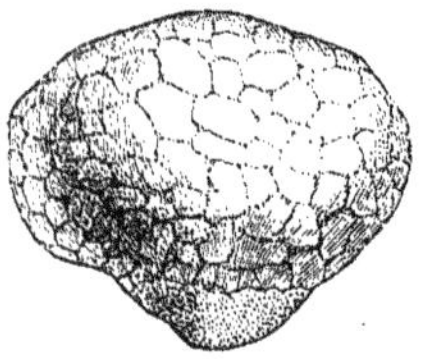

Champignon pezize.

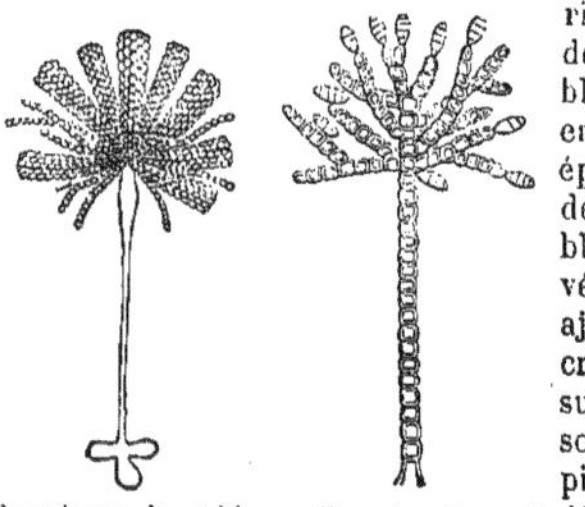

Champignons des moisissures (énormément grossis)

LES CHAMPIGNONS